普通高等院校计算机基础教育系列精品教材

大学计算机基础教程

主　编◎白雪峰　赵　越　刘　鑫

副主编◎宋丹茹　马　玲　张　朋

　　　孟庆新　刘晓慧

U0268516

北京理工大学出版社

BEIJING INSTITUTE OF TECHNOLOGY PRESS

内 容 简 介

本书从培养学生计算思维的角度出发，按照教育部制定的高等学校非计算机专业计算机基础课程教学基本要求，结合全国计算机等级考试二级公共基础知识部分的大纲要求组织编写而成。全书共分 8 章，主要内容包括计算机与计算思维、计算机系统组成、算法与数据结构、程序设计基础、软件工程基础、数据库技术基础、计算机网络基础和多媒体技术基础。每章最后配有习题，以指导读者深入地进行练习。

本书既可作为高等学校大学计算机基础课的教材，也可作为全国计算机等级考试二级公共基础知识部分的培训教材和自学参考书。

图书在版编目（CIP）数据

大学计算机基础教程／白雪峰，赵越，刘鑫主编
. --北京：北京理工大学出版社，2023.8
　　ISBN 978-7-5763-2730-4

　　Ⅰ. ①大… Ⅱ. ①白… ②赵… ③刘… Ⅲ. ①电子计
算机-高等学校-教材 Ⅳ. ①TP3

中国国家版本馆 CIP 数据核字（2023）第 149122 号

出版发行／北京理工大学出版社有限责任公司

社　　址／北京市海淀区中关村南大街 5 号

邮　　编／100081

电　　话／（010）68914775（总编室）
　　　　　（010）82562903（教材售后服务热线）
　　　　　（010）68944723（其他图书服务热线）

网　　址／http：//www.bitpress.com.cn

经　　销／全国各地新华书店

印　　刷／涿州市新华印刷有限公司

开　　本／787 毫米×1092 毫米　1/16

印　　张／17.75　　　　　　　　　　　　　　责任编辑／陆世立

字　　数／414 千字　　　　　　　　　　　　　文案编辑／李　硕

版　　次／2023 年 8 月第 1 版　2023 年 8 月第 1 次印刷　　责任校对／刘亚男

定　　价／49.80 元　　　　　　　　　　　　　责任印制／李志强

前言

  党的二十大报告提出"实施科教兴国战略，强化现代化建设人才支撑"，"十四五"规划专门谈到"加快数字化发展，建设数字中国"。这些都表明计算机基础教学尤为重要，计算机基础是高等学校非计算机专业的必修课程之一。课程的目的是着力提升大学生信息素养，培养其掌握一定的计算机基础知识、技术与方法，以及利用计算机解决本专业领域中的问题的能力。"计算思维"能力的培养正是计算机基础教学的核心任务，计算机基础的教学是培养大学生信息技术及计算思维能力的重要课程载体。

  本书以培养计算思维能力为目的，系统详细地介绍了计算机及相关信息技术，共分为8章。第1章为计算机与计算思维，主要介绍计算机的发展、信息技术、计算思维、计算机新技术的基础知识及信息技术应用创新；第2章为计算机系统组成，主要介绍计算机系统基础知识、数据在计算机中的表示、微型计算机硬件系统和计算机软件系统；第3章为算法与数据结构，主要介绍算法的基本概念、算法复杂度、数据结构、线性表、栈和队列、线性链表、树与二叉树、查找技术及排序技术；第4章为程序设计基础，主要介绍程序设计方法和常见的编程语言；第5章为软件工程基础，主要介绍软件工程的基础知识及软件工程开发；第6章为数据库技术基础，主要介绍数据库的基础概念、数据库系统的结构及关系数据库等；第7章为计算机网络基础，主要介绍计算机网络基础知识和体系结构、以太网、互联网的基本服务及网络安全等；第8章为多媒体技术基础，主要介绍多媒体技术的基础概念、多媒体的关键技术以及常用多媒体素材和软件等。

  本书内容的叙述通俗易懂、简明扼要，有利于教师的教学和读者的自学。为了让学生能够在较短的时间内掌握本书的内容，及时检查自己的学习效果，巩固和加深对所学知识的理解，每章最后均附有习题，并在二维码中给出了习题答案。

  为了帮助教师能更好地使用本书开展教学工作，也便于学生自学，编者准备了教学辅导资源，包括各章的电子教案（PPT文档），需要者可联系北京理工大学出版社有限责任公司索取。

  本书由白雪峰统稿，内容均由经验丰富的一线教师编写完成，其中宋丹茹编写第1章1.1~1.5节，马玲编写第2章的2.1~2.3节，张朋编写第3章，孟庆新编写第4章，刘晓慧编写第5章，赵越编写第6章和第1章的1.6节，白雪峰编写第7章和第2章的2.4节，刘鑫编写第8章。

  感谢张文强教授对本书的认真审阅，并为此提供了宝贵的意见。本书在编写过程中还得到了张玉振、顾健、刘震、赵军、王星苹等多名老师的大力支持与帮助，在此一并表示感谢。另外还要感谢北京理工大学出版社有限责任公司编辑的悉心策划和指导。

  由于编者水平有限，书中难免存在疏漏和不足之处，恳请读者批评指正。如有任何问题，可以通过E-mail：bxf@sie.edu.cn与编者联系。

编 者

2023 年 4 月

目录
CONTENTS

第1章 计算机与计算思维

1.1 计算机概述 1
1.2 信息技术概述 7
1.3 计算思维 11
1.4 计算机应用系统的计算模式 14
1.5 新的计算模式 17
1.6 信息技术应用创新 29

第2章 计算机系统组成

2.1 计算机系统基础知识 35
2.2 数据在计算机中的表示 37
2.3 微型计算机硬件系统 51
2.4 计算机软件系统 78

第3章 算法与数据结构

3.1 算法 91
3.2 数据结构 96
3.3 线性表 100
3.4 栈和队列 104
3.5 线性链表 108
3.6 树与二叉树 113
3.7 查找 117
3.8 排序 118

第 4 章 程序设计基础

4.1 程序设计方法 ……………………………………………………………… 127
4.2 常见的编程语言 …………………………………………………………… 138

第 5 章 软件工程基础

5.1 软件工程基础知识 ………………………………………………………… 144
5.2 软件工程开发 ……………………………………………………………… 158

第 6 章 数据库技术基础

6.1 数据库概述 ………………………………………………………………… 169
6.2 数据库系统的结构 ………………………………………………………… 177
6.3 关系数据库 ………………………………………………………………… 189
6.4 数据库技术与其他技术的结合 …………………………………………… 197

第 7 章 计算机网络基础

7.1 计算机网络基础知识 ……………………………………………………… 203
7.2 计算机网络的体系结构 …………………………………………………… 210
7.3 计算机网络的基本组成 …………………………………………………… 217
7.4 以太网 ……………………………………………………………………… 223
7.5 互联网基础 ………………………………………………………………… 227
7.6 网络安全 …………………………………………………………………… 232

第 8 章 多媒体技术基础

8.1 多媒体技术 ………………………………………………………………… 247
8.2 常用多媒体素材简介 ……………………………………………………… 258
8.3 常用多媒体类软件简介 …………………………………………………… 267

参考文献

第1章　计算机与计算思维

随着社会经济与科技的发展，计算机在日常生活、生产中不断普及。各行各业对计算机应用人才的需求量越来越高，且对人才的素养与能力也提出了更高要求。在计算机应用水平提高的同时应当关注计算思维能力的发展。

1.1　计算机概述

计算机的应用非常广泛，已经成为当代社会人们分析问题、解决问题的重要工具，在人们的生产、生活中发挥着越来越重要的作用。

1.1.1 计算机的定义

计算机的定义：计算机是一种能按照事先存储的程序，自动、高速地进行大量数值计算和各种信息处理的现代化智能电子设备。数值计算是指对数字进行加工处理的过程，如科学与工程计算；信息处理是指对字符、图形、图像、声音等信息进行采集、组织、存储、加工的过程。

当用计算机进行数据处理时，首先把要解决的实际问题用计算机可以识别的语言编写成计算机程序，然后将程序送入计算机。计算机按照程序的要求，逐步进行各种计算，直到存入的整个程序执行完毕。因此，计算机是能存储程序和数据的装置，具有存储信息的能力。

1.1.2 计算机的起源

1946年2月，美国陆军军械部和宾夕法尼亚大学莫尔学院联合向世界宣布，第一台电子数字积分计算机（Electronic Numerical Integrator And Computer，ENIAC）的诞生，从此揭开了电子计算机应用和发展的序幕。

ENIAC 由 18 000 个电子管组成，占地 170 m^2，重达 30 t，如图 1-1 所示。其运算速度为每秒 5 000 次加/减法或 400 次乘法运算。ENIAC 十分笨重，性能也与今天的计算机无法相比，但它的运算速度比以往的计算工具提高了近千倍，具有划时代意义，树立起了科学技术发展的里程碑，标志着人类计算工具新时代的开始，使世界文明进入了一个崭新的阶段。

图 1-1 ENIAC

在 ENIAC 建造初期，人们已经意识到其存在着明显的缺陷：没有存储器，用布线接板进行控制，甚至要搭接电线，这些都极大地影响了运算速度。1944年8月，离散变量自动电子计算机（Electronic Discrete Variable Automatic Computer，EDVAC）的建造计划被提出。美籍匈牙利数学家约翰·冯·诺依曼以技术顾问的形式加入 EDVAC 的研制，他总结并详细说明了 EDVAC 的逻辑设计，并于 1945 年 6 月发表了一份长达 101 页的报告，这就是著名的《EDVAC 报告书的第一份草案》。报告中提出的体系结构即冯·诺依曼体系结构，主要的内容和思想如下。

（1）计算机由 5 个部分组成，即运算器、控制器、存储器、输入设备和输出设备。

（2）采用"存储程序和程序控制"的思想。

（3）计算机的指令和数据一律采用二进制。

（4）计算机以运算器为中心，输入、输出设备与存储器之间的数据传输通过运算器完成。

冯·诺依曼体系结构一直延续至今，现在使用的计算机的基本工作原理仍然是存储程序和程序控制，所以现在使用的计算机一般被称为冯·诺依曼结构计算机。鉴于冯·诺依曼在发明电子计算机的过程中所起到的关键性作用，人们称他为"现代计算机之父"。

1.1.3　计算机的发展

根据计算机所采用的主要电子元器件，计算机大体上经历了电子管、晶体管、集成电路、大规模和超大规模集成电路 4 个发展阶段，每一阶段在技术和性能上都是一次质的飞跃。

1. 第一代计算机(1946—1958 年)

计算机的主要逻辑元件采用电子管，体积大、耗电多、运算速度低、成本高。这个时期没有系统软件，只有机器语言和汇编语言。计算机也只在科学、军事等少数高级领域中应用。

2. 第二代计算机(1958—1964 年)

计算机的主要逻辑元件采用晶体管。相比于电子管，晶体管的平均寿命提高了 100 ~ 1 000 倍，耗电量却只有电子管的 1/10，体积也比电子管小一个数量级，运算速度明显提高。在这个时期，系统软件出现了监控程序，提出了操作系统的概念，开始使用 FORTRAN、COBOL、ALGOL60 等高级语言。第二代计算机不仅用于科学计算，还用于数据处理和事务处理，并逐渐应用于工业控制领域。

3. 第三代计算机(1964—1971 年)

计算机的逻辑元件采用集成电路，这种器件把几十个或几百个分立的电子元件集成到一块几平方毫米的硅片上，从而使计算机的体积和耗电量大大减少，运算速度却大大提高，每秒可以执行几十万次到上百万次的加法运算，性能和稳定性得到进一步提高。这个时期的系统软件有了很大的发展，出现了分时操作系统和会话式语言。计算机朝着标准化、多样化和通用化方向发展，并开始应用于各个领域。

4. 第四代计算机(1971 年至今)

计算机采用大规模集成电路，在一个 4 mm^2 的硅片上，容纳相当于 2 000 个晶体管的电子元件。20 世纪 70 年代末期开始出现超大规模集成电路，在一个小硅片上容纳相当于几万到几十万个晶体管的电子元件，使计算机的各种性能都得到了大幅度提高，运算速度从每秒几百万次提高到千万亿次以上。

在这个时期，操作系统不断完善，出现了数据库管理系统和通信软件；功能强大的巨型机得到了稳步发展，微型计算机的产生为计算机的普及奠定了基础；多媒体技术的发展改变了过去计算机只能处理文本和数字信息的现状，使计算机可以处理图像、声音、视频等多种媒体，计算机的发展进入了以计算机网络为特征的时代。

计算机最重要的核心部件是芯片。由于磁场效应、热效应、量子效应以及物理空间的限制，以硅为基础的芯片制造技术的发展是有限的，因此必须开拓新的制造技术。目前，生物DNA 计算机、量子计算机和光子计算机也正在研制当中。中国科学技术大学在 2020 年年底公开宣布，其科研团队已成功建造 76 个光子的量子计算机——九章原型机。

1.1.4 微处理器与微型计算机的发展

1971 年，美国英特尔(Intel)公司成功地将计算机的控制器和运算器集成到一块芯片上，研制出了世界上第一个微处理芯片 Intel 4004。微处理器(Micro-Processor Unit，MPU)的发明是计算机史上的又一个里程碑。用微处理器装配的计算机被称为微型计算机，又称个人计算机(Personal Computer，PC)，简称微机。微机具有体积小、重量轻、功耗低、可靠性高、使用环境要求不严格、价格低廉、易于批量生产等特点，所以一出现就彰显出了强大的生命力。

50 年来，微处理器几乎以每三年在性能和集成度上翻两番的速度发展，微机系统和应用技术也随之飞速发展，主要经历了以下 5 个阶段。

1. 第一阶段(1971—1973 年)

第一阶段的微机采用 4 位和 8 位低档微处理器，典型产品是 Intel 公司生产的 Intel 4004和 Intel 8008。

2. 第二阶段(1974—1977 年)

第二阶段的微机采用 8 位中高档微处理器，典型产品是 Intel 公司生产的 Intel 8080、摩托罗拉(Motorola)公司生产的 M6800 和齐洛格(Zilog)公司生产的 Z80，集成度为每片 4 000～10 000 个晶体管，时钟频率为 2.5～5 MHz。

3. 第三阶段(1978—1984 年)

第三阶段的微机采用 16 位微处理器，典型产品为 Intel 公司生产的 Intel 8088/80286、Motorola 公司生产的 M6800 和 Zilog 公司生产的 Z8000，集成度为每片 2 万～7 万个晶体管，时钟频率为 4～10 MHz。

1981 年，美国国际商业机器(International Business Machines，IBM)公司选用 Intel 8088 作为微处理器成功推出 IBM PC。1982 年又推出了 IBM PC/XT 扩展型个人计算机，对内存进行了扩充并增加了一个硬盘驱动器。1984 年，IBM 公司推出了以 Intel 80286 为核心的 16 位IBM PC/AT 增强型个人计算机。由于 IBM 公司在发展微机时采用技术开放的策略，促进了微处理器的发展，逐渐使微机得以风靡世界。

4. 第四阶段(1985—1992 年)

第四阶段的微机采用 32 位微处理器，典型产品为 Intel 公司生产的 Intel 80386/80486、Motorola 公司生产的 M68030/68040 等，集成度高达每片 100 万个晶体管，具有 32 位地址线和 32 位数据线，时钟频率可以达到 100 MHz。

5. 第五阶段(1993 年至今)

第五阶段的微机采用 64 位微处理器，典型产品为 Intel 公司生产的 Pentium(奔腾)系列芯片，集成度为每片 900~4 200 万个晶体管，主时钟频率为 1.8~2.4 GHz，最高时钟频率已达到 3.2 GHz。

1.1.5　计算机的特点

计算机之所以具有很强的生命力，并得以飞速发展，是因为计算机本身具有诸多特点。

1. 自动执行程序

计算机采用存储程序控制的方式，能在程序控制下自动并连续地进行高速运算。只要输入已编好的程序并将其启动，就能实现操作的自动化。

2. 运算速度快、运行精度高

计算机发展到今天，不但可以快速完成各种指令、任务，而且具有前几代计算机无法比拟的计算精度。随着计算机技术的发展，计算机的运算速度还在提高。例如，天气预报需要人工分析大量的气象资料和数据，而计算机只需几分钟就可以完成数据的统计和分析。

3. 具有存储和逻辑判断能力

计算机的存储系统由内存和外存组成，具有存储大量信息的能力。同时，计算机还具有逻辑判断能力，可以使用计算机进行资料分类、情报检索等逻辑性的工作。

4. 可靠性高

随着微电子技术和计算机技术的发展，电子计算机连续无故障运行时间在几十万个小时以上，具有很高的可靠性。

除此之外，现代的微机还具有体积小、重量轻、耗电少、易维护、易操作、功能强、使用方便、价格低等优点，可帮助人们完成更多复杂的工作。

1.1.6　计算机的分类

计算机发展到今天，已是种类繁多，并表现出各自不同的特点。下面从不同的角度对计算机进行分类。

全球超级计算机

1. 按用途分类

计算机按其用途不同可分为专用计算机(Special Purpose Computer)和通用计算机(General Purpose Computer)。专用计算机是针对某些特殊需求而专门设计制造的计算机，用来提供特定的服务。通用计算机广泛用于各类科学计算、数据处理、过程控制，可以解决各种问题，具有功能多、用途广、配置齐全、通用性强等特点，现在市场上的大部分计算机都属于通用计算机。

2. 按处理信息的方式分类

计算机按其处理信息的方式不同可分为模拟计算机(Analog Computer)、数字计算机(Digital Computer)和数模混合计算机(Hybrid Computer)。模拟计算机用来处理模拟数据，模拟量可以是电压、电流、温度等，这类计算机在模拟计算和控制系统中应用较多。数字计算机用来处理二进制数据，适合于科学计算、信息处理、过程控制和人工智能等。数模混合计算机则集中了模拟计算机和数字计算机的优点，从而构成完整的混合计算机系统。

3. 按性能指标分类

计算机按其性能指标不同可分为巨型计算机（Super Computer）、大型计算机（Mainframe Computer）、小型计算机（Minicomputer 或 Minis）和微型计算机（Microcomputer）。

巨型计算机又称超级计算机。1929 年，《纽约世界报》最先报道的一个名词：超级计算机，它是将大量的处理器集中在一起以处理庞大的数据量，同时其运算速度比常规计算机快许多倍。生产超级计算机的公司有美国的克雷（Cray）公司、商旅管理（Travel Management Companies，TMC）公司，日本的富士通公司、日立公司等。中国是第一个以发展中国家的身份制造了超级计算机的国家，在超算方面发展迅速，跃升到国际先进水平。2019 年 11 月，在国际 TOP500 组织发布的世界超级计算机 500 强榜单中，中国占据了 227 个，"神威·太湖之光"超级计算机位居榜单第三位，"天河二号"超级计算机位居榜单第四位。图 1-2 所示为"神威·太湖之光"超级计算机。

图 1-2 "神威·太湖之光"超级计算机

大型计算机的主机非常大，一般用在高科技和尖端科研领域，它由许多中央处理器协同工作，有海量存储空间。这种大型计算机经常常用来作为大型的商用服务器，以提供文件服务、打印服务、邮件服务、WWW 服务等。小型计算机是小规模的大型计算机，其运行原理类似于 PC 和服务器，比大型计算机价格低，但有着与其几乎同样的处理能力。微型计算机是由大规模集成电路组成的体积较小的电子计算机，以 MPU 为核心，由运算器、控制器、存储器、输入设备和输出设备五大部分组成。

1.1.7 计算机的发展趋势

自第一台电子计算机诞生至今，在 70 多年的发展历程中，计算机的性能得到了惊人的提高，而价格却大幅度地下降。未来计算机将朝着巨型化、微型化、多媒体化、网络化和智能化等方向发展。

1. 巨型化

巨型化是指计算机具有更高的运算速度、更大的存储容量和更强的处理能力，其运算能力一般在每秒百亿次以上。巨型计算机主要应用于尖端科学技术领域，它的研制水平是一个国家科学技术能力的重要标志，也是一个国家综合国力的体现。

2. 微型化

微型化是指计算机向使用方便、体积小、重量轻、价格低和功能齐全的方向发展。20世纪 70 年代，由于超大规模集成电路的飞速发展，微处理器芯片连续更新换代，微型计算机的成本不断下降，应用更加广泛。微型计算机的应用逐渐深入人们生活的各个领域，并进入了一些家电和仪器设备的控制领域。

3. 多媒体化

多媒体是指以数字技术为核心的图像和声音与计算机、通信等融为一体的信息环境。多媒体化的目标是无论人们在何地，只需要简单的设备，就能自由自在地以交互和对话方式收/发所需要的信息。

4. 网络化

网络化是指利用现代通信技术和计算机技术，把分布在不同地理位置的计算机通过通信设备连接起来，按照网络协议互相通信，实现软/硬件资源和信息共享。

5. 智能化

智能化是指让计算机来模拟人的感觉、行为、思维过程，使计算机具备"视觉""听觉""语言""行为""思维"、逻辑推理、学习、证明等能力，这是新一代计算机要实现的目标。

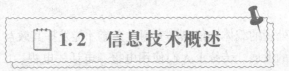

1.2 信息技术概述

随着科学技术的发展，以计算机技术、网络技术和通信技术为代表的现代信息技术正在以惊人的速度发展，并且深入人们生产活动的各个方面，信息资源的共享和应用日益广泛与深入，从而引起人类社会全面和深刻的变革，使人类社会由工业社会迈向信息社会。

1.2.1 信息技术基础知识

1. 信息

信息(Information)是指现实世界事物的存在方式和运动状态的反映。从信息处理的角度看，信息是指原始数据经过加工后，能对客观世界产生影响的、有用的数据。信息无处不在，它可以有多种形态，如数字、文本、图像、声音、视频等，这些形态我们统称为"媒体"，并且这些形态之间可以相互转化。信息必须依附于某种载体进行传递和共享。

信息可以从不同的角度进行分类。按其表现形式，信息可分为数字信息、文本信息、图像信息、声音信息、视频信息等；按其应用领域，信息可分为社会信息、管理信息、科技信息和军事信息等；按其加工的顺序，信息可分为一次信息、二次信息和三次信息等。

2. 数据

数据(Data)是信息的载体，它将信息按一定规则排列并用符号表示出来。这些符号可以构成数字、文字、图像等，也可以是计算机代码。

3. 信息技术

信息技术(Information Technology，IT)是利用计算机进行信息处理，利用现代电子通信技术从事信息采集、存储、加工、利用以及相关产品制造、技术开发、信息服务的新学科。信息技术主要包括感测与识别技术、信息传递技术、信息处理与再生技术和信息使用技术。感测与识别技术包括信息识别、信息提取、信息检测等，这些技术统称为"传感技术"。信息传递技术的主要功能是实现信息快速、可靠、安全的转移。信息处理与再生技术包括对信息的编码、压缩、加密等。信息使用技术是整个信息过程的最后环节，包括各种控制技术、显示技术等。

信息技术由传感技术、通信技术、计算机技术、微电子技术结合而成，也把信息技术称为现代信息技术。

1)传感技术

传感技术同计算机技术与通信技术一起被称为信息技术的三大支柱。从仿生学观点看，如果把计算机看成处理和识别信息的"大脑"，把通信系统看成传递信息的"神经系统"，那么传感器就是捕获信息的"感觉器官"。

目前，科学家已经研制出了许多应用现代感测技术的装置，不仅能替代人的感觉器官捕获各种信息，而且能捕获人的感觉器官不能感知的信息。同时，通过现代感测技术捕获的信息常常是精确的数字化数据，便于计算机处理。

2)通信技术

通信技术是信息处理的载体。信息只有通过交流才能发挥其效益，信息的交流直接影响着人类的生活和社会的发展。传统上人们使用电报、电话、电视、广播等手段来传递信息。21世纪以来，微波、光缆、卫星、计算机网络等通信技术得到迅猛发展。2000年年初，全球只有5亿手机用户和2.5亿互联网用户。2021年，全球手机用户为63.78亿。2022年，全球智能手机用户规模进一步提升至66.48亿。而今全球75.6%的人使用互联网，社交媒体用户超45亿，这是通信技术进步与发展的真实写照。

3)计算机技术

计算机技术是信息处理的核心。多媒体技术和压缩技术的发展使计算机处理信息的能力大大提高，不但能够处理数值信息，还能够处理文字、图形、图像、动画、声音等非数值信息。

4)微电子技术

微电子技术是现代信息技术的基础，利用半导体电路技术和微细加工技术，把计算机的逻辑部件(如中央处理器)和存储部件(如存储器)制作在一块硅片上。在不到 $1\ cm^2$ 的硅片上可以集成1亿多个晶体管。由于微电子技术的应用，计算机在运行速度和存储容量不断提高的同时，也大大节省了能源、材料和空间，从而大大降低了成本。将来微电子技术可能与纳米技术相融合，其发展前景将更为可观。

4. 信息社会

信息社会是指在国民经济各个领域，不断推广应用计算机、通信、网络等信息技术，达到全面提高经济运行效率、劳动生产率、企业核心竞争力和人民生活质量的目的。在工业化社会向信息化社会发展转变的过程中，信息产业在国民经济中所占的比重逐渐上升，成为国民经济的主导产业，也是知识经济赖以发展的基础和环境。信息化程度的高低是衡量一个国家综合实力的重要标志。

1.2.2　计算机在信息社会中的应用

在信息社会中，计算机的应用十分广泛，主要可以概括为以下 12 个方面。

1. 科学计算

科学计算也称为数值计算，是指用于完成科学研究和工程技术中提出的科学问题的计算。现代科学技术的发展使各种领域中的计算模型日趋复杂，如大型水坝的设计、卫星轨道的计算、卫星气象预报、地震探测等。计算机高速、高精度的运算是人工计算所望尘莫及的，利用计算机可以解决人工无法解决的复杂计算问题。

2. 过程控制

过程控制也称为实时控制，是指利用计算机对生产过程、制造过程或运行过程进行监测与控制，即通过实时监测目标物体的当前状态，及时调整被控对象，使被控对象能够正确地完成目标物体的生产、制造或运行。过程控制广泛应用于各种工业生产环境中，其一，它能够替代人在危险、有害于身体的环境中进行作业；其二，它能在保证同样质量前提下进行连续作业，不受体能、情感等因素的影响；其三，它能够完成人所不能完成的具有高精度、高速度、时间性、空间性等要求的操作。计算机过程控制已在冶金、石油、化工、纺织、水电、机械、航天等行业得到广泛的应用。

3. 数据/信息处理

数据处理也称为非数值处理，指对大量的数据进行搜集、归纳、分类、整理、存储、检索、统计、分析、列表、绘图等操作。一般来说，科学计算的数据量不大，但计算过程比较复杂。而数据处理的数据量很大，计算方法相对简单。数据处理是现代化管理的基础，不仅应用于日常事务的处理，还可以支持科学的管理和决策。

4. 多媒体应用

多媒体一般包括文本、图形、图像、音频、视频、动画等信息媒体。多媒体技术是指人和计算机交互地进行上述多种媒介信息的捕捉、传输、转换、编辑、存储、管理，并由计算机综合处理为表格、文字、图形、动画、音响、影像等视听信息有机结合的表现形式。多媒体技术拓宽了计算机应用领域，使计算机广泛应用于商业、服务业、教育、文化娱乐、家庭等方面。

5. 计算机辅助系统

计算机辅助系统是指以计算机为工具，配备专门的软件辅助人们完成特定的任务，以提高工作效率和工作质量，常见的计算机辅助系统包括以下 4 个。

1) 计算机辅助设计

计算机辅助设计(Computer Aided Design，CAD)是指综合利用计算机的工程计算、逻辑判断、数据处理能力，并与人的经验与判断能力相结合，形成一个专门的系统，用来完成各种各样的设计工作，并对所设计的部件、构件或系统进行综合分析与模拟仿真实验。

2）计算机辅助制造

计算机辅助制造（Computer Aided Manufacturing，CAM）是指利用计算机对生产设备进行控制、管理和操作的技术。例如，在产品的制造过程中，用计算机控制机器运行、处理生产中的数据、控制材料流动以及检验产品等。

3）计算机辅助测试

计算机辅助测试（Computer Aided Testing，CAT）是指利用计算机进行测试。例如，在大规模集成电路的生产过程中，利用计算机可以自动测试集成电路的各种参数、逻辑关系等，实现产品的分类和筛选。

4）计算机辅助教育

计算机辅助教育（Computer Aided Education，CAE）主要包括计算机辅助教学（Computer Aided Instruction，CAI）和计算机管理教学（Computer Managed Instruction，CMI）两部分。CAI是计算机用于支持教学和学习的各类应用的总称，其通过交互方式帮助学生自学、自测，可满足不同层次人员对教与学的不同要求。CMI是指利用计算机实现各种教学管理，如制订教学计划、学生学籍档案管理、计算机评分等多方面的日常教务管理工作，以及利用计算机帮助教师指导教学过程。

6. 人工智能

人工智能（Artificial Intelligence，AI）是用计算机模拟人类的某些智能活动与行为，如感知、思维、推理、学习、理解、问题求解等。人工智能除了研究计算机科学以外，还涉及信息论、控制论、仿生学、生物学、心理学、医学和哲学等多门学科。因此，人工智能是一门极富挑战性的科学，是处于计算机应用研究最前沿的学科。人工智能研究包括模式识别、符号数学、推理技术、人机博弈、问题求解、机器学习、自动程序设计、知识工程、专家系统、自然景物识别、事件仿真、自然语言理解等。目前，人工智能已具体应用于机器人控制、医疗诊断、故障诊断、计算机辅助教育、案件侦破、经营管理及航天应用等多个领域。

7. 计算机模拟

在传统的工业生产中，经常使用"模型"对产品或工程进行分析、设计。20世纪后期，人们尝试利用计算机程序代替实物模型进行模拟实验。目前，计算机模拟广泛应用于飞机和汽车等产品设计、危险系数或代价很大的人体实验、人员训练以及"虚拟现实"技术和社会科学等领域。多媒体技术与人工智能技术的有机结合还促进了更吸引人的虚拟现实（Virtual Reality，VR）、虚拟制造（Virtual Manufacturing，VM）技术的发展，使人们可以在由计算机产生的环境中感受真实的场景；在还没有真实制造零件及产品的时候，通过计算机仿真与模拟产生最终产品，使人们感受产品各方面的功能与性能。

8. 网络通信

计算机网络是计算机技术和现代通信技术相结合的产物，利用计算机网络可以使一个地区、一个国家乃至世界范围内的计算机之间实现信息、软/硬件资源和数据的共享；个人使用计算机可以上网浏览信息、参加网络视频会议、在网络上发布信息、收/发电子邮件、进行手机通话、利用全球定位系统（Global Positioning System，GPS）为自己或汽车定位等。中国自行研制的全球卫星导航系统——北斗卫星导航系统（BeiDou Navigation Satellite System，BDS），已与137个国家签订了合作协议。

9. 电子商务

电子商务是指依靠电子设备和网络技术进行的商业模式。随着电子商务的高速发展，它不仅包括其购物的主要内涵，还包括了物流配送等附带服务等。电子商务是利用计算机技术、网络技术和远程通信技术，实现电子化、数字化和网络化、商务化的整个商务过程。现在它已经成为社会经济新的增长点及信息化社会的又一重要特征，受到各国政府和企业的广泛重视与支持。

10. 电子政务

电子政务是指国家机关在政务活动中，全面应用现代信息技术、网络技术以及办公自动化技术等进行办公、管理和为社会提供公共服务的一种全新的管理模式。广义的电子政务应包括所有国家机构；而狭义的电子政务主要包括直接承担管理国家公共事务、社会事务的各级行政机关。

11. 物联网

物联网（Internet of Things，IoT），就是通过射频识别（Radio Frequency Identification，RFID）、红外感应器、全球定位系统、激光扫描器等信息传感设备，按约定的协议，把任何物品与互联网连接起来，从而进行信息的交换和通信，以实现智能化识别、定位、跟踪、监控和管理的一种网络。物联网是在互联网基础上的延伸和扩展的网络，是将各种信息传感设备与网络结合起来而形成的一个巨大网络，实现任何时间、任何地点，人、机、物的互联互通。简而言之，物联网就是"万物相连的互联网"。

12. 云计算

云计算（Cloud Computing）是分布式计算的一种，指的是通过网络"云"将巨大的数据计算处理程序分解成无数个小程序，然后通过多部服务器组成的系统进行处理和分析这些小程序，从而得到结果并返回给用户。提供资源的网络被称为"云"，用户只需要通过网络并根据需要，参照租用模式，按照使用量来支付使用这些云服务的费用。

计算思维本质

1.3　计算思维

计算思维古已有之，且无所不在。从古代的算盘，到近代的机械计算设备，现代的电子计算机，以及到现在风靡全球的云计算，计算思维的内容不断拓展。然而，在计算机发明之前的相当长时期内，计算思维研究缓慢，其原因是缺乏像计算机这样的快速计算工具。一位科学家曾经说过，"我们所使用的工具影响着我们的思维方式和思维习惯，从而也将深刻地影响着我们的思维能力。"人们还可以利用计算机去解决那些计算时代之前不敢尝试的问题，计算机的发展改变着人们的思维方式。

1.3.1　计算思维的定义

计算思维（Computational Thinking，CT）概念的提出是计算机学科发展的自然产物。第一次明确使用这一概念的是美国卡内基·梅隆大学周以真（Jeannette M. Wing）教授。她认为，计算思维是运用计算机科学的基础概念去求解问题、设计系统和理解人类行为的涵盖了计算机科学之广度的一系列思维活动。从这一定义可知,计算思维的目的是求解问题、设计系统和理解人类行为,而使用的方法是计算机科学的方法。计算思维与"读/写能力"一样,是人类的基本思维方式,具体解释如下。

1. 求解问题中的计算思维

利用计算手段求解问题的过程:把实际的应用问题转换为数学问题,可能是一组偏微分方程(Partial Differential Equation,PDE);将 PDE 离散为一组代数方程组,前两步是计算思维中的抽象;建立模型、设计算法和编程实现;在实际的计算机中运行并求解,最后两步是计算思维中的自动化。

2. 设计系统中的计算思维

任何自然系统和社会系统都可视为一个动态演化系统,当动态演化系统抽象为离散符号系统后,就可以采用形式化的规范描述,建立模型、设计算法和开发软件来揭示演化的规律,实时控制系统的演化并自动执行。

3. 理解人类行为中的计算思维

计算思维是基于计算手段的、以定量化的方式进行的思维过程。利用计算手段来研究人类的行为,可视为社会计算,即通过各种信息技术手段,设计、实施和评估人与环境之间的交互。计算思维是应对信息时代新的社会动力学和人类动力学所要求的思维。

1.3.2　计算思维的详细描述

从方法论的角度来说,计算思维的核心是计算思维方法。计算思维方法有很多,总的来说有两大类:一类是来自数学和工程的方法;另一类是计算机科学独有的方法。下面是周以真教授具体阐述的计算思维七大类方法。

(1)计算思维是通过约简、嵌入、转化和仿真等方法,把一个看似困难的问题重新阐述成一个人们知道问题怎样解决的思维方法。

(2)计算思维是一种递归思维,是一种并行处理,是一种既能把代码译成数据又能把数据译成代码,是一种多维分析推广的类型检查方法。

(3)计算思维是一种采用抽象和分解来控制庞杂的任务或进行巨大复杂系统设计的方法,是一种基于关注点分离的方法。

(4)计算思维是一种选择合适的方式去陈述一个问题,或者对一个问题的相关方面建模并使其易于处理的思维方法。

(5)计算思维是一种按照预防、保护及通过冗余、容错和纠错方式,从最坏情况进行系统恢复的思维方法。

(6)计算思维是利用启发式推理寻求解答,也即在不确定情况下的规划、学习和调度的思维方法。

(7)计算思维是利用海量数据来加快计算,在时间和空间之间,在处理能力和存储容量之间进行折中的思维方法。

1.3.3　计算思维的特征

计算机科学是计算的学问，即解决什么是可计算的，怎样去计算这两个问题。因此，计算思维的特性可归纳如下。

（1）计算思维是概念化的抽象思维，而不是程序设计。计算机科学并不仅仅是计算机编程，还要求对事物能够在抽象的多个层次上思维，就像音乐产业不只是关注麦克风一样。

（2）计算思维是基础的技能，不是机械的技能。基础的技能是每个人为了在现代社会中发挥职能所必须掌握的，生搬硬套的机械技能意味着机械式的重复。

（3）计算思维是人的思维，而不是计算机的思维。计算思维是人类求解问题的一条途径，计算机之所以能求解问题，是因为人将计算思维的思想赋予了计算机。例如，递归、迭代、黎曼积分等的计算思想都是在计算机发明之前人类早已提出的思想，人类将这些思想赋予计算机后计算机才能进行这些计算。

（4）计算思维的过程既可以由人执行，也可以由计算机执行。借助拥有"超算"能力的计算机，人类就能用智慧的思想去解决那些在计算时代之前不敢尝试的问题，实现"只有想不到，没有做不到"的境界。

（5）计算思维是数学和工程思维的互补与融合。计算思维的形式化解析基础虽然筑于数学但本质上源于数学思维。而基本计算设备的限制迫使计算机学家不能只是数学性的思考还要能够超越物理世界去打造各种系统，所以计算机思维本质上又源于工程思维。

（6）计算思维是思想，不是人造物。计算思维不是以物理形式时刻呈现并触及人们生活的软硬件，而是在设计和制造软硬件时的思想，是"计算"这一概念用于求解问题、管理日常生活以及与他人交流的思想。

（7）面向所有的人，所有地方。计算思维融入人们的日常活动，作为一个问题解决的有效工具，人人都应当掌握，处处都会被使用。

（8）计算思维关注智力上具有挑战性的科学问题的理解和解决。

1.3.4　计算思维的本质

计算思维的本质是抽象（Abstraction）和自动化（Automation）。它反映了计算的根本问题，即什么能被有效地自动进行。计算思维中的抽象是指超越物理的时空观，完全用符号来表示。也就是说，确定合适的抽象，并选择合适的计算机去解释、执行该抽象。而自动化就是机械地、一步一步地自动执行，它的基础和前提是抽象。

1.3.5　计算思维与计算机的关系

计算思维虽然具有计算机的许多特征，但它本身并不是计算机的专属。实际上，即使没有计算机，计算思维也会逐步发展起来。但计算机的出现，给计算思维的发展带来了根本性的变化。

1.3.6　计算思维的应用领域

计算思维可应用于生物学、脑科学、化学、经济学、艺术和其他领域。

1. 生物学

计算机科学的许多领域渗透到生物信息学中的应用研究，包括数据库、数据挖掘、人工智能、算法、图形学、软件工程、并行计算和网络技术等都被用于生物计算的研究。例如，从各种生物的 DNA 数据中挖掘 DNA 序列自身规律和进化规律，可以帮助人们从分子层次上认识生命的本质和进化规律。

2. 脑科学

脑科学是研究人脑结构与功能的综合性学科。它以揭示人脑高级意识功能为宗旨，与心理学、人工智能、认知科学和创造学等有着交叉渗透。美国神经生理学家罗杰·斯佩里进行了裂脑实验，提出大脑两半球功能分工理论。他认为：大脑左、右半球以不同的方式进行思维活动，左脑侧重于抽象思维，右脑侧重于形象思维。

3. 化学

计算机科学在化学中的应用有：化学中的数值计算、化学模拟、化学中的模式识别、化学数据库及检索、化学专家系统等。

4. 经济学

计算博弈论正在改变人们的思维方式。囚徒困境是博弈论专家设计的典型示例，囚徒困境博弈模型还可以用来描述两家企业的价格战等许多经济现象。

5. 艺术

计算机艺术是科学与艺术相结合的一门新兴的交叉学科，包括绘画、音乐、舞蹈、影视、广告、书法模拟、服装设计、图案设计、产品和建筑造型设计以及电子出版物等众多领域。

6. 其他领域

计算思维在工程学(电子、土木、机械、航空航天等)、社会科学、地质学、天文学、数学、医学、法律、娱乐、体育等学科方面也得到了广泛的应用。

计算思维代表着一种普遍的认识和一类普适的技能，渗透到每一个人的生活里，并且影响其他学科的发展，创造和形成了一系列新的学科分支。不仅是计算机科学家，每个人都应热心学习和运用这一基本技能。

1.4　计算机应用系统的计算模式

计算机应用系统中数据与应用(程序)的分布方式称为企业计算机应用系统的计算模式，有时也称为企业计算模式。自世界上第一台电子计算机诞生以来，计算机作为人类信息处理的工具已有半个多世纪，在这一发展过程中，计算机应用系统的计算模式发生了几次变革，分别是：单主机计算模式、分布式客户机/服务器(C/S)计算模式和浏览器/服务器(B/S)计算模式。

1.4.1　单主机计算模式

1985 年以前，计算机应用一般是由单台计算机构成的单主机计算模式。单主机计算模式又可细分为以下两个阶段。

(1)单主机计算模式的早期阶段，系统所用的操作系统为单用户操作系统，系统一般只有一个控制台，限单独应用，如劳资报表统计等。

(2)分时多用户操作系统的研制成功及计算机终端的普及，使早期的单主机计算模式发展成为"单主机—多终端"的计算模式。在"单主机—多终端"的计算模式中，用户通过终端使用计算机，每个用户都感觉好像是在独自享用计算机的资源，但实际上主机是在分时轮流为每个终端用户服务。

"单主机—多终端"的计算模式当时在我国被称为"计算中心"。在单主机计算模式阶段，计算机应用系统中已可实现多个应用(如物资管理和财务管理)的联系，但由于硬件结构的限制，只能将数据和应用(程序)集中放在主机上。因此，"单主机—多终端"的计算模式有时也被称为"集中式的企业计算模式"。

1.4.2　传统局域网应用的分布式客户机/服务器计算模式

20 世纪 80 年代，个人计算机的发展和局域网技术逐渐趋于成熟，使用户可以通过计算机网络共享计算机资源，计算机之间通过网络可协同完成某些数据处理工作。虽然个人计算机的资源有限，但在网络技术的支持下，应用程序不仅可利用本机资源，还可通过网络方便地共享其他计算机的资源，在这种背景下，分布式客户机/服务器(Client/server system，C/S)的计算模式形成了。

在客户机/服务器计算模式中，网络中的计算机被分为两大类：一类是用于向其他计算机提供各种服务(主要有数据库服务、打印服务等)的计算机，统称为服务器；另一类是享受服务器所提供的服务的计算机，称为客户机。

客户机一般由微机承担，用来运行客户应用程序。应用程序被分散安装在每台客户机上，这是 C/S 计算模式应用系统的重要特征。部门级和企业级的计算机，作为服务器运行服务器系统软件(如数据库服务器系统、文件服务器系统等)，向客户机提供相应的服务。

在 C/S 计算模式中，数据库服务是最主要的服务。客户机将用户的数据处理请求，通过客户机的应用程序，发送到数据库服务器，数据库服务器分析用户数据处理请求，实施对数据库的访问与控制，并将处理结果返回给客户机。在这种模式下，网络上传输的只是数据处理请求和少量的结果数据，网络负担较小。

对于较复杂 C/S 计算模式应用系统，数据库服务器一般情况下有多个，按数据的逻辑归属和整个系统的地理安排可能有多个数据库服务器(如各子系统的数据库服务器及整个企业级数据库服务器等)，企业的数据分布在不同的数据库服务器上，因此，C/S 计算模式有时也称为分布式 C/S 计算模式。

C/S 计算模式是一种较成熟且应用广泛的企业计算模式，其客户端应用程序的开发工具也较多，这些开发工具分为两类：一类是针对某一种数据库管理系统的开发工具（如针对 Oracle 的 Developer 2000）；另一类是对大部分数据库系统都适用的前端开发工具（如 PowerBuilder、Visual Basic、Visual C++、Delphi、C++ Builder、Java 等）。

C/S 计算模式的可管理性差，工作效率低。办公自动化、网络化的初衷就是为了提高工作效率和竞争力，所以 C/S 计算模式已不能适应今天更高速度、更大地域范围的数据运算和处理，由此产生了 B/S 计算模式。

1.4.3 面向应用的浏览器/服务器计算模式

浏览器/服务器（Browser/Server，B/S）计算模式是在 C/S 计算模式的基础上发展而来的。导致 B/S 计算模式产生的原动力来自不断扩大的业务规模和不断复杂化的业务处理请求，解决这个问题的方法是在传统 C/S 计算模式的基础上，由原来的客户机/服务器两层结构变成浏览器/Web 服务器/数据库服务器三层结构。在三层应用结构中，客户端（用户界面层）负责提供用户和系统的友好访问；中间层是应用程序服务器层，负责建立数据库的连接并根据用户的请求生成访问数据库的 SQL 语句，同时把结果返回给客户端；数据库服务器层负责实际的数据库存储和检索，响应中间层的数据处理请求，并将结果返回给中间层。

B/S 计算模式的系统以服务器为核心，程序处理和数据存储基本上都在服务器端完成，用户无须安装专门的客户端软件，只要通过网络中的计算机连接服务器，使用浏览器就可以进行事务处理，浏览器和服务器之间通过通信协议 TCP/IP 进行连接。浏览器发出数据请求，由 Web 服务器向后台取出数据并计算，将计算结果返回给浏览器。B/S 计算模式具有易于升级、便于维护、客户端使用难度低、可移植性强、服务器与浏览器可处于不同的操作平台等特点，同时也受到灵活性差、应用模式简单等问题的制约。在早期的办公自动化（Office Automation，OA）系统中，B/S 计算模式是被广泛应用的系统模式，一些管理信息系统（Management Information System，MIS）、企业资源计划（Enterprise Resource planning，ERP）系统也采取这种模式。B/S 计算模式的系统主要的应用平台有 Windows Server 系列、Lotus Notes、Linux 等，其采用的主要技术手段有 Notes 编程、ASP、Java 等，同时使用 COM+、ActiveX 控件等技术。

尽管 C/S 结构相对于更早的文件服务器来说，有了很大的进步，但与 B/S 相比，缺点和不足是很明显的。

1. B/S 相对 C/S 的维护工作量大大减少

C/S 结构的每个客户端都必须安装和配置软件。假如一个企业共有 50 个客户站点，使用一套 C/S 结构的软件，则当这套软件进行了哪怕很微小的改动后（如增加某个功能），系统维护员都必须进行这样的维护：首先将服务器更新到最新版本，将客户端原有的软件卸载，再安装新的版本，最后进行设置。最可怕的是，客户端的维护工作必须进行 50 次。若其中有一部分的客户端在另外一个地方，则系统维护员必须到此处再进行软件的卸载、安装、设置工作。若系统维护员忘记对某客户端进行上述维护，则该客户端将会遇到版本不一致的问题导致无法工作。而对于 B/S 结构来说，客户端不必安装及维护。若将企业的 C/S 结构软件换成 B/S 结构软件，那么当软件升级后，系统维护员只要将服务器的软件升级到最新版本，其他客户端只要重新登录系统，用户使用的就是最新版本的软件。

2. B/S 相对 C/S 能够降低总体成本

C/S 软件一般采用两层结构，而 B/S 软件采用的是三层结构。在两层结构中，客户端接收用户的请求，并向数据库服务器提出请求，数据库服务器将数据提交给客户端，客户端将数据进行计算(可能涉及运算、汇总、统计等)并将结果呈现给用户。在三层结构中，客户端接收用户的请求，并向应用服务器提出请求，应用服务器从数据库服务器中获得数据，并将数据进行计算然后将结果提交给客户端，客户端将结果呈现给用户。这两种结构的不同点是，两层结构中的客户端参与运算，而三层结构中的客户端不参与运算，只是简单地接收用户的请求，显示最后的结果。由于三层结构中的客户端并不需要参与计算，所以对客户端的计算机配置要求是比较低的。另外，由于从应用服务器到客户端只传递最终的结果，数据量较少，所以使用电话线作为传输线路也能够胜任。而采用 C/S 两层结构，使用电话线作为传输线路可能因为速度太慢而不能够接受。采用 B/S 三层结构要提高服务器的配置，但可以降低客户端的配置。这样，增加的只是一台服务器(应用服务器和数据库服务器可以放在同一台计算机中)的价格，而降低的却是几十台客户端的价格，起到了降低总体成本的作用。

从技术发展趋势上看，B/S 计算模式最终将取代 C/S 计算模式。但同时，网络计算模式很可能是 B/S、C/S 同时存在的混合计算模式。这种混合计算模式将逐渐推动商用计算机向两极化(高端和低端)和专业化方向发展。在混合计算模式的应用中，处于 C/S 计算模式下的商用计算机根据应用层次的不同，体现出高端和低端的两极化发展趋势；而处于 B/S 计算模式下的商用计算机，因为仅仅作为网络浏览器，已经不再是一个纯粹的 PC，所以变成了一个专业化的计算工具。

1.5 新的计算模式

计算机技术的发展是软件、硬件以及与它们相适应的计算模式共同进步的结果，计算模式的改进与提高可以极大促进计算机技术的应用和普及。

1.5.1 普适计算

普适计算又称普存计算、普及计算，强调和环境融为一体的计算。在普适计算的模式下，人们能够在任何时间、任何地点，以任何方式进行信息的获取与处理。

普适计算最早起源于 1988 年 Xerox PARC 实验室的一系列研究计划。在该计划中，美国施乐(Xerox)公司帕罗奥多研究中心(Palo Alto Research Center，PARC)的马克·维瑟(Mark Weiser)首先提出了普适计算的概念。1991 年，Weiser 正式提出了普适计算(Ubiquitous Computing)。1999 年，IBM 公司也提出了普适计算(IBM 称为 Pervasive Computing)的概念，即为无所不在的、随时随地可以进行计算的一种方式。跟 Weiser 一样，IBM 公司也特别强调计算资源普存于环境当中，人们可以随时随地获得需要的信息和服务。

普适计算所涉及的技术包括移动通信技术、小型计算设备制造技术、小型计算设备上的操作系统技术及软件技术等。

间断连接与轻量计算(即计算资源相对有限)是普适计算最重要的两个特征。普适计算的软件技术就是要实现在这种环境下的事务和数据处理,同时具有以下特性。

(1)无所不在(Pervasive)特性:用户可以随地以各种接入手段进入同一信息世界。

(2)嵌入(Embedded)特性:计算和通信能力存在于我们生活的世界中,用户能够感觉到它和作用于它。

(3)游牧(Nomadic)特性:用户和计算均可按需自由移动。

(4)自适应(Adaptable)特性:计算和通信服务可按用户需要和运行条件提供充分的灵活性和自主性。

(5)永恒(Eternal)特性:系统在开启以后再也不会死机或需要重启。

普适计算技术的主要应用方向有以下3个。

(1)嵌入式技术:除笔记本电脑和台式计算机外的具有 CPU 且能进行一定的数据计算的电器,其计算设备的尺寸将缩小到毫米甚至纳米级。无线传感器网络将广泛普及,在环保、交通等领域发挥作用。人体传感器网络会大大促进健康监控以及人机交互等的发展。例如,手机、MP3、触觉显示等都是嵌入式技术研究的方向。

(2)网络连接技术:建立一个充满计算和通信能力的环境,同时使这个环境与人们逐渐融合在一起,在这个融合空间中人们可以随时随地、透明地获得数字化服务。在普适计算环境下,整个世界是一个网络的世界,数不清的为不同目的服务的计算和通信设备都连接在网络中,它们在不同的服务环境中自由移动,如 3G、ADSL 等网络连接技术。

(3)基于 Web 的软件服务构架:各种小型、便宜、网络化的处理设备广泛分布在日常生活的各个场所,计算设备将不仅依赖命令行、图形界面进行人机交互,而且更依赖"自然"的交互方式,通过传统的 B/S 结构,提供各种服务。

普适计算面临的挑战有以下几个。

1. 移动性问题

在普适计算时代,大量的嵌入式和移动信息工具将广泛连接到网络中,并且越来越多的通信设备需要在移动条件下接入网络。移动设备的移动性给 IPv4 协议中域名地址的唯一性带来麻烦。普适计算环境下需要按地理位置动态改变移动设备名称,而 IPv4 协议无法有效解决这个问题,为满足普适计算的需要,网络协议必须修改或增强。作为 IPv6 的重要组成部分,移动连接特性可以有效解决设备移动性问题。

2. 融合性问题

普适计算环境下,世界将是一个无线网络、有线网络与互联网三者合一的网络世界,有线网络和无线网络间的透明链接是一个需要解决的问题。无线通信技术发展日新月异,全球移动通信系统(Global System for Mobile Communications,GSM)、4G、5G、无线应用协议(Wireless Application protocol,WAP)、蓝牙技术、i-Mode 等层出不穷,加上移动通信设备的进一步完善,使无线的接入方式占据越来越重要的位置,因此有线与无线通信技术的融合就变得必不可少。移动通信延续着每十年一代技术的发展规律,现代科技的壁垒已经越来越难以被打破。预计 2025 年年底,我国 5G 用户将达到 9 亿。

3. 安全性问题

在普适计算环境下,物理空间与信息空间的高度融合、移动设备和基础设施之间自发的互操作会对个人隐私造成潜在的威胁;同时,移动计算大都是在无线环境下进行的,移动节点需要不断地更新通信地址，这也会导致许多安全问题。这些安全问题的防范和解决对IPv4 提出了新的要求。

普适计算把计算和信息融入人们的生活空间，使人们生活的物理世界与在信息空间中的虚拟世界融合成为一个整体。人们生活在其中，可随时随地得到信息访问和计算服务，从根本上改变了人们对信息技术的思考，也改变了人们整个生活和工作的方式。

普适计算是对计算模式的革新，对它的研究虽然才刚刚开始，但其已显示了巨大的生命力，并带来了深远的影响。普适计算的新思维极大活跃了学术思想，推动了人们对新型计算模式的研究。在此方向上已出现了许多诸如平静计算(Calm Computing)、日常计算(Everyday Computing)、主动计算(Proactive Computing)等的新研究方向。

1.5.2　网格计算

随着人们日常工作遇到的商业计算越来越复杂，人们越来越需要数据处理能力更强大的计算机，而超级计算机的价格显然阻止了它进入普通人的工作领域。于是，人们开始寻找一种造价低廉而数据处理能力超强的计算模式，最终科学家们找到了网格计算(Grid Computing)。网格计算研究如何把一个需要非常巨大的计算能力才能解决的问题分成许多小的部分，然后把这些部分分配给许多计算机进行处理，最后把这些计算结果综合起来得到最终结果。

网格计算是伴随着互联网而迅速发展起来的、专门针对复杂科学计算的新型计算模式。这种计算模式是利用互联网把分散在不同地理位置的计算机组织成一个"虚拟的超级计算机"，其中每一台参与计算的计算机就是一个"节点"，而整个计算是由成千上万个"节点"组成的"一张网格"，所以这种计算方式称为网格计算。这样组织起来的"虚拟的超级计算机"有两个优势：一个是数据处理能力超强；另一个是能充分利用网上的闲置处理能力。最近的分布式计算项目已经被用于使用世界各地成千上万位志愿者的计算机的闲置计算能力，通过网络，用户可以分析来自外太空的电信号，寻找隐蔽的黑洞，并探索可能存在的外星智慧生命；可以寻找超过 1 000 万位数字的梅森质数；也可以寻找并发现对抗艾滋病毒更为有效的药物。

实际上，网格计算是分布式计算(Distributed Computing)的一种，如果我们说某项工作是分布式的，那么，参与这项工作的一定不只是一台计算机，而是一个计算机网络，显然这种"蚂蚁搬山"的方式将具有很强的数据处理能力。充分利用网上的闲置处理能力则是网格计算的一个优势，网格计算模式首先把要计算的数据分割成若干"小片"，而计算这些"小片"的软件通常是一个预先编制好的屏幕保护程序，然后不同节点的计算机可以根据自己的处理能力下载一个或多个数据片段和这个屏幕保护程序。于是"演出开始了"，只要当节点的计算机用户不使用计算机时，屏保程序就会工作，这样这台计算机的闲置处理能力就被充分地发挥出来了。

网格计算的这种"蚂蚁搬山"的计算方式，看似普通，却有过极其出色的表现，SETI@Home 项目就是网格计算的一个成功典范。该项目在 1999 年年初开始将分布于世界各地的 200万台个人计算机组成计算机阵列，用于搜索射电天文望远镜信号中的外星文明迹象。该项目组称，在不到两年的时间里，这种计算方法已经完成了单台计算机 345 000 年的计算量。可见，这种"蚂蚁搬山"式的分布式计算的处理能力十分强大，正所谓"泰山不让土壤，故能成其大"。网格计算不仅受到需要大型科学计算的国家级部门，如航天、气象部门的关注，而且目前很多大公司也开始追捧这种计算模式，并开始有了相关"动作"。

"蓝色巨人"IBM 公司正在构筑一项名为"Grid Computing"的计划，旨在通过网络，向每一台个人计算机提供超级的处理能力。IBM 公司副总裁、也是这项计划的总设计师欧文·伯杰介绍，网格计算是一种整合计算机资源的新手段，它通过 Internet 把分散在各地的个人计算机连接起来，不仅可使每台个人计算机通过充分利用相互间闲置的计算机能源，来提升各自的计算机处理能力，还可使成千上万的用户在大范围的网络上共享计算机处理功能、文件以及应用软件。正如网络技术总是从科学开发领域转向企业商务领域一样，我们也希望看到网格计算能取得这样的进展。

另一个业界巨头 Sun 公司也推出了新软件促进网络计算的发展。2001 年 11 月，Sun 公司推出了 Sun Grid Engine(企业版)5.3 版软件的 β 版，继续提升它的网络技术计算水平。该软件推出一年后，Sun Grid Engine 5.2.3 版软件的用户数量已经增长了 20 倍。今天，全球有 118 000 多个 CPU 都是采用 Sun Grid Engine 软件管理的。

除此之外，一批围绕网格计算的软件公司也逐渐壮大和为人所知，并成为受到关注的新商机，现在，网格计算主要被各大学和研究实验室用于高性能计算的项目。这些项目要求巨大的计算能力，或者需要接入大量数据。网格计算的目的是支持所有行业的电子商务应用。例如，飞机和汽车等复杂产品的生产要求对产品设计、产品组装和产品生命周期管理进行计算密集型模拟。网格环境的最终目的是，从简单的资源集中发展到数据共享，最后发展到计算合作。

资源集中：使公司用户能够将公司的整个 IT 基础设施看作一台计算机，能够根据他们的需要找到尚未被利用的资源。

数据共享：使各公司接入远程数据。这对某些生命科学项目尤其有用，因为在这些项目中，各公司需要和其他公司共享人类基因数据。

计算合作：使广泛分散在各地的组织能够在一定的项目上进行合作，整合业务流程，共享从工程蓝图到软件应用程序等所有信息。

网格计算可应用于很多业务和 IT 环境，包括以下 4 个方面。

(1)研究和开发。这类活动基本上是信息和计算密集型的，涉及使用多种方法，如分析、深入计算、数据挖掘和数据抽取。网格计算可以帮助提高研究人员的工作效率，对于那些要求在开发过程中确保保密性和离散性的竞争性市场环境来说特别重要。

(2)商业智能和分析。此类网格通常用于执行大型的数据挖掘、数据智能和数据研究项目。采用传统方式，这些项目一般需要相对较长的时间(数天或数周)。网格计算能充分利用未用的计算资源，大大加快分析过程的速度，同时精度也高得多。

(3)工程和产品设计。创建统一的产品开发网格，制造商们不仅能够实现跨供应链的协作，还能够利用扩展的计算功能来减少开发周期，降低开发成本和缩短进入市场所需的时间。

(4)企业优化。利用网格，各类组织可以快速将不同的资源连接在一起，进行负载优化，从而能够跨企业边界以"不中断运行"的方式提供计算和数据资源。

综合来说，网格能及时响应需求的变动，通过使 IT 组织能够汇聚各种分布式资源和利用未使用的容量，网格技术极大地增加了可用的计算和数据资源的总量。网格计算可以帮助创建能够对意外流量和使用高峰做出快速响应的 IT 基础设施。此外，资源池的虚拟化使管理员能像对待一个单一系统那样，跨多个异构设备方便监视不同任务的进展和状态。可以说，网格是未来计算世界中的一种划时代的新事物。

1.5.3 云计算

2014 年，爱奇艺首次提出"网络电影"概念，从内容到发行，电影的线上产能开始爆发。随着流媒体加速崛起，线上观影逐渐成为一种主流线上娱乐方式。实际上，在线影视系统不是完整的云计算，因为它还有相当一部分的计算工作要在用户本地的客户端上完成，但是，这类系统的点播等方面的计算工作是在服务器上完成的，而且这类系统的数据中心及存储量是巨大的。

云计算与计算机网络

QQ、MSN 这类互联网即时通信系统的主要计算功能，也是在这类服务提供商的数据中心完成的。不过，这类系统不能看作完整的云计算，因为它们通常会有客户端，而且用户的身份认证等计算功能是在用户本地的客户端上完成的。但是，这类系统对于后台数据中心的要求不逊于一些普通的云计算系统，而且在使用这类服务时，不会关注这类服务的计算平台在何处。

SaaS 是软件即服务（Software as a Service）的简称，它是一种通过网络提供软件的模式。在此模式下，用户不用再购买软件，而改用向提供商租用基于 Web 的软件，来管理企业的经营活动，且无须对软件进行维护，服务提供商会全权管理和维护软件。SaaS 被认为是云计算的典型应用之一，其搜索引擎其实就是基于云计算的一种应用方式。它在使用搜索引擎时，并不考虑搜索引擎的数据中心在哪里，是什么样的。事实上，搜索引擎的数据中心的规模是相当庞大的，而对于用户来说，搜索引擎的数据中心是无从感知的。因此，搜索引擎就是公共云的一种应用方式。

"云计算"理论和尝试已经有十多年。近 10 年来，从 .NET 架构到按需计算（On-Demand Computing）、效能计算（Utility Computing）、SaaS、平台即服务（Platform as a Service，PaaS）等新理念、新模式，其实都可视为企业对"云计算"的各异解读或"云计算"发展的不同阶段。

云计算最早为谷歌（Google）、亚马逊（Amazon）等其他扩建基础设施的大型互联网服务提供商采用。于是产生了一种架构：大规模扩展，水平分布的系统资源，抽象为虚拟 IT 服务，并作为持续配置、合用的资源进行管理。这种架构模式被乔治·吉尔德（George Gilder）在其 2006 年 10 月于 *WIRED* 杂志上发表的文章 *The Information Factories* 中进行了详细介绍。吉尔德所描写的服务器庄园在架构上与网格计算相似，但其中的网格用于松散结合的技术计算应用程序，而这种新的云模式则应用于互联网服务。

狭义云计算指 IT 基础设施的交付和使用模式，即通过网络以按需、易扩展的方式获得所需资源；广义云计算指服务的交付和使用模式，即通过网络以按需、易扩展的方式获得所需服务。这种服务可以是 IT 和软件、互联网等，也可是其他服务。云计算的核心思想是将大量用网络连接的计算资源统一管理和调度，构成一个计算资源池向用户提供按需服务。提供资源的网络被称为"云"。"云"中的资源在使用者看来是可以无限扩展的，并且可以随时获取、按需使用、随时扩展、按使用付费。云计算的产业按三级分层：云软件、云平台、云设备。

云计算所涉及的关键技术如下。

1. 数据存储技术

为保证高可用、高可靠和经济性，云计算采用分布式存储的方式来存储数据，采用冗余存储的方式来保证存储数据的可靠性，即为同一份数据存储多个副本。另外，云计算系统需要同时满足大量用户的需求，并行地为大量用户提供服务。因此，云计算的数据存储技术必须具有高吞吐率和高传输率的特点。目前，各 IT 厂商多采用谷歌文件系统(Google File System，GFS)或分布式文件系统(Hadoop Distributed File System，HDFS)的数据存储技术。

2. 数据管理技术

云计算系统对大数据集进行处理、分析，向用户提供高效的服务。因此，首先，数据管理技术必须能够高效管理大数据集；其次，如何在规模巨大的数据中找到特定的数据，也是云计算数据管理技术所必须要解决的问题。云计算的特点是对海量的数据存储、读取后进行大量的分析，数据的读操作频率远大于数据的更新频率，云中的数据管理是一种读优化的数据管理。因此，云计算系统的数据管理往往采用数据库领域中列存储的数据管理模式，将表按列划分后存储。例如，谷歌采用 BigTable 的数据管理技术。

3. 编程模式

为了使用户能更轻松地享受云计算带来的服务，让用户能利用该编程模型编写简单的程序实现特定目的。云计算上的编程模型必须十分简单，必须保证后台复杂的并行执行和任务调度向用户和编程人员透明。云计算采用类似 MAP Reduce 的编程模型。现在所有 IT 厂商提出的"云"计划中采用的编程模型，都是基于 MAP Reduce 的思想开发的编程工具。

如今，Amazon、Google、IBM、微软(Microsoft)和雅虎(Yahoo)等公司是云计算的先行者。云计算领域的众多成功公司还包括 Salesforce、Meta(原名为 Facebook)、YouTube、聚友网(MySpace)等。

(1) Amazon 使用弹性计算云(Elastic Compute Cloud，EC2)和简单存储服务(Simple Storage Service，S3)为企业提供计算和存储服务。用户通过弹性计算云的界面操作云计算页面上的内容，根据使用状态进行付费，运行结束后计费就结束，也就是按使用付费。

(2) Google 当数最大的云计算使用者。Google 搜索引擎就建立在分布于 200 多个地点、超过 100 万台服务器的支撑之上，这些设施的数量正在迅猛增长。用 Google Docs 之类的应用，用户数据会保存在互联网上的某个位置，可以通过任何一个与互联网相连的终端十分便利地访问和共享这些数据。

(3) IBM 公司在 2007 年 11 月推出了"改变游戏规则"的"蓝云"计算平台，为客户带来即买即用的云计算平台。IBM 公司可以帮助企业利用云服务优化它们的内部基础架构，改造它们的服务组合，使云服务与现有业务战略保持一致，使它们的客户体验实现差异化。

(4) 微软紧跟云计算步伐，于 2008 年 10 月推出了 Microsoft Azure 操作系统。Microsoft Azure 的主要目标是为开发者提供一个平台，帮助其开发可运行在云服务器、数据中心、Web 和 PC 上的应用程序。

用户通过计算机、笔记本电脑、手机等方式接入数据中心，可体验每秒 10 万亿次的运算能力；云计算提供了可靠的数据存储中心；对用户端的设备要求最低，使用起来很方便；数据共享，它可以轻松实现不同设备间的数据与应用共享；云计算为我们使用网络提供了几乎无限多的可能。

按照部署方式和服务对象，将云计算划分为公共云、私有云和混合云三大主要类型。

(1)当云计算按其服务方式提供给公众用户时，称其为公共云。公共云是由第三方(供应商)提供的云计算服务。公共云尝试为用户提供无后顾之忧的各种各样的IT资源，无论是软件、应用程序基础结构，还是物理基础结构，云提供商都负责安装、管理、部署和维护。用户最终只要为其使用的资源付费即可，根本不存在利用率低这一问题，但是要付出一些代价。这些服务通常根据"配置惯例"提供，即根据适应最常见使用的情形这一思想提供，如果资源由用户直接控制，则配置选项一般是这些资源的一个较小子集。

(2)私有云或称专属云，是指为企业内提供云服务(IT资源)的数据中心，这些云在商业企业和其他团体组织防火墙之内，由本企业管理，不对外开放。私有云可提供公共云所具有的许多功能。与传统的数据中心相比，云数据中心可以支持动态灵活的基础设施，降低IT架构的复杂度，使各种IT资源得以整合、标准化，并且可以通过自动化部署提供策略驱动的服务水平管理，使IT资源更加容易地满足业务需求变化。相对公共云而言，私有云的用户完全拥有云中心的整个设施，如中间件、服务器、网络和磁盘阵列等，可以控制哪些应用程序在哪里运行，并且可以决定允许哪些用户使用云计算服务。由于私有云的服务对象是企业内部员工，所以可以减少公共云中必须考虑的诸多限制，如带宽、安全和法律法规的遵从性等问题。更重要的是，通过用户范围控制和网络限制等手段，私有云可以提供更多的安全和私密等专属性的保证。

(3)混合云是公共云和私有云的混合。这类云一般由企业创建，而管理职责由企业和公共云提供商共同负责。混合云利用既在公共空间又在私有空间中的服务，用户可以通过一种可控的方式部分拥有或部分与他人共享。当公司既需要公共云又需要私有云服务时，选择混合云比较合适。从这个意义上说，企业、机构可以列出服务目标和需要，然后相应地从公共云或私有云中获取。结构完好的混合云可以为安全、至关重要的流程(如接收客户资金支付)及辅助业务流程(如员工工资单流程)等提供服务。

在未来5年内，云计算服务平均年增长速度达26%，是传统IT行业增长速度的6倍。互联网数据中心(Internet Data Center，IDC)预测，中国云计算4年内将产生1.1万亿元的市场，数量巨大的网络用户，尤其是中小企业用户，为云计算在国内的发展提供了很好的用户基础。云计算将大幅度提升中小企业信息化水平和市场竞争力。

云计算的影响可以从企业和个人两个方面进行介绍。

1. 对企业的影响

(1)商业模式的转变。IT公司的商业模式将从软/硬件产品销售变为软/硬件服务的提供。

(2)大大降低信息化基础设施投入和信息管理系统运行维护费用。

(3)云计算将扩大软/硬件应用的外延，改变软/硬件产品的应用模式。

(4)产业链影响。传统的软/硬件开发及销售将被软/硬件服务所替代。

2. 对个人的影响

(1)不再依赖某一台特定的计算机来访问及处理自己的数据。

(2)不用维护自己的应用程序，不需要购买大量的本地存储空间，用户端负载降低、硬件设备简单。

(3)影响现代化生活。云计算服务将实现从计算机到手机、汽车、家电的迁移，把所有的家用电器中的计算机芯片联网，那时人们在任何地方就能轻松控制家里的电器设备。

网格计算和云计算有相似之处，特别是计算的并行与合作的特点，但它们的区别也是明显的，具体如下。

（1）网格计算的思路是聚合分布资源，支持虚拟组织，提供高层次的服务，例如分布协同科学研究等。而云计算的资源相对集中，主要以数据中心的形式提供底层资源的使用，并不强调虚拟组织（Virtual organization，Vo）的概念。

（2）网格计算用聚合资源来支持挑战性的应用，这是初衷，因为高性能计算的资源不够用，所以要把分散的资源聚合起来。2004年以后，其逐渐强调适应普遍的信息化应用，中国的网格跟国外网格不太一样，它强调支持信息化的应用。但云计算从一开始就支持广泛企业计算、Web应用，普适性更强。

（3）在对待异构性方面，两者理念上有所不同。网格计算用中间件屏蔽异构系统，力图使用户面向同样的环境，把困难留给中间件，让中间件完成任务。而云计算实际上承认异构，用镜像执行，或者用提供服务的机制来解决异构性的问题。当然，不同的云计算系统还不太一样，Google一般使用自己的比较专用的内部平台来支持。

（4）网格计算以作业形式使用，在一个阶段内完成作业产生数据。而云计算支持持久服务，用户可以利用云计算作为其部分IT基础设施，实现业务的托管和外包。

（5）网格计算更多地面向科研应用，商业模型不清晰。而云计算从诞生开始就是针对企业商业应用，商业模型比较清晰。

（6）云计算是以相对集中的资源，运行分散的应用（大量分散的应用在若干较大的中心执行）。而网格计算则是聚合分散的资源，支持大型集中式应用（一个大的应用分到多处执行）。但从根本上说，从应对Internet应用的特征而言，它们是一致的，即在有网络的情况下支持应用，解决异构性、资源共享等问题。

1.5.4　人工智能

"人工智能"（Artificial Intelligence，AI）一词最初是在1956年达特茅斯（Dartmouth）学会上提出的。人工智能是指研究、开发用于模拟、延伸和扩展人的智能的理论、方法、技术及应用系统的一门新的技术科学。人工智能是从思维、感知、行为三层次和机器智能、智能机器两方面研究模拟、延伸与扩展人的智能的理论、方法、技术及其应用的技术学科。

ChatGPT与人工智能

人们认为"人工智能"是计算机科学技术的前沿科技领域，它企图了解智能的实质，并生产出一种新的、能以人类智能相似的方式做出反应的智能机器。目前能够用来研究人工智能的主要物质手段以及能够实现人工智能技术的机器就是计算机。因此，"人工智能"与计算机软件有密切的关系。一方面，各种人工智能应用系统都要用计算机软件去实现；另一方面，许多聪明的计算机软件也应用了人工智能的理论方法和技术，如专家系统软件、机器博弈软件等。但是，"人工智能"不等于"软件"，除软件以外，还有硬件及其他自动化的通信设备。

人工智能是一种外向型的学科，它不但要求研究它的人懂得人工智能的知识，而且要求他们有比较扎实的数学基础及哲学和生物学基础，只有这样才可能让一台什么也不知道的机器模拟人的思维。它的研究领域十分广阔，最根本的目的是要模拟人类的思维。因此，可以将其归纳为8个字：机器智能、智能机器。

1. 机器智能

我们用计算机打印常用的报表，进行一些常规的文字处理，这些都是程序化的操作，谈不上智能。但是，用计算机给人看病，进行病理诊断和药物处方，或者用计算机给机器看病，进行故障诊断和维修处理，这就需要计算机有人工智能。人工智能学科领域中有一个重要的学科分支是"专家系统"（Expert System，ES），就是用计算机去模拟、延伸和扩展专家的智能，基于专家的知识和经验，可以求解专业性问题的、具有人工智能的计算机应用系统，如医疗诊断专家系统、故障诊断专家系统等。除"专家系统"之外，还有许多智能软件系统，如机器博弈的智能软件，智能控制、智能管理、智能通信等软件。例如，IBM 公司的"深蓝"系统战胜了国际象棋大师卡斯帕诺夫，就是计算机的机器智能水平的一次荣誉记录，也是聪明的人工智能软件的一个成功范例。

2. 智能机器

智能机器（Intelligent Machine，IM），是研究如何设计和制造具有更高智能水平的机器，特别是设计和制造更聪明的计算机。现在的计算机，虽然经历了从电子管、晶体管、集成电路、大规模和超大规模集成电路等几代的发展，在工艺和性能方面都有巨大的进步，但是，其在原理上还没有重大的突破。通常人们在用计算机时，不仅要告诉计算机做什么，还必须详细、正确地告诉计算机如何做。也就是说，人们要根据工作任务的需求，以适当的计算机语言，进行相应的软件设计，编制面向该项工作任务的计算机应用程序，并且正确地操作计算机，装入、启动该应用程序，这样才能用计算机完成该项工作任务。这里的计算机实质上只是机械、被动地执行人们编制的应用程序指令的"电子奴仆"，也不理解为什么要做这项工作任务，即不懂得为什么。因而，它只不过是一个低智能的、不聪明的"电脑"。那么，如何设计和制造高智能的、聪明的"电脑"，正是人工智能另一方面的研究对象和学科任务。人们提出了关于新一代计算机的各种方案，例如：面向知识和符号信息处理的"符号处理机"；基于知识库的、具有推理能力的"知识信息处理机"；基于人工神经网络的、具有分布式结构的"联结机"以及其他数据流计算机、控制流计算机等。除"智能计算机"之外，还有其他许多智能机器，如智能机器人、智能控制器、智能仪器、仪表、智能自动化装置、智能通信设备、智能网络、智能汽车、智能玩具以及各种智能化家用电器等。

目前，人工智能主要的研究内容有：分布式人工智能与多智能主体系统、人工思维模型、知识系统（包括专家系统、知识库系统和智能决策系统）、知识发现与数据挖掘（从大量的、不完全的、模糊的、有噪声的数据中挖掘出对我们有用的知识）、遗传与演化计算（通过对生物遗传与进化理论的模拟，揭示出人的智能进化规律）、人工生命（通过构造简单的人工生命系统并观察其行为，探讨初级智能的奥秘）、人工智能应用（如模糊控制、智能大厦、智能人机接口、智能机器人）等。

人工智能的近期研究目标在于建造智能计算机，用以代替人类从事脑力劳动，即使现有的计算机更聪明、更有用。正是根据这一近期研究目标，我们才把人工智能理解为计算机科学的一个分支。人工智能还有其远期研究目标，即探究人类智能和机器智能的基本原理，研究用自动机（Automata）模拟人类的思维过程和智能行为。这个远期研究目标远远超出计算机科学的范畴，几乎涉及自然科学和社会科学的所有学科。在重新阐述我们的历史知识的过程中，哲学家、科学家和人工智能学家有机会努力解决知识的模糊性以及消除知识的不一致性。这种努力的结果，可能导致知识的某些改善，以便能够比较容易地推断出令人感兴趣的、新的真理。人工智能研究尚存在不少问题，这主要表现在以下 3 个方面。

1. 宏观与微观隔离

宏观与微观隔离体现在：一方面是哲学、认知科学、思维科学和心理学等学科所研究的智能层次太高、太抽象；另一方面是人工智能逻辑符号、神经网络和行为主义所研究的智能层次太低。这两方面之间相距太远，中间还有许多层次未予研究，无法把宏观与微观有机结合起来，相互渗透。

2. 全局与局部割裂

人类智能是脑系统的整体效应，有着丰富的层次和多个侧面。但是，符号主义只抓住人脑的抽象思维特性；连接主义只模仿人的形象思维特性；行为主义则着眼于人类智能行为特性及其进化过程。它们存在明显的局限性，所以必须从多层次、多因素、多维和全局的观点来研究智能，这样才能克服上述局限性。

3. 理论和实际脱节

大脑的实际工作，在宏观上我们已知道得不少，但是智能的千姿百态、变幻莫测，复杂得难以理出清晰的头绪。在微观上，我们对大脑的工作机制知之甚少，似是而非，因此，我们难以找出其规律。在这种背景下提出的各种人工智能理论，只是部分人的主观猜想，能在某些方面表现出"智能"就算相当成功了。

上述存在的问题和其他问题说明，人脑的结构和功能要比人们想象的复杂得多，人工智能研究面临的困难要比我们估计的重大得多，人工智能研究的任务要比我们讨论过的艰巨得多。同时也说明，要从根本上了解人脑的结构和功能，解决面临的难题，完成人工智能的研究任务，需要寻找和建立更新的人工智能框架和理论体系，打下人工智能进一步发展的理论基础。

1.5.5 物联网

目前，物联网是全球研究的热点问题，国内外都把它的发展提到了国家级的战略高度，被称为继计算机、互联网之后，世界信息产业的第三次浪潮。在不同的阶段，从不同的角度出发，人们对物联网有不同的理解、解释。目前，有关物联网定义的争议还在进行之中，尚不存在一个世界范围内认可的权威定义。

5G 与物联网

物联网是通过各种信息传感设备及系统(传感网、射频识别、红外感应器、激光扫描器等)、条码与二维码、全球定位系统，按约定的通信协议，将物与物、人与物、人与人连接起来，通过各种接入网、互联网进行信息交换，以实现智能化识别、定位、跟踪、监控和管理的一种信息网络。这个定义的核心是，物联网的主要特征是每一个物体都可以寻址，每一个物体都可以控制，每一个物体都可以通信。

物联网的概念应当分为广义和狭义两个方面。从广义来讲，物联网是一个未来发展的愿景，等同于"未来的互联网"，或者是"泛在网络"，能够实现人在任何时间、地点，使用任何网络与任何人或物进行信息交换。从狭义来讲，物联网隶属于泛在网络，但不等同于泛在网络，只是泛在网络的一部分；物联网涵盖了物品之间通过感知设施连接起来的传感网，无论它是否接入互联网，都属于物联网的范畴；传感网可以不接入互联网，但当它被需要时，随时可利用各种接入网接入互联网。从不同的角度看，物联网会有多种类型，不同类型的物联网的软/硬件平台的组成也会有所不同，但在任何一个网络系统中，软/硬件平台却是相互依赖、共生共存的。

物联网作为新兴的信息网络技术，将会对 IT 产业的发展起到巨大推动作用。然而，由于物联网尚处在起步阶段，所以还没有一个广泛认同的体系结构。在公开发表物联网应用系统的同时，很多研究人员也提出了若干物联网体系结构，如万维网(Web of Things，WoT)的体系结构，它定义了一种面向应用的物联网，把万维网服务嵌入系统，可以采用简单的万维网服务形式使用物联网。这是一个以用户为中心的物联网体系结构，试图把互联网中成功的、面向信息获取的万维网结构移植到物联网上，用于物联网的信息发布、检索和获取。当前，较具代表性的物联网架构有欧美支持的 EPC Global 物联网体系架构和日本的 Ubiquitous ID(UID)物联网系统等。我国也积极参与了物联网体系结构的研究，正在积极制定符合社会发展实际情况的物联网标准和架构。

居伊·法若尔(Guy Pujolle)提出了一种采用自主通信技术的物联网自主体系结构。所谓自主通信，是指以自主件(Self Ware)为核心的通信，自主件在端到端层次及中间节点，执行网络控制面已知的或新出现的任务，可以确保通信系统的可进化特性。

物联网的这种自主体系结构由数据面、控制面、知识面和管理面 4 个面组成。数据面主要用于数据分组的传送。控制面通过向数据面发送配置信息，优化数据面的吞吐量，提高可靠性。知识面是最重要的一个面，它提供整个网络信息的完整视图，并且提炼为网络系统的知识，用于指导控制面的适应性控制。管理面用于协调数据面、控制面和知识面的交互，提供物联网的自主能力。

美国在统一代码协会(Uniform Code Council，UCC)的支持下，提出要在计算机互联网的基础上，利用 RFID、无线通信技术，构造一个覆盖世界万物的系统，同时提出了电子产品代码(Electronic Product Code，EPC)的概念，即每一个对象都将被赋予一个唯一的 EPC，并由采用 RFID 的信息系统管理，彼此联系。数据传输和数据存储由 EPC 网络来处理。

EPC Global 对于物联网的描述是，一个物联网主要由 EPC 编码体系、RFID 系统及信息网络系统三部分组成。

1. EPC 编码体系

物联网实现的是全球物品的信息实时共享。显然，首先要做的是实现全球物品的统一编码，即对在地球上任何地方生产出来的任何一件物品，都要给它打上电子标签。这种电子标签携带有一个电子产品编码，并且全球唯一。电子标签代表了该物品的基本识别信息。目前，欧美支持的 EPC 编码和日本支持的 UID 编码是两种常见的电子产品编码体系。

2. RFID 系统

RFID 系统包括 EPC 标签和 RFID 读写器。EPC 标签是编号(每一个商品有唯一的号码，即牌照)的载体，当 EPC 标签贴在物品上或内嵌在物品中时，该物品与 EPC 标签中的产品电子代码就建立起了一对一的映射关系。EPC 标签本质上是一个电子标签，通过 RFID 读写器可以对 EPC 标签内存信息进行读取。这个内存信息通常就是产品电子代码。产品电子代码经 RFID 读写器报送给物联网中间件，经处理后存储在分布式数据库中。当用户查询物品信息时只要在网络浏览器的地址栏中输入物品名称、生产商、供货商等数据，就可以实时获悉物品在供应链中的状况。目前，与此相关的标准已制定，包括电子标签的封装标准、电子标签和读写器之间的数据交互标准等。

3. 信息网络系统

一个 EPC 物联网体系架构主要由 EPC 编码、EPC 标签及 RFID 读写器、中间件系统、ONS 服务器和 EPC IS 服务器等部分构成。

中间件系统通常指一个通用平台和接口，是连接 RFID 读写器和信息系统的纽带。它主要用于实现 RFID 读写器和后端应用系统之间的信息交互、捕获实时信息和事件，或者向上传送给后端应用数据库软件系统及 ERP 系统等，或者向下传送给 RFID 读写器。

ONS 服务器功能包括对象名称解析服务(Object Naming Service，ONS)及配套服务，基于电子产品代码，获取 EPC 数据访问通道信息。

EPC 信息服务(EPC Information Service，EPC IS)即 EPC 系统的软件支持系统，用以实现最终用户在物联网环境下交互 EPC 信息。关于 EPC IS 的接口和标准也正在制订中。

物联网概念的问世，打破了传统的思维模式。人们在提出物联网概念之前，一直是将物理基础设施和 IT 基础设施分开的：一方面是机场、公路、建筑物，而另一方面是数据中心、个人计算机、宽带等。而在物联网时代，人们将把钢筋混凝土、电缆与芯片、宽带整合为统一的基础设施。在这种意义上的基础设施就像是一块新的地球工地，世界在它上面运转，包括经济管理、生产运行、社会管理及个人生活等。研究物联网的体系结构，首先需要明确架构物联网体系结构的基本原则，以便在已有物联网体系结构的基础上，形成参考标准。

一种实用的层次性物联网体系结构为感知层、接入层、网络层、应用层。

感知层的主要功能是信息感知与采集，主要包括二维码标签和识读器、RFID 标签和 RFID 读写器、摄像头、各种传感器(如温度传感器、声音传感器、振动传感器、压力传感器等)、视频摄像头等，完成物联网应用的数据感知和设施控制。

接入层由基站节点或汇聚节点(Sink)和接入网关(Access Gateway)等组成，完成末梢各节点的组网控制和数据融合、汇聚，或者完成向末梢节点下发信息的转发等功能。也就是说，在末梢节点之间完成组网后，如果末梢节点需要上传数据，则将数据发送给基站节点，基站节点收到数据后，通过接入网关完成和承载网络的连接。当应用层需要下传数据时，接入网关收到承载网络的数据后，由基站节点将数据发送给末梢节点，从而完成末梢节点与承载网络之间的信息转发和交互。接入层的功能主要由传感网(指由大量各类传感器节点组成的自治网络)来承担。

网络层是核心承载网络，承担物联网接入层与应用层之间的数据通信任务。它主要包括现行的通信网络，如 2G、3G/B3G、4G 移动通信网，或者互联网、WiFi、全球微波接入互操作性(World Interoperability for Microware Access，Wi-MAX)、无线城域网(Wireless Metropolitan Area Network，WMAN)、企业专用网等。

应用层由各种应用服务器组成(包括数据库服务器)，主要功能包括对采集数据的汇聚、转换、分析，以及用户层呈现的适配和事件触发等。对于信息采集，由于从末梢节点获取了大量原始数据，且这些原始数据对于用户来说只有经过转换、筛选、分析处理后才有实际价值，所以这些应用服务器根据用户的呈现设备完成信息呈现的适配，并根据用户的设置触发相关的通告信息。同时，当需要完成对末梢节点的控制时，应用层还能完成控制指令生成和指令下发控制。应用层要为用户提供物联网应用用户界面(User Interface，UI)接口，包括用户设备(如 PC、手机)、客户端浏览器等。除此之外，应用层还包括物联网管理中心、信息中心等利用下一代互联网的能力对海量数据进行智能处理的云计算功能。

物联网技术涵盖了从信息获取、传输、存储、处理直至应用的全过程，在材料、器件、软件、网络、系统各个方面都要有所创新才能促进其发展。国际电信联盟的报告提出，物联网主要需要以下 4 项关键性应用技术。

（1）标签物品的 RFID 技术。

（2）感知事物的传感网络技术（Sensor Technologies）。

（3）思考事物的智能技术（Smart Technologies）。

（4）微缩事物的纳米技术（Nanotechnology）。显然，这侧重于物联网的末梢网络。

《欧盟物联网战略研究路线图》将物联网研究划分为 10 个层面：感知，ID 发布机制与识别；物联网宏观架构；通信（OSI 物理层与数据链路层）；组网（OSI 网络层）；软件平台、中间件（OSI 网络层以上）；硬件；情报提炼；搜索引擎；能源管理；安全。当然这些都是物联网研究的内容，但对于实现物联网而言，其重点不够突出。

物联网是面向应用的、贴近客观物理世界的网络系统，它的产生、发展与应用密切相关。就传感网而言，经过不同领域研究人员多年来的努力，其已经在军事、精细农业、安全监控、环保监测、建筑领域、医疗监护、工业监控、智能交通、物流管理、自由空间探索、智能家居等领域得到了充分的肯定和初步应用。传感网、RFID 技术是物联网目前应用研究的热点，两者相结合组成物联网可以较低的成本应用于物流和供应链管理、生产制造与装配以及安防等领域。

1.6　信息技术应用创新

1.6.1　信创的定义

信创，即信息技术应用创新，它是数据安全、网络安全的基础，也是新基建的重要组成部分。信创涉及的行业包括 IT 基础设施：CPU 芯片、服务器、存储、交换机、路由器、各种云和相关服务内容；基础软件：数据库、操作系统、中间件；应用软件：OA、ERP、办公软件、政务应用、流版签软件；信息安全：边界安全产品、终端安全产品等。如图 1-3 所示为信创生态体系。

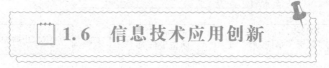

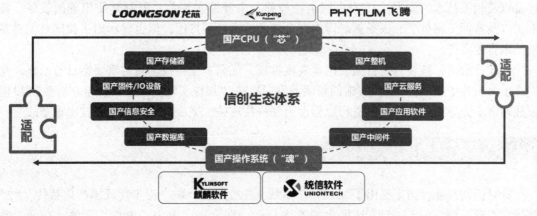

图 1-3　信创生态体系

1.6.2　信创的发展阶段

2016 年，24 家专业从事软、硬件关键技术研究及应用的国内单位，共同发起成立了一个非营利性社会组织，并将其命名为"信息技术应用创新工作委员会"。这就是"信创"一词的最早由来。

2018 年年初，美国就对中国科技企业实行高科技出口管制，实现技术"卡脖子"政策，受国际环境影响，在国家政策的大力支持下，信创开始在全国范围内加速落地。各地方政府为跟紧政策要求，促进当地高新技术发展，相继出台了信创相关政策。如图 1-4 所示为信创的加速推进事件。

2020 年被称为"信创产业元年"，因为这一年是信创产业开始全面爆发和整体布局关键年。

2021 年，信创产业逐步走向应用落地阶段，政策扶持力度持续加强；2022 年是信创三年全面推广阶段的收官之年，也是明晰下一阶段发展方向的重要时刻。

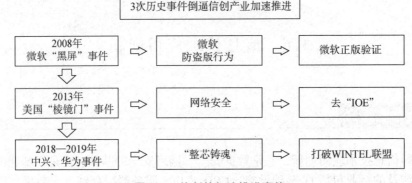

图 1-4　信创的加速推进事件

2022 年 10 月 7 日，美国商务部工业和安全局宣布了对美国《出口管理条例》的一系列修订，该条例严格限制了中国企业获取高性能计算芯片、先进计算机、特定半导体制造设施与设备以及相关技术的能力，31 家中国企业被列入未经核实清单，限制其使用美国设备、技术，以及雇佣美籍员工。该条例对国内相关产业链进行了打压，但也显示出了我国对关键基础技术自主可控。

在此背景下，科技自立自强被国家高度重视，强调本土科技创新的重要性日益凸显。党的二十大报告中强调，"加快实施创新驱动发展战略""加快实现高水平科技自立自强""以国家战略需求为导向，集聚力量进行原创性引领科技攻关，坚决打赢关键核心技术攻坚战"。

1.6.3　信创产业及其发展趋势

针对信创产业，国家提出了"2+8+N"体系，并按照这个顺序逐步实现国产化替代。"2"是指党、政；"8"是指关于国计民生的八大行业，即金融、电力、电信、石油、交通、教育、医疗、航空航天；"N"则指的是汽车、物流等各行各业。作为信创起步最早的领域，党政部门在 2013 年便从电子公文系统开始信创起步试点，而金融行业由于数字化程度更高，所以其信创产业渗透度也相对较高。办公软件由于起点低、替代难度小，因此，办公自动化成为国产替代的起步试点。时至今日，在办公软件领域中，OA 的国产化比率已经非常高，预计到 2025 年年底，央企的 OA 系统将实现 100%国产化。目前的国产 OA 系统，无论从技术上、功能上，还是使用方便程度上，已经完全实现了国产替代的能力，而且体验感受也非常好。这也是信创领域发展的一个典型成果。相对而言，教育和医疗行业的信创产业渗透处在"2+8"行业应用的较低位。

从长远看，今后 5 年将是信创发展的关键时期和高速扩张的时期。预计 2023 年起，金融、电信和电力等 8 个关键行业国产化步伐将加快。

信创产业的上、下游产业链大致分为四大部分：基础硬件、基础软件、应用软件、信息安全。如图 1-5 所示为信创产业图谱。

2022 年 1 月 6 日，中华人民共和国国家发展和改革委员会公布了《"十四五"推进国家政务信息化规划》（以下简称《规划》），明确 2022—2025 年将开启新一轮数字经济建设周期。《规划》提出："到 2025 年国家电子政务网安全保障达到新水平，全面落实信息安全和信息系统等级分级保护制度，基本实现政务信息化安全可靠应用，确保政务信息化建设和应用全流程安全可靠。"《规划》标志着"十四五"期间，各地政府将继续加大向党政信创的投入力度，并将党政信创的重点从电子公文领域延伸到电子政务领域，从省市延伸到街道乡镇。因此，对于党政信创来说，未来仍然具有广阔的发展空间。

图 1-5　信创产业图谱

2022 年 6 月 23 日，中华人民共和国国务院（以下简称国务院）印发《国务院关于加强数字政府建设的指导意见》，提出"加快数字政府建设领域关键核心技术攻关，强化安全可靠技术和产品应用，切实提高自主可控水平"。

2022 年 8 月 23 日，国务院国有资产监督管理委员会召开中央企业关键核心技术攻关大会，提出"集中力量攻克一批关键核心技术产品"，"全力保障重点产业链供应链安全稳定"。

2022 年 9 月 6 日，中央全面深化改革委员会第二十七次会议中审议通过了《关于健全社会主义市场经济条件下关键核心技术攻关新型举国体制的意见》等重要政策，强化国家战略科技力量，大幅提升科技攻关体系化能力，更是给信创产业的发展注入了强心针。

2023 年 2 月 27 日，中共中央、国务院印发的《数字中国建设整体布局规划》中明确指出，要强化数字中国关键能力，一要构筑自立自强的数字技术创新体系；二要筑牢可信可控的数字安全屏障。

总之，这一系列政策明确了关键核心技术是国之重器。只有实现关键核心技术的自主可控，才能从根本上保障国家经济安全、国防安全和其他安全。

信创未来的发展空间巨大，也是大势所趋，信创产业将会蓬勃发展，随之而来的是，各信创产业链环节都将会出现强劲的信创产品，我国实现真正的自主创新，信创也将引领各行各业实现数字化升级浪潮，从而开创数据安全、网络安全、自主创新、数字经济的辉煌局面。

 本章小结

本章介绍了计算机和微型计算机的发展史、信息技术基础、计算思维的基础知识、计算模式以及信创的基础知识。

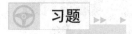 习题

一、填空题

1. 世界上第一台电子计算机诞生于_____年的美国，名称为_____。

2. 计算机与其他机械设备的显著不同是其具有_____能力。

3. 未来计算机将朝着_____、_____、_____、_____和_____等方向发展。

4. 计算机由 5 个部分组成，包括_____、_____、_____、_____和_____。

5. 信息技术主要包括_____、_____、_____和微电子技术。

6. 按计算机的工作模式分类，可将计算机分为工作站和_____。

二、选择题

1. 计算机最普遍的应用是(   )。

A. 科学计算   B. 信息处理   C. 实时控制   D. 辅助设计

2. 微型计算机的发展经历了从集成电路到超大规模集成电路等几代的变革，各代变革主要是基于(   )。

A. 操作系统   B. 微处理器   C. 存储器   D. 输入/输出系统

3. 关于计算机特点的说法中，不正确的是(   )。

A. 运算速度快

B. 计算精度高

C. 所有操作是在人的控制下完成的

D. 随着计算机硬件设备及软件的不断发展和提高，其价格也越来越高

4. 在计算机中采用二进制，是因为(　　)。

A. 可降低硬件成本　　　　　　　　B. 两个状态的系统具有稳定性

C. 二进制的运算法则简单　　　　　D. 其他 3 个选项所列出的原因

5. 计算机能够按照人的意图自动运行，主要是因为采用了(　　)。

A. 二进制　　　　B. 电子设备　　　　C. 存储程序　　　　D. 高级语言

6. 信息由现代(　　)和测量技术采集，经过高性能计算机进行处理与存储，通过现代通信系统传输，最后由先进的网络展现在全球用户面前，这就是信息化社会信息应用的整个过程。

　　A. 多媒体技术　　　B. 自动化技术　　　C. 图形图像技术　　　D. 传感技术

7. 用来进行各种图形设计和图形绘制，并能对所设计的部件、构件或系统进行综合分析与模拟仿真实验的软件是(　　)。

A. 计算机辅助设计(CAD)　　　　　B. 计算机辅助制造(CAM)

C. 计算机辅助教学(CAI)　　　　　D. 计算机管理教学(CMI)

8. 以下关于计算机的应用领域的说法，正确的是(　　)。

A. 计算机辅助教学、专家系统、人工智能、数据存储

B. 工程计算、数据结构、文字处理、数据传输

C. 过程控制、科学计算、数据处理、人工智能

D. 数值处理、人工智能、计算机辅助工程、操作系统

9. C/S 属于以下哪种计算模式(　　)。

A. 浏览器/服务器　　　　　　　　　B. 客户机/服务器

C. 混合　　　　　　　　　　　　　　D. 网络

10. 第三次信息技术革命指的是(　　)。

A. 互联网　　　　B. 物联网　　　　C. 智慧地球　　　　D. 感知中国

三、判断题

1. 计算机智能化就是要求计算机能够识别图像、能够进行定理证明、能够理解人类的语言等。　　　　　　　　　　　　　　　　　　　　　　　　　　　　　(　　)

2. 互联网络不是信息高速公路的基础。　　　　　　　　　　　(　　)

3. 云计算真正实现了按需计算，从而有效提高了对软、硬件资源的利用效率。　　　　　　　　　　　　　　　　　　　　　　(　　)

4. 计算机硬件系统一直沿用冯·诺依曼体系结构。　　　　(　　)

5. 计算思维就是计算机的思维。　　　　　　　　　　　　(　　)

习题答案

第2章　计算机系统组成

学习重点难点

1. 数制转换；
2. 数据编码与计算机的信息存储；
3. 操作系统目的、功能及相关概念。

学习目标

1. 掌握数制与编码的概念；
2. 掌握数的二进制、八进制和十六进制的表示方法及相互转换；
3. 掌握数的原码、反码和补码的表示方法；
4. 掌握操作系统的功能、特点及相关概念；
5. 了解计算机的硬件构成、系统软件、应用软件。

素养目标

通过对计算机工作原理的进一步了解，帮助学生掌握信息技术基础知识与技能，增强信息意识，发展计算思维，提高数字化学习与创新能力，树立正确的信息社会价值观和责任感，自觉遵守并接受信息社会道德规范的约束，并自觉承担相应的社会责任。

计算机系统由硬件系统和软件系统组成。计算机内部采用二进制来表示指令和数据，是根据"存储程序和程序控制"的原理实现自动工作的。需要强调的是，计算机系统应具有较强的网络功能。

2.1　计算机系统基础知识

2.1.1　计算机系统的基本组成

一个完整的计算机系统由硬件系统和软件系统两大部分组成，如图 2-1 所示。

硬件系统是计算机系统的物质基础包括计算机的主机及其外部设备。自第一台电子计算机 ENIAC 发明以来，虽然计算机技术飞速发展，但计算机硬件系统的基本结构始终没有发生变化，仍然遵循冯·诺依曼体系结构，还是由运算器、控制器、存储器、输入设备和输出设备 5 部分组成。

软件系统是在计算机硬件上运行的各种程序及相关文档和数据的总称，是计算机系统的灵魂。没有软件的计算机称为"裸机"。由于"裸机"没有配置操作系统和其他软件，所以计算机不能为用户提供服务。

硬件系统是软件系统的物质基础，软件系统使硬件系统的功能能够充分发挥，两者是相辅相成的。

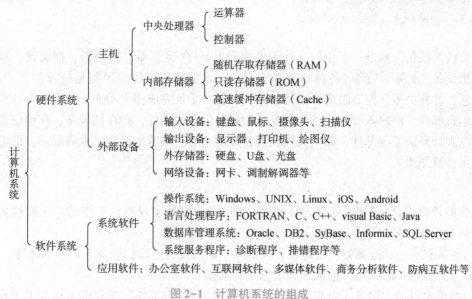

图 2-1　计算机系统的组成

2.1.2　计算机系统的层次结构

作为一个完整的计算机系统，其硬件和软件是按一定的层次关系组织起来的，最内层是出厂时的裸机，然后是系统软件中的操作系统，而操作系统的外层为其他应用工具软件，最外层是用户程序。计算机系统的层次结构如图 2-2 所示。

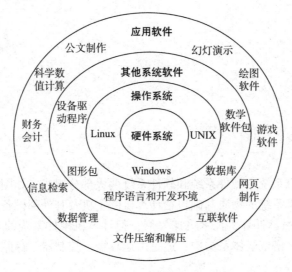

图 2-2　计算机系统的层次结构

操作系统向下控制硬件，向上支持软件。所有的其他软件都必须在操作系统的支持下运行，从而使对计算机的操作转化为对操作系统的使用。这种层次关系为软件开发、扩充和使用提供了强有力的支持。因此，操作系统是系统软件的核心，是人机交互的接口界面。

2.1.3　计算机的基本工作原理

计算机是模仿人脑进行工作的。其组成的五大部件(运算器、控制器、存储器、输入设备、输出设备)分别与人脑的各种功能器官对应。人脑处理事物的思路是接收信息，记忆，分析信息，计算决策，控制眼睛、嘴巴、胳膊、腿、手足完成相应动作。相应地，计算机中用接收信息部件，即输入设备，接收指令；用记忆信息的部件，即存储设备，存储信息；用分析信息和计算决策等部件，即中央处理器，处理指令；用输出计算结果的部件，即输出设备，输出计算结果。

1. 计算机的基本工作原理

现在的计算机都是根据"存储程序和程序控制"的原理实现自动工作的。该原理最早由冯·诺依曼提出，基本要点包括以下 3 个方面。

(1)计算机应包括运算器、存储器、控制器、输入设备和输出设备五大基本部件。

(2)计算机内部应采用二进制来表示指令和数据。

(3)将编辑好的程序送入内部存储器，然后启动计算机工作。计算机无须人工干预就能自动逐条取出指令和执行指令。

计算机的基本工作原理示意图如图 2-3 所示。

2. 指令、程序及指令的执行过程

1)指令

一条指令规定计算机执行一个基本操作，一种计算机所能识别的一组不同指令的集合，被称为该种计算机的指令集合或指令系统。

指令由操作码和操作数组成。操作码规定了计算机要执行的基本操作，操作数是该指令要运算或传送的数据或数据的存储地址。

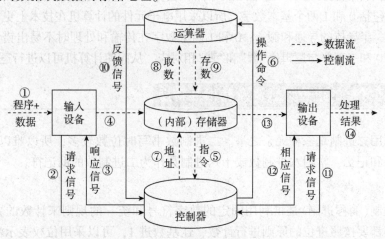

图 2-3 计算机的基本工作原理示意图

2）程序

程序是一组计算机能识别和执行的指令集合。一般地，程序是由高级语言编写，然后在编译的过程中，被编译器/解释器转译为机器语言，从而得以执行。

3）指令的执行过程

程序的工作过程就是执行指令的过程。指令的执行过程分为以下 3 个阶段。

（1）取指令。

计算机根据程序计数器的内容，将要执行的指令从内存单元中取出，送到 CPU 的指定寄存器中。

（2）分析指令。

CPU 对取出的指令通过译码器进行译码分析，判断指令要完成什么操作。

（3）执行指令。

CPU 根据指令分析的结果，向各部件发出完成该操作的控制信号，由相关部件完成指令规定的操作，并为执行下一条指令做好准备。

一条指令执行完后，程序计数器加 1，继续取出下一条指令，然后重复上述过程。

计算机就是这样不断地取指令、分析指令、执行指令，按照事先存储在计算机中的、由指令组成的程序来完成各项操作，这就是程序的执行过程。计算机指令执行流程图如图 2-4 所示。

图 2-4 计算机指令执行流程图

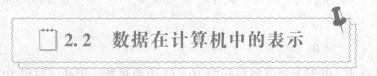

2.2 数据在计算机中的表示

数据是指能够输入计算机并被计算机处理的数字、字母和符号的集合。

在计算机内部，数据是以二进制形式存储和运算的，它的特点是"逢二进一"。

二进制只包括 0 和 1 两个基本数字，所以采用电子元件的计算机在技术上更容易实现，如电压的高与低、半导体的导通和截止；0 和 1 两个数字在传输和处理时不易出错，所以可靠性高；二进制的 0 和 1 正好与逻辑值"假"和"真"相对应，从而使计算机可以进行逻辑运算。

2.2.1 数值数据的进位计数制及其相互转换

计算机采用二进制是一种无奈之举。二进制数书写时位数较多，所以难以理解与记忆。为了便于书写和记忆，常用八进制数或十六进制数作为二进制数的助记符。

1. 数的进位计数制

进位计数制（简称进制）是指利用固定的数字符号和统一的规则来计数的方法。任何一种进位计数制都要按照进位的原则进行计数，逢基数进 1，可以采用位权表示法。下面介绍几个与进位计数制有关的概念。

数码：一组用来表示某种数制的符号。例如，十进制的数码是 0、1、2、3、4、5、6、7、8、9；二进制的数码只有 0 和 1；八进制的数码是 0、1、2、3、4、5、6、7；十六进制的数码是 0、1、2、3、4、5、6、7、8、9、A、B、C、D、E、F。

基数：某进位计数制可以使用的数码个数。例如，十进制的基数是 10，二进制的基数是 2，八进制的基数是 8，十六进制的基数是 16。

数位：数码在一个数中所处的位置。

位权：表示数码在不同位置上基数的若干次幂。

任何一种由进位计数制表示的数都可以写成按位权展开的多项式之和。

十进制数 123.45 可以表示为：$(123.45)_{10} = 1 \times 10^2 + 2 \times 10^1 + 3 \times 10^0 + 4 \times 10^{-1} + 5 \times 10^{-2}$。

二进制数 101.01 可以表示为：$(101.01)_2 = 1 \times 2^2 + 0 \times 2^1 + 1 \times 2^0 + 0 \times 2^{-1} + 1 \times 2^{-2}$。

八进制数 123 可以表示为：$(123)_8 = 1 \times 8^2 + 2 \times 8^1 + 3 \times 8^0$。

十六进制数 ABCD 可以表示为：$(ABCD)_{16} = 10 \times 16^3 + 11 \times 16^2 + 12 \times 16^1 + 13 \times 16^0$。

位权表示法的原则是每个数字都要乘以基数的幂次，而该幂次是由每个数所在的位置决定的。排列方式是以小数点为界，整数部分自右向左依次为 0 次幂、1 次幂、2 次幂、……；小数部分自左向右依次为 -1 次幂、-2 次幂、-3 次幂、……。

计算机常用的进制有十进制、二进制、八进制和十六进制，如表 2-1 所示。

表 2-1　常用进制表

进制	十进制	二进制	八进制	十六进制
运算法则	逢十进一	逢二进一	逢八进一	逢十六进一
基数	10	2	8	16
数码	0、1、…、9	0、1	0、1、…、7	0、1、…、9、A、B、…、F
位权	10^n	2^n	8^n	16^n
表示符号	D	B	O	H

需要说明的是，由于十六进制数码中 10～15 为两位数，因此，数码 10、11、12、13、14、15 分别用单字母 A、B、C、D、E、F 来代表。

2. 数制的转换

1）十进制数转换成非十进制数

十进制数转换成非十进制数可分别对整数部分和小数部分进行转换。

（1）十进制整数转换成非十进制整数。

十进制整数转换成非十进制整数采用"除数取余法"：把十进制整数逐次用需要转换的进制的基数去除，一直到商是 0 为止，然后将所得到的余数由下而上读取即可。

例 2-1　把十进制整数 57 转换成二进制数。

解：

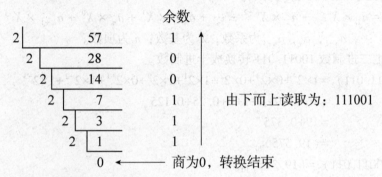

结果：$(57)_{10} = (111001)_2$。

注意：转换的结果是由下而上取值的。

例 2-2　把十进制整数 57 转换成八进制数。

解：

余数

$$
\begin{array}{r|ll}
8 & 57 & 1 \\
8 & 7 & 7 \\
& 0 &
\end{array}
$$

由下而上读取为：71

商为0，转换结束。

结果：$(57)_{10} = (71)_8$。

注意：转换的结果是由下而上取值的。

（2）十进制小数转换成非十进制小数。

十进制小数转换成非十进制小数采用"乘基数取整法"：分步骤对十进制小数用其他进制的基数不断去乘，每乘一步后，将整数部分（1 或 0）与小数部分分开，剩余的小数部分再继续去乘基数，直到小数部分的值等于 0 或满足精度为止。最后将每步乘积得到的整数部分由上而下排列组成转换完成后的进制的小数部分。

例 2-3　把十进制小数 0.375 转换成二进制小数。

解：

$$
\begin{array}{l}
0.375 \\
\underline{\times \ 2} \\
\boxed{0}.750 \quad 整数=0 \\
\underline{\times \ 2} \\
\boxed{1}.500 \quad 整数=1 \\
\underline{\times \ 2} \\
\boxed{1}.000 \quad 整数=1 \quad 小数值等于0，转换结束
\end{array}
$$

结果：$(0.375)_{10}=(0.011)_2$。

注意：转换的结果依然是小数，由上而下取值。

一个非十进制小数能够准确转换成十进制数。相反，一个十进制小数不一定能准确转换成非十进制小数。例如，十进制小数 0.1 就不能准确转换成二进制小数。在这种情况下，可以根据精度要求转换到小数点后某位就可以截止，结果选取其近似值即可。

2）非十进制数转换成十进制数

非十进制数转换成十进制数采用"系数展开法"：即把非十进制数按位权系数展开，然后求和，转换方式可用以下公式表示：

$$(F)_{10}=a_1 \times X^{n-1}+a_2 \times X^{n-2}+\cdots+a_{n-1} \times X^1+a_n \times X^0+a_{n+1} \times X^{-1}+\cdots$$

式中：a_1，a_2，$\cdots$，a_{n-1}，a_n，a_{n+1}为系数；X 为基数；n 为项数。

例 2-4 把二进制数 10011.011 转换成十进制数。

解：$(10011.011)_2=1\times2^4+0\times2^3+0\times2^2+1\times2^1+1\times2^0+0\times2^{-1}+1\times2^{-2}+1\times2^{-3}$

$=16+0+0+2+1+0+0.25+0.125$

$=19+0.375$

$=(19.375)_{10}$

结果：$(10011.011)_2=(19.375)_{10}$。

例 2-5 把八进制数 134 转换成十进制数。

解：$(134)_8=1\times8^2+3\times8^1+4\times8^0$

$=64+24+4$

$=(92)_{10}$

结果：$(134)_8=(92)_{10}$。

3）二进制数与八进制数、十六进制数之间的转换

二进制数与八进制数、十六进制数之间的转换，需要掌握常用数制之间的数字对应关系。

（1）常用数制之间的数字对应关系。

由于二进制数的书写与阅读很不方便，为此，通常用十六进制数或八进制数来表示，这是因为十六进制数和八进制数与二进制数之间有着内在的直接对应关系。

常用进制数字对照表如表 2-2 所示。

表 2-2 常用进制数字对照表

十进制	二进制	八进制	十六进制
0	0	0	0
1	1	1	1
2	10	2	2
3	11	3	3
4	100	4	4
5	101	5	5
6	110	6	6
7	111	7	7

十进制	二进制	八进制	十六进制
8	1000	10	8
9	1001	11	9
10	1010	12	A
11	1011	13	B
12	1100	14	C
13	1101	15	D
14	1110	16	E
15	1111	17	F

（2）二进制数与八进制数之间的转换。

二进制数与八进制数之间的转换可以采用"分组法"进行。

由于 $8=2^3$，所以每一位八进制数对应 3 位二进制数。当把二进制数转换为八进制数时，以小数点为界，将整数部分从右至左每 3 位分为一组（最后一组若不足 3 位，则在最左端高位添 0 补足 3 位），小数部分从左至右每 3 位分为一组（最后一组若不足 3 位，则在最右端低位添 0 补足 3 位），将各组的 3 位二进制数按 2^2、2^1、2^0 权展开后相加，得到一个八进制数，由此完成转换。

将八进制数转换成二进制数与上述过程相反，即将每位八进制数分别用对应的 3 位二进制数表示。

例 2-6 把二进制数 10101100011.01011 转换成八进制数。

解：$\underset{4}{010}\ \underset{5}{101}\ \underset{4}{100}\ \underset{3}{011}\ .\ \underset{2}{010}\ \underset{6}{110}$

结果：$(10101100011.01011)_2=(4543.26)_8$。

例 2-7 把八进制数 6543.21 转换成二进制数。

解：$\underset{110}{6}\ \underset{101}{5}\ \underset{100}{4}\ \underset{011}{3}\ .\ \underset{010}{2}\ \underset{001}{1}$

结果：$(6543.21)_8=(110101100011.010001)_2$。

（3）二进制数与十六进制数之间的转换。

二进制数与十六进制数之间的转换也采用"分组法"进行。

由于 $16=2^4$，所以每一位十六进制数对应 4 位二进制数。当把二进制数转换为十六进制数时，也以小数点为界，将整数部分从右至左每 4 位分为一组（最后一组若不足 4 位，则在最左端高位添 0 补足 4 位），小数部分从左至右每 4 位分为一组（最后一组若不足 4 位，则在最右端低位添 0 补足 4 位），将各组的 4 位二进制数按 2^3、2^2、2^1、2^0 权展开后相加，得到一个十六进制数，由此完成转换。

例 2-8 把十六进制数 F8E5.BA3 转换成二进制数。

解：$\underset{1111}{F}\ \underset{1000}{8}\ \underset{1110}{E}\ \underset{0101}{5}\ .\ \underset{1011}{B}\ \underset{1010}{A}\ \underset{0011}{3}$

结果：$(F8E5.BA3)_{16}=(1111100011100101.101110100011)_2$。

例 2-9 把二进制数 1010101101.011 转换成十六进制数。

解：$\underline{0010}$ $\underline{1010}$ $\underline{1101}$. $\underline{0110}$

　　2　　A　　D　.　6

结果：$(1010101101.011)_2 = (2AD.6)_{16}$。

注意：相比于整数部分的左侧高位添的两个 0，小数部分右侧低位添的那个 0 更为必要。

(4) 八进制数与十六进制数之间的转换。

八进制数与十六进制数之间的转换可以把二进制数或十进制数做中间环节进行，其中通过二进制数形式转换比较简单。

3. 二进制运算

二进制运算主要包括算术运算和逻辑运算。

1) 二进制算术运算

二进制算术运算与十进制运算类似，其运算规则更为简单，同样可以进行四则运算。

二进制求和法则：0+0=0　　0+1=1　　1+0=1　　1+1=10(逢 2 进 1)

二进制求差法则：0-0=0　　1-0=1　　0-1=1(借 1 当 2)　　1-1=0

二进制求积法则：0×0=0　　0×1=0　　1×0=0　　1×1=1

二进制求商法则：0÷1=0　　1÷0(无意义)　　1÷1=1

在进行两数相加时，首先写出被加数和加数，然后按照由低位到高位的顺序，根据二进制求和法则把两个数逐位相加即可。

例 2-10 求两个二进制数 1010101、11101 的和。

解：

$$
\begin{array}{r}
1010101 \\
+\ \ \ 11101 \\
\hline
1110010
\end{array}
$$

结果：1010101+11101=1110010。

例 2-11 求两个二进制数 1110101、10101 的差。

解：

$$
\begin{array}{r}
1110101 \\
-\ \ \ 10101 \\
\hline
1100000
\end{array}
$$

结果：1110101-10101=1100000。

2) 二进制逻辑运算

逻辑是指条件与结论之间的关系。因此，逻辑运算是指对因果关系进行分析的一种运算。逻辑运算结果不是表示数值的大小，而是表示条件成立与否的逻辑量。

计算机中的逻辑关系是一种二值逻辑，二值逻辑用二进制的 0 与 1 表示非常容易，如"条件成立"与"不成立"、"真"与"假"、"是"与"否"等。由若干位二进制数组成的逻辑数据，位与位之间无"位权"的内在联系，对两个逻辑数据进行运算时，每位之间相互独立，运算是按位进行的，不存在算术运算中的进位与借位，运算结果也是逻辑数据。

逻辑运算有 3 种基本的逻辑关系：与、或、非。其他复杂的逻辑关系都可由这 3 种基本的逻辑关系组合而成。

(1)逻辑"与"。

做一件事情取决于多种因素，只有当所有条件都成立时才去做，否则就不做，这种因果关系称为逻辑"与"。用来表达和推演逻辑"与"关系的运算称为"与"运算，在不同的软件中用不同的符号表示，如 AND、∧、∩ 等。

"与"运算规则：$0∩0=0$　　$0∩1=0$　　$1∩0=0$　　$1∩1=1$

例 2-12　设 $X=10101011$，$Y=10011101$，求 $X∩Y=?$

解：

$$
\begin{array}{r}
10101011 \\
∩\,10011101 \\
\hline
10001001
\end{array}
$$

结果：$X∩Y=10001001$。

(2)逻辑"或"。

做一件事情取决于多种因素，只要其中有一个因素得到满足就去做，这种因果关系称为逻辑"或"。用来表达和推演逻辑"或"关系的运算称为"或"运算，"或"运算通常用符号 OR、∨、∪ 等来表示。

"或"运算规则：$0∪0=0$　　$0∪1=1$　　$1∪0=1$　　$1∪1=1$

例 2-13　设 $X=10101011$，$Y=10011101$，求 $X∪Y=?$

解：

$$
\begin{array}{r}
10101011 \\
∪\,10011101 \\
\hline
10111111
\end{array}
$$

结果：$X∪Y=10111111$。

(3)逻辑"非"。

逻辑"非"实现逻辑否定，即求"反"运算，"假"变"真"、"真"变"假"。逻辑"非"用在逻辑变量上面加一横表示，如非 A 写成 $\overline{A}$。"非"运算也通常也用符号 NOT 来表示。

"非"运算规则：$\overline{1}=0$　　$\overline{0}=1$

对某二进制数进行"非"运算，实际上就是对它的各位按位求反。

例 2-14　设 $X=10101011$，求 $\overline{X}=?$

解：$X=10101011$　　$\overline{X}=01010100$　　（即将 X 的各位按位求反）

逻辑值又称真值，有"真"(T)和"假"(F)之分。3 种基本逻辑运算真值表如表 2-3 所示。符号"∩"表示"与"运算，符号"∪"表示"或"运算，符号"-"表示"非"运算。

表 2-3　逻辑运算真值表

X	Y	$X∩Y$	$X∪Y$	$\overline{X}$
T	T	T	T	F
T	F	F	T	F
F	T	F	T	T
F	F	F	F	T

2.2.2 数值数据在计算机中的编码表示

计算机能处理多种数据类型。数值数据指实数范围内的数。非数值数据指输入计算机的符号信息，如字符 0~9、大写字母 A~Z、小写字母 a~z、汉字、图形、声音等。这些数据信息在计算机内部必须以二进制编码的形式表示。

在数学中用"+"和"−"来表示数值的正和负。但在计算机中数的正、负号要由 0 和 1 来表示，即数字符号需要数字化。

1. 无符号二进制数

无符号的意思是数的正、负号无须表示。因为无符号二进制数只限于表示正整数，所以计算机可以使用所有的位数来表示数值。为了解决认读上的问题，多位数的编码多采用从低位开始以 4 位二进制数为一个单位的方式，也就是采用十六进制。

如果采用从低位开始以 3 位二进制数为一个单位的方式进行编码，那么该方法采用的就是八进制。

2. 机器数与真值

在数学中，是将"+"或"−"放在数的绝对值之前来区分该数的正负的。在计算机内部采用符号位，用二进制的 0 表示正数，用二进制的 1 表示负数，放在数的最左边。人们把这种符号被数值化了的数称为机器数，而把原来的用正、负号和绝对值来表示的数值称为机器数的真值。例如，真值为 + 0.101010，机器数也为 0.101010；真值为 − 0.101010，机器数为 1.101010。

3. 数的原码、反码和补码

为避免硬件的堆砌，计算机内部只有加法机。因此，在计算机中通常将减法运算转换为加法运算（两个异号数相加实际上就是同号数相减），由此引入了原码、反码和补码的概念。

在计算机中，对有符号的机器数常用原码、反码和补码来表示，其主要目的就是解决计算机做减法运算的问题。简单来说，计算机只会区分正、负数，减一个正数要先将其看作负数并得出其补码，再相加计算。

原码是二进制定点表示法，即最高位为符号位，"0"表示正，"1"表示负，其余位表示数值的大小。

正数的反码与原码相同。负数的反码是其符号位不变（也就是正、负号不变），其余各位按位取反。求反码是求补码的必要过渡步骤。

正数的补码与原码相同，负数的补码是在其反码的基础上变化得来的，也就是在其反码的末位上加 1。

因此，正数的原码、反码和补码的形式完全相同；负数的原码、反码和补码各不相同。

1）原码

原码的表示与机器数的表示形式一致。正数的符号位用 0 表示，负数的符号位用 1 表示，有效值部分用二进制绝对值表示，这种表示方法称为原码。显然，原码的表示方法对 0 会出现两种表示形式，即 +0 为 000…00 和 −0 为 100…00。

例如：X = +34，Y = −34

则：$(X)_\text{原} = 0\ 1\ 0\ 0\ 0\ 1\ 0$

$(Y)_\text{原} = \quad 1 \qquad 1\ 0\ 0\ 0\ 1\ 0$

$\qquad\qquad\qquad\uparrow \qquad\qquad \uparrow$

$\qquad\qquad\quad$ 符号位 $\quad$ 绝对值

2）反码

正数的反码和原码相同，负数的反码是对原码除符号位外的其余各位"按位取反"，即"0"变"1"，"1"变"0"。0 的表示有+0 和-0 两种情况。

例 2-15　求-6 的反码（假定用 4 位表示）。

解：根据原码的产生方法，-6 因为是负数，所以符号位为 1，其余 3 位为-6 的绝对值的原码 110，所以-6 的原码为 1110。求反码的方法：除符号位 1 外，其余 3 位 110"按位取反"（"0"变"1"，"1"变"0"），所以-6 的反码为 1001。

例 2-16　求 34、-34 的反码。

解：X ＝ +34，Y ＝ -34。因为 $(34)_{10} = (100010)_2$，所以 $(X)_\text{原} = 0100010$，$(X)_\text{反} = 0100010$；$(Y)_\text{原} = 1100010$，$(Y)_\text{反} = 1011101$。

结果：$(X)_\text{反} = 0100010$，$(Y)_\text{反} = 1011101$。

很容易就可以得出结论：反码的反码就是原码。

3）补码

正数的补码与原码、反码相同。负数的补码用其反码加 1 来表示。在此情况下没有+0 和-0 的区别，即 0 的表示只有一种形式。

例 2-17　求-6 的补码（假定用 4 位表示）。

解：-6 的反码在例 2-15 中已经得出，为 1001，根据补码的产生方法：

$$\begin{array}{r} 1001 \\ +\quad 1 \\ \hline 1010 \end{array}$$

结果：-6 的补码是 $(1010)_2$。

例 2-18　求 7-6（假定用 4 位表示）。

解：7-6 等于 $(7)_\text{补} + (-6)_\text{补}$。

因为 7 的补码、反码、原码都是 0111，-6 的补码在例 2-17 中已经得出，为 1010，所以

$$\begin{array}{r} 0111 \\ +\quad 1010 \\ \hline 10001 \end{array}$$

注意：因为是用 4 位表示，所以最左位 1 溢出了，结果为 0001。

结果：$(7-6)_{10}$ 的结果是 $(0001)_2$。

4. 定点数与浮点数

计算机在解决数值中小数点的表示问题时，不是使用一个二进制位来表示小数点，而是用隐含规定小数点的位置的形式来表示。

根据小数点的位置是否固定，数的表示方法可分为定点数和浮点数两种类型。

定点数是指数的小数点的位置固定不变，这样表示的数据范围相对固定。如果想让固定

字长表示更大范围的数,那么就采用浮点数。所谓浮点数,就是小数点的位置可按需要浮动。

1)定点数

定点数又分为定点整数和定点小数。

(1)定点整数。

定点整数是指小数点隐含固定在整个数值的最后,符号位右边的所有位数表示的是一个整数。

(2)定点小数。

定点小数是指小数点隐含固定在数值的某一个位置上的小数。通常将小数点固定在最高数据位的左边。如果最左位定义为符号位,则定点小数的小数点位于符号位之后,数值部分之前(注意,小数点是不占用1位的)。

定点整数和定点小数在计算机中的表示形式没有什么区别,小数点完全按事先的约定而隐含在不同位置。例如,当默认0110为定点整数时,其值为+110;当默认0110为定点小数时,其值为+0.110。定点数格式如图2-5所示。

图 2-5 定点数格式

(a)定点整数格式;(b)定点小数格式

计算机仅采用定点整数或定点小数形式来表示数值是存在不足的,采用定点整数容易失去精度;采用定点小数容易数据溢出(超出数据能表示的范围),所以又引入了浮点数。

2)浮点数

在计算机中,对于小数点位置不固定的数,一般采用浮点数表示。就表示形式而言,定点数是浮点数的基础。

浮点数是指小数点位置不固定的数,它既有整数部分又有小数部分。在计算机中,通常把浮点数分成阶码(也称为指数)和尾数两部分来表示。其中阶码用二进制定点整数来表示,阶码的长度决定了数的表示范围;尾数用二进制定点小数表示,尾数的长度决定了数的精度。为保证不丢失有效数字,通常还对尾数进行规格化处理,即保证尾数的最高位(小数点后的第1位)为1。采用浮点数最大的特点是比采用定点数表示的数值范围大。

一个既有整数部分又有小数部分的十进制数 D 可以表示成如下形式:

$$D = R \times 10^{N}$$

其中,R 为一个纯小数;N 为一个整数。

例如,十进制数 123.456 可以表示成 0.123456×10^{3};十进制小数 0.00123456 可以表示成 0.123456×10^{-2}。

同样,对于一个既有整数部分又有小数部分的二进制数 B 也可以表示成如下形式:

$$B = R \times 2^{N}$$

其中,R 为一个二进制定点小数,称为 B 的尾数;N 为一个二进制定点整数,称为 B 的阶码,它反映了二进制数 B 的小数点的实际位置。为了使有限的机器字长位数能表示出更多的数字位数,二进制定点小数 R 的小数点后的第1位(即符号位的后面一位)要为1。

5. 数据的单位与存储形式

在计算机内部，数据是以二进制形式存储和运算的，数据的存储单位有位、字节和字。

1）位（bit）

位是计算机存储信息的最小单位，简写为 b，音译为比特，表示二进制中的一位。一个二进制位只能表示 2^1 种状态，即只能存放二进制的 0 或 1。

2）字节（Byte）

字节是计算机处理数据的基本单位。8 位二进制位称为一个字节，简写为 B，音译为拜特，1 Byte = 8 bit。一个英文字符的编码通常用一个字节来存储，一个汉字的机内编码通常用两个字节来存储。将 2^{10} 字节，即 1 024 字节称为千字节，记为 1 KB；2^{20} 字节称为兆字节，记为 1 MB；2^{30} 字节称为吉字节，记为 1 GB；2^{40} 字节称为太字节，记为 1 TB；2^{50} 字节称为拍字节，记为 1 PB；2^{60} 字节称为艾字节，记为 1 EB。

故有：1 EB = 2^{10} PB = 2^{20} TB = 2^{30} GB = 2^{40} MB = 2^{50} KB = 2^{60} B。

通常所说的内存容量是 4 GB，表示该计算机的主存容量为 4 GB。也就是说，有 4 GB 个存储单元，每个单元包含 8 位二进制数。

3）字（Word）

字是计算机进行数据处理和数据存储的一组二进制数，它由若干个字节组成。

4）字长（Word Length）

CPU 在单位时间内一次处理的二进制位数称为字长，它是衡量计算机性能的一个重要标志。对计算机硬件来说，字长是 CPU 与 I/O 设备和存储器之间传送数据的基本单位，是数据总线的宽度（即数据总线上一次可同时传送数据的位数）。显然计算机的字长越长，一次处理的数字位数就越多，速度就越快。如今的微机的字长是 64 位的。

2.2.3　非数值数据在计算机中的编码表示

计算机除了能处理数值数据外，也能识别各种符号、字符，如英文字母、汉字、运算符号等。这些数据在计算机中有特定的二进制编码，即非数值数据的编码。

1. 字符编码

目前在微机中普遍使用的字符编码是 ASCII 码（美国信息交换标准代码）。这种字符编码的每个字符采用 7 位二进制数进行编码，其最高位为 0，是奇偶校验位。2^7 可以表示 128 种符号，其中有 96 个可打印字符，包括常用的字母、数字、标点符号等，另外还有 32 个控制字符。ASCII 码字符编码表如表 2-4 所示。

表 2-4　ASCII 码字符编码表

低 4 位	高 4 位							
	0000	0001	0010	0011	0100	0101	0110	0111
0000	NUL	DLE	空格	0	@	P	`	p
0001	SOH	DC1	!	1	A	Q	a	q
0010	STX	DC2	"	2	B	R	b	r
0011	ETX	DC3	#	3	C	S	c	s

低4位	高4位							
	0000	0001	0010	0011	0100	0101	0110	0111
0100	EOT	DC4	$	4	D	T	d	t
0101	ENQ	NAK	%	5	E	U	e	u
0110	ACK	SYN	&	6	F	V	f	v
0111	BEL	ETB	´	7	G	W	g	w
1000	BS	CAN	(	8	H	X	h	x
1001	HT	EM	)	9	I	Y	i	y
1010	LF	SUB	*	:	J	Z	j	z
1011	VT	ESC	+	;	K	[	k	{
1100	FF	FS	,	<	L	\	l	|
1101	CR	GS	–	=	M	]	m	}
1110	SO	RS	.	>	N	^	n	~
1111	SI	US	/	?	O	_	o	DEL

在 ASCII 码字符编码表中，每种符号对应着一个编码。要确定某个字符的 ASCII 码，先在表中找到该字符位置，然后将高 4 位与低 4 位编码组合起来，即是所查字符的 ASCII 码。例如，大写字母"A"的 ASCII 码是 01000001(41H)，对应的十进制数为 65；小写字母"a"的 ASCII 码是 01100001(61H)，对应的十进制数为 97。数字 0~9、字母 A~Z 和 a~z 在表中都是按顺序排列的，而且每个小写字母比对应的大写字母的 ASCII 码值大 32。

这里需要记住几个特殊符号的 ASCII 码，例如，数字"0"对应的十进制数为 48，字母"A"对应的十进制数为 65，"a"对应的十进制数为 97。掌握了这几个字符的编码后，就很容易写出后续数字、字母的 ASCII 码。

2. 汉字编码

计算机在处理汉字信息时也需要将其转化为二进制代码，所以需要对汉字进行编码。20世纪 80 年代初，汉字编码诞生，实现了汉字这一中华古老文明与计算机技术的完美结合。汉字搭载上计算机后发出了熠熠光辉，汉字的输入速度为字母输入速度的几十倍。

可以抽象地将计算机处理的所有文字信息(汉语词组、英文单词、数字、符号等)看成是由一些基本字符和符号组成的字符串，每个基本字符右以编制成一组二进制代码，计算机对文字信息的处理就是对其代码进行操作。

汉字的输入、转换和存储方法与其他符号是相似的，但由于汉字数量多，不能用为西文输入设计的键盘直接输入，所以必须先对它们进行编码转换，再存放到计算机中进行处理。

汉字编码可分为汉字输入码、机内码和字形码三大类。一个汉字从输入到输出，需要经过在键盘上根据汉字输入码输入，计算机将其自动翻译成机内码进行存储和传输，最后根据字形码显示或打印出来这几个过程。

1)汉字输入码

汉字输入码也称外码，是为将汉字输入计算机而设计的代码。汉字输入码的种类较多，可分为流水码、拼音编码、字形编码和音形编码几大类。

流水码是按汉字的排列顺序形成的编码，最典型的是区位码；拼音编码是按汉字的读音形成的编码，如全拼、简拼、双拼等；字形编码是按汉字的字形形成的编码，如五笔字型、郑码等；音形编码是将汉字的音形结合形成的编码，如自然码、智能 ABC 等。

（1）区位码。

区位码是流水码的一种，采用的是数字编码形式。GB1T 2312—1980 国家标准将常用的 6 763 个汉字和 700 多种符号分成 94 个区，每个区存放 94 个汉字或符号。实际上是把汉字表示成二维表的形式，区号和位号各用两位十进制数字表示，因此，输入一个汉字需要按键四次。例如，汉字"啊"在 16 区 01 位，区位码就是 1601。这种编码方法的优点是汉字与编码一一对应，输入准确；缺点是几乎不可记忆，汉字输入速度慢。

（2）拼音编码。

拼音编码是以汉语拼音为基础的输入法，简单易学，采用联想输入，输入速度也较快，但由于汉字的同音字太多，所以重码率高。

（3）字形编码。

字形编码是以汉字的形状确定的编码，这种方法的重码率很低，输入速度较快，适合专业人员使用。

（4）音形编码。

音形编码是将汉字的音、形结合形成的编码。

2）汉字交换码

汉字交换码是指不同的、具有汉字处理功能的计算机系统之间在交换汉字信息时所使用的代码标准。自国家标准 GB1T 2312—1980 公布以来，我国一直沿用该标准所规定的国标码作为统一的汉字信息交换码。

GB 2312—1980 标准包括 6 763 个汉字，按其使用频率分为一级汉字 3 755 个和二级汉字 3 008 个。一级汉字按拼音排序，二级汉字按部首排序。此外，该标准还包括标点符号、多种西文字母、图形、数码等符号 682 个。

作为汉字交换码的国标码，它是将区位码按一定的规则进行转换而得到的，所以同区位码一样，国标码也是用两个字节表示，每个字节也只用其中的 7 位。

区位码转换为国标码的方法：先将十进制的区码和位码转换为十六进制的区码和位码，再将这个代码的第 1 个字节和第 2 个字节分别加上 20H，就得到国标码。

例如，汉字"啊"的区位码为 $(1601)_D$，国标码为 $(3021)_H$，它是经过以下转换得到的。

$$(1601)_D \rightarrow (1001)_H \rightarrow (+2020)_H \rightarrow (3021)_H$$

3）机内码

不同的汉字输入法在进入计算机系统后，由操作系统的"输入码转换模块"统一转换成机内码存储。机内码，顾名思义就是汉字在机器内部存储、处理、传输的代码。

一个汉字的机内码还是用两个字节表示，每个字节还是用其中的 7 位，但其最高位不是 0，大部分汉字系统将国标码两个字节的最高位置"1"，这样就可以和 ASCII 码相区分。

例如，汉字"啊"的国标码为 $(3021)_H$，机内码为 $(B0A1)_H$，表示方法如下。

二进制：00110000　00100001＝$(3021)_H$　国标码

二进制：10110000　10100001＝$(B0A1)_H$　机内码（最高位置"1"）

国标码转换为机内码的方法：将十六进制的国标码的第 1 个字节和第 2 个字节分别加上

80H，就得到机内码。

例如，汉字"啊"的国标码为$(3021)_H$，机内码为$(B0A1)_H$，它是经过以下转换得到的。

$$(3021)_H \rightarrow (+8080)_H \rightarrow (B0A1)_H$$

显然，我们可以把区位码直接转换为机内码：将十进制的区码和位码转换为十六进制的区码和位码，再将这个代码的第 1 个字节和第 2 个字节分别加上 100H，就得到机内码。

例如，汉字"啊"的区位码为$(1601)_D$，机内码为$(B0A1)_H$，它是经过以下转换得到的。

$$(1601)_D \rightarrow (1001)_H \rightarrow (+100100)_H \rightarrow (B0A1)_H$$

其实区位码表、国标码表和机内码表相似，区位码、国标码和机内码之间各有一个位置差。因此，如果区位码、国标码和机内码的两个字节都用二进制表示，那么还有一种更简便的转换方式，具体如下。

因为区位码有 94 个区，每区有 94 个位，所以二进制形式的区位码两个字节的从左至右第 3 位一定是 0。将两个字节的从左至右第 3 位的 0 都转为 1，这样就转为了国标码（形成了国际码与区位码的位置差）；类似地，如果将二进制形式的国标码两个字节的从左至右第 1 位的 0 都转为 1（形成了国标码与机内码的位置差，这是机内码的标识），那么就转为了机内码。

4）字形码

字形码通常有两种表示方式，即点阵方式和矢量方式，从而对应点阵字形码和矢量字形码两种不同的字形码。

（1）点阵字形码。

点阵字形码是用点阵方式表示的汉字字形代码，也称为字模码，是汉字的输出形式。点阵编辑示意图如图 2-6 所示。

图 2-6　点阵编辑示意图

汉字常存储为 16×16、24×24、32×32、48×48 或更高二进制位形式。存储一个 16×16 点阵的汉字需要 32 个字节，存储一个 24×24 点阵的汉字需要 72 个字节。点阵越大，存储字节就越大，汉字质量也就越高。这种方式编码简单，无须转换就可以直接输出，但放大后的字形效果差。

（2）矢量字形码。

矢量字形码是对每一个汉字轮廓特征的信息（如笔画的起始、终止坐标，半径，弧度等）进行描述，字形可以按矢量缩放，从而得到高质量的输出。

3. 其他信息的编码

计算机除要存储和处理数值、字符外，还要处理图形、图像、音频、视频、动画等多媒体信息。这些信息虽然表示形式不同，但在计算机内都需要将其转换为二进制形式。下面主要介绍音频、图像和视频信息的编码方式。

1) 音频信息

声音是一种连续变化的模拟信号, 计算机必须要将这种模拟信号转换为数字信号才能够进行处理。按照固定的时间间隔对声波的振幅进行采样, 记录所得到的值序列并将其转化为二进制序列, 即可得到声波的数字化表示。

可以通过专有设备将声波波形转换成一连串的二进制数据来再现声音。模数(A/D) 转换器以每秒上万次的速率对声波进行采样, 每一次采样都记录下了原始声波样本。将一串样本连接起来就可以描述一段声波。

每秒钟所采样的数目称为采样频率, 单位为 Hz(赫兹)。采样频率越高, 所能描述的声波频率就越高。当今的主流采集卡上, 采样频率一般分为 22.05 KHz、44.1 KHz、48 KHz 这3 个等级, 其中 22.05 KHz 能达到调频(Frequency Modulation, FM)广播的声音品质, 大多数网站都选用这个采样频率; 44.1 KHz 则是标准的 CD 音质, 听觉效果更好; 48 KHz 则更加精确。至于高于 48 KHz 的声波频率, 人已经无法辨别。

2) 图像信息

与汉字的字形表示相似, 图形图像在计算机中的表示也有位图和矢量图两种方式。位图是由点阵构成的位图图像, 矢量图是由数学描述形成的矢量图形, 不同的图像采用不同的处理方式。

(1) 位图。

图通常是将图像表示成一组点, 每一个点称为一个像素, 整个图像就是这些像素的集合。需要将这些像素编码。

计算机中的许多设备(如显示器和打印机), 都是根据像素进行操作的。在位图中, 像素的编码方式随着应用的不同而不同, 分为黑白图像和彩色图像。

(2) 矢量图。

矢量表示方法是把图像分解为几何结构(如曲线和直线)的组合, 通过数学公式定义这些几何结构。这些数学公式是重构图像的指令, 计算机存储这些指令, 当需要生成图像时, 只要输入图像的尺寸, 计算机就能够按照这些指令生成图像。

3) 视频信息

视频是图像的动态形式。视频信息实际上是由许多幅单一的静态画面所构成的。每一幅画面为一帧, 这些帧是以一定的速度连续播放的, 于是就形成了动态视频。

视频信号数字化的原理与音频信息数字化原理相似, 以一定的频率对单帧视频信号进行采样、量化、编码等, 实现模/数转换、彩色空间变换和编码压缩等。

视频帧率(Frame Rate)为每秒显示的帧数。一般来说, 视频帧率为 30; 提升至 60 则可以明显提升视频的交互感和逼真感; 超过 75 没有必要。

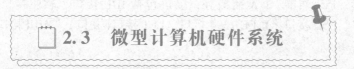

2.3　微型计算机硬件系统

Intel 公司在 1971 年 11 月 15 日向全球市场推出了 4004 微处理器, 计算机进入了微型计算机时代。微型计算机又称电脑、个人计算机或 PC。

微型计算机从诞生至今，其零部件虽然发生了很大的变化，但其工作原理却始终没有改变。时至今日，微型计算机仍然以微处理器为核心，配上由大规模集成电路制成的存储器、输入/输出接口电路及系统总线。

微型计算机系统分为硬件系统和软件系统。其中硬件系统主要包括主板、CPU、存储器、输入/输出设备等，各部分之间通过总线连接实现信息交换。微型计算机硬件组成示意如图 2-7 所示。

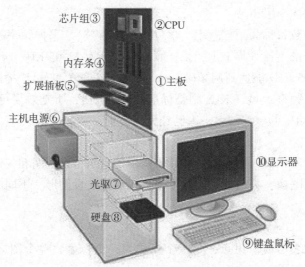

图 2-7　微型计算机硬件组成示意

下面简要介绍微型计算机的基本硬件组成。

2.3.1　机箱主板

机箱主板，又称主机板、系统板、逻辑板、母板、底板等，简称主板，是构成微型计算机的主电路板。

1. 主板的工艺

主板的平面是一块印制电路板，它实际是由几层树脂材料黏合在一起的，内部采用铜箔走线。一般的印制电路板分为四层和六层，低档主板多为四层板：主信号层、接地层、电源层、次信号层；六层板则增加了辅助电源层和中信号层。因此，六层印制电路板主板的抗电磁干扰能力更强，性能更稳定。而一些要求较高的主板的线路板可达到八层或更多。

在印刷电路板上面，是错落有致的电路布线和棱角分明的各个部件，有芯片、插槽、接口、电阻、电容等。芯片包括 BIOS 芯片、南北桥芯片、RAID 控制芯片等；插槽包括 CPU 插座、内存插槽、PCI 插槽、ISA 插槽等；接口包括 IDE 接口、软驱接口、COM 接口（串口）、PS/2 接口、USB 接口、IEEE 1394 接口、LPT 接口（并口）、MIDI 接口等。

2. 主板的结构

主板一般是一块矩形电路板，上面安装了计算机的主要电路系统，其上有 BIOS 芯片、I/O 控制芯片、键盘和面板控制开关接口、指示灯插接件、扩充插槽、主板及插卡的直流电源供电插件等元件。

主板的类型和档次决定着整个微型计算机系统的类型和档次，其性能影响着微型计算机系统的性能，所以主板是微型计算机最重要的部件。主板采用了开放式结构，上面大都有6~15个扩展插槽，供微型计算机外部设备的适配器插接。通过更换这些插卡，可以对微型计算机的相应子系统进行局部升级，使其配置得到提升。

主板结构就是主板上各元器件的布局排列方式、尺寸大小、形状等。所有的主板厂商都必须遵循通用的主板制定标准。

主板结构分为 AT、Baby-AT、ATX、Micro ATX、BTX 等结构。其中，AT 和 Baby-AT 是已经淘汰的旧主板结构；ATX 是市场上最常见的主板结构，其扩展插槽较多，PCI 插槽数量有 4~6 个；Micro ATX 又称 Mini ATX，是 ATX 结构的简化版，其扩展插槽较少，PCI 插槽数量在 3 个以下，多用于配备了小机箱的品牌机。ATX 主板示意图如图 2-8 所示。

图 2-8　ATX 主板示意图

1) ATX 结构

标准的 ATX 主机板，长 12 英寸，宽 9.6 英寸(305 mm × 244 mm)。

Intel 公司于 1995 年 1 月公布了扩展 AT 主板结构，即 ATX(AT Extended)主板标准。1997 年 2 月推出了 ATX 2.01 版，它的布局是"横"板设计，将 AT 结构旋转了 90°，增加了主板引出端口的空间，使主板可以集成更多的扩展功能。

ATX 主机板采用 7 个 I/O 插槽，CPU 与 I/O 插槽、内存插槽位置更加合理，优化了软硬盘驱动器接口位置，提高了主板的兼容性与可扩充性，采用了增强的电源管理，真正实现在软件开/关机散热、供电等多个方面增强了绿色节能功能。

2) Micro ATX 结构

Micro ATX 主板标准于 1997 年 12 月发表，大小是 9.6 英寸×9.6 英寸(244 mm×244 mm)，它的长度是标准的 ATX 主机板长度的 80%，主板呈正方形。

由于长度减少，Micro ATX 主板把扩展插槽减少为 3~4 个，新型内存插槽为 2~3 个，从横向减小了主板宽度，相比 ATX 标准主机板，其结构更为紧凑。按照 Micro ATX 标准，板上还集成了图形和音频处理功能，目前很多品牌机主板均使用了 Micro ATX 标准。

3）BTX 结构

BTX 是 Intel 公司提出的新型主板架构 Balanced Technology Extended 的简称，是 ATX 结构的替代者。

BTX 支持窄板设计，结构更加紧凑，线路布局更加优化，能够在不牺牲性能的前提下做到最小的体积。BTX 主板安装简便，机械性能优化。但在 2006 年，由于与 ATX 的兼容问题和产业换代成本过高，BTX 规范被 Intel 放弃。

ATX 和 Micro ATX 两种主板架构的比较图如图 2-9 所示。

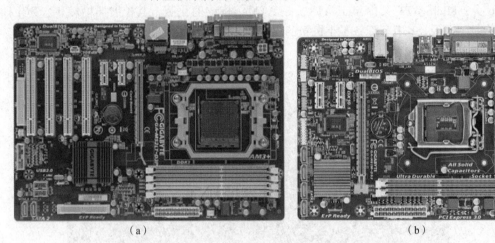

图 2-9　ATX 和 Micro ATX 两种主板架构比较图

(a)ATX 主板；(b)Micro ATX 主板

3. 芯片组

芯片组是主板的核心组成部分，它决定了主板的功能。芯片组负责管理 CPU 对内存、各种总线扩展以及外部设备（简称外设）的支持。按照芯片在主板上的位置的不同，通常将其分为北桥芯片、南桥芯片以及 BIOS 芯片（CMOS 芯片见图 2-8）。

1）北桥芯片

北桥（North Bridge）芯片是主板芯片组中起主导作用的最重要的组成部分，也称为主桥（Host Bridge）。一般来说，芯片组的名称就是以北桥芯片的名称来命名的。

北桥芯片与 CPU 之间的通信最为密切，所以北桥芯片通常在主板上靠近 CPU 插槽的位置，主要是为了缩短传输距离来提高通信性能。

北桥芯片提供对 CPU、内存和 ISA/PCI/AGP 等插槽的支持。由于芯片的发热量较高，芯片上装有散热片，所以显得比较大。

整合型芯片组的北桥芯片还集成了显示核心。

2）南桥芯片

南桥（South Bridge）芯片也是主板芯片组的重要组成部分，一般位于主板上离 CPU 插槽较远的下方，在 PCI 插槽的附近。这种布局是考虑到它所连接的 I/O 总线较多，离 CPU 远一点有利于布线。

南桥芯片提供对键盘控制器、实时时钟控制器、通用串行总线、硬盘等的支持。其数据处理量不大，所以一般没有散热片。南桥芯片不与 CPU 直接相连，而是通过一定的方式与北桥芯片相连。

南桥芯片负责 I/O 总线之间的通信，如 PCI 总线、USB、LAN、ATA、SATA、音频控制器、键盘控制器、实时时钟控制器、高级电源管理等，这些技术一般相对来说比较稳定，所以不同芯片组中的南桥芯片是一样的，不同的只是北桥芯片。

南桥芯片的发展方向主要是集成更多的功能，如网卡、磁盘阵列、IEEE 1394，甚至是 Wi-Fi 无线网络等。

还有将南、北桥芯片合为一块芯片的一体化方案，这种方案节省了成本，提高了产品竞争力。

3) BIOS 芯片

BIOS 是 Basic Input Output System 的缩写，直译就是"基本输入/输出系统"。

BIOS 芯片是主板出厂时固化到其上的一个 ROM 芯片，它内含计算机最重要的基本输入/输出、开机自检程序和系统自启动等一组程序，其容量大小为 1 MB、2 MB、8 MB。

BIOS 是微型计算机启动时加载的第一个软件，负责主板通电后完成各部件自检、磁盘引导、初始化设置、基本输入/输出设备的驱动等，它还可以从 CMOS 中读写系统设置的具体信息。只有当一切正常后微型计算机才能启动操作系统。早期的 CIH 计算机病毒就可以攻击 BIOS 芯片，目的是破坏和改变计算机的基本设置。

4) CMOS 芯片

CMOS 的全称是 Complementary Metal Oxide Semiconductor，中文名称为互补金属氧化物半导体。CMOS 是主板上的一块可读写的 RAM 芯片，仅仅用来存放 BIOS 设置的计算机的各种参数数据。因此，BIOS 设置有时也被称为 CMOS 设置。

CMOS 芯片是一种低耗电存储器，早期是一块单独的芯片。如今的主板将 CMOS 与系统实时时钟和后备电池集成到一块芯片中，一般有 256 字节的容量。

如果 CMOS 中的数据被损坏，计算机将无法正常工作。因此，为了确保 CMOS 数据不被损坏，主板厂商都在主板上设置了开关跳线，一般默认为关闭。当要进行 CMOS 数据更新时，可将它设置为可改写。为使计算机不丢失 CMOS 数据和系统时钟信息，主板在 CMOS 芯片的附近设有一个电池给其持续供电。

4. CPU 插槽

CPU 插槽就是用于安装 CPU 的插座，其类型与 CPU 接口的类型一致。目前 CPU 插槽主要分为 Socket、Slot 两种。

Socket CPU 插槽主要有 Socket 370、Socket 478、Socket 423 和 Socket A 几种。其中 Socket 370 支持 P Ⅲ 及新赛扬，Cyrix Ⅲ 等处理器；Socket 423 用于早期 Pentium 4 处理器，而 Socket 478 则自从 Pentium 4 处理器开始就在使用。

5. 扩展槽

扩展槽是主板上用于固定扩展卡并将其连接到系统总线上的插槽。在扩展槽上面插入扩展卡，充分发挥扩展卡的性能是提升微型计算机性能的基本方式。扩展槽的种类和数量是决定主板功能的重要指标。

扩展插槽的种类主要有 ISA、PCI、AGP 等，目前主流扩展插槽是 PCI-Express 插槽。

ISA 插槽基于 ISA 总线，为 16 位插槽。

PCI 插槽是主板的主要扩展插槽，是"万用"插槽。其颜色一般为乳白色，位于 AGP 插槽附近，可插接显卡、声卡、网卡、内置调制解调器（Modem）、内置 ADSL Modem、USB 2.0 卡、IEEE 1394 卡、IDE 接口卡、RAID 卡、电视卡、视频采集卡以及其他种类繁多的扩展卡。

AGP 插槽虽然与 PCI、ISA 插槽处于同一水平位置，但其插槽结构与 PCI、ISA 完全不同，不会被插错，专门用于图形显卡。

PCI-Express 是新的总线和接口标准，它的主要优势就是数据传输速率高，能满足高速设备的需求。

6. 主要接口

微型计算机的接口有硬盘接口、COM 接口（串口）、PS/2 接口、USB 接口、LPT 接口（并口）、SATA 接口等。下面一一对它们进行介绍。

硬盘接口分为 IDE 接口和 SATA 接口。IDE 接口位于 PCI 插槽下方、新型主板上，其被缩减甚至没有，代之以 SATA 接口。SATA 是 Serial Advarced Technology Attachment 的缩写，即串行高技术配置，主要用作主板和硬盘及光盘驱动器之间的数据传输。SATA 是硬盘接口规范，未来的 SATA 将进一步提高接口传输速率，让硬盘实现超频。

大多数主板都提供了两个 COM 接口（串口），分别为 COM1 和 COM2，作用是连接串行鼠标和外置 Modem 等设备。

PS/2 接口用于连接键盘和鼠标。鼠标接口为绿色，键盘接口为紫色。目前绝大多数主板依然配备该接口，但支持该接口的鼠标和键盘越来越少，更多的是推出 USB 接口的外设产品。

USB 接口可从主板上获得 500 mA 的电流，支持热拔插，所以是如今最为流行的接口，最多可以支持 127 个外设，并且可以独立供电。USB 3.0 已经出现在主板中，并开始普及。

LPT 接口（并口）一般用来连接打印机或扫描仪。

2.3.2　中央处理器

高配置的中央处理器是计算机的控制中心。中央处理器中的核心部分是控制器、运算器，它们能够实现寄存控制、逻辑运算、信号收发等多项功能的扩散，为提升计算机的性能奠定良好基础。

中央处理器（Central Processing Unit，CPU）是一小块集成电路，是计算机系统的核心部件，是用大规模集成电路或超大规模集成电路制造的。CPU 是计算机的运算和控制核心，对计算机的所有硬件资源（如存储器、输入/输出设备）进行控制和调配。

CPU 的功能主要是解释计算机指令以及处理计算机软件中的数据，主要包括控制器和运算器两部分，还包括高速缓冲存储器及实现它们之间联系的数据总线和控制总线。

计算机中的任何处理都要在运算器中进行。运算器是计算机中执行各种算术运算和逻辑运算操作的部件，主要由算术逻辑单元和寄存器组成。其基本功能是在控制器的控制下，从存储器中取得数据，进行加、减、乘、除等算术运算和与、或、非、异或等逻辑运算，并把结果送到存储器中。

控制器是计算机的指挥控制中心，负责决定执行程序的顺序，给出执行指令时机器各部件需要的操作控制命令。它由程序计数器、指令寄存器、指令译码器、时序产生器和操作控制器组成。其基本功能是按照程序计数器所指出的指令地址从内存中取出一条指令，并对指令进行分析，根据指令的功能向有关部件发出控制命令，控制执行指令的操作，使计算机各部分能自动地连续协调工作，从而实现数据和程序的输入、运算和输出。

CPU 需要插在主板的 CPU 插座上，负责系统的数值运算和逻辑运算，并将结果分别送入内存或其他部件，以控制计算机的整体运作。目前，世界上生产微型计算机 CPU 的厂家主要有 Intel 和 AMD（超微）等几家公司。2019 年最新公布的数据显示，Intel 公司生产的 CPU 产品占有 82% 的市场份额。

1. CPU 的发展历史

由于集成电路集成化的大幅度提高，处理器架构设计也不断地迭代更新。CPU 自 1971 年诞生以来，经历了从 4 位、8 位、16 位、32 位，到 64 位处理器的发展历程。CPU 的发展历史可划分成以下 6 个阶段。

1）第一阶段（1971—1973 年）

这是 4 位和 8 位低档微处理器时代，标志着 CPU 的诞生，代表产品是 Intel 4004 处理器和 Intel 8008 处理器。

2）第二阶段（1974—1977 年）

这是 8 位中高档微处理器时代，代表产品是 Intel 8080。

3）第三阶段（1978—1984 年）

这是 16 位微处理器时代，代表产品是 Intel 8086。

4）第四阶段（1985—1992 年）

这是 32 位微处理器时代，代表产品是 Intel 80386。CPU 已经可以胜任多任务、多用户的作业。到了 1989 年，传统处理器发展阶段结束。

5）第五阶段（1993—2005 年）

这是奔腾系列微处理器时代。

6）第六阶段（2006 年—至今）

这是酷睿系列微处理器时代，2022 年第 13 代智能英特尔酷睿处理器问世。图 2-10 所示是 2022 年 9 月推出的第 13 代智能英特尔酷睿处理器官宣图。

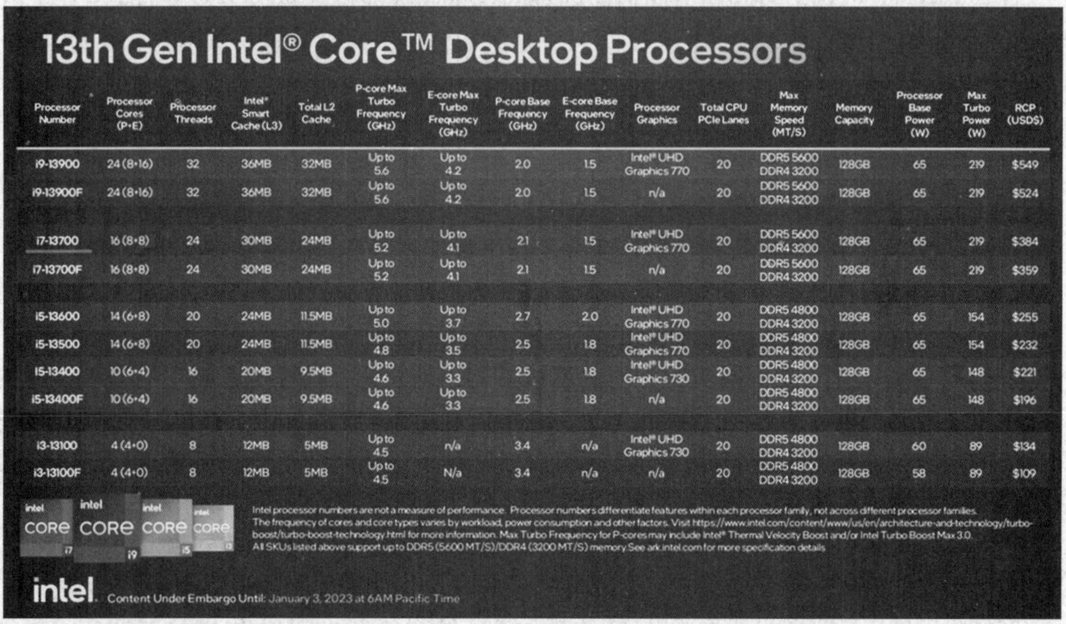

13th Gen Intel® Core™ Desktop Processors

Processor Number	Processor Cores (P+E)	Processor Threads	Intel Smart Cache (L3)	Total L2 Cache	P-core Max Turbo Frequency (GHz)	E-core Max Turbo Frequency (GHz)	P-core Base Frequency (GHz)	E-core Base Frequency (GHz)	Processor Graphics	Total CPU PCIe Lanes	Max Memory Speed (MT/S)	Memory Capacity	Processor Base Power (W)	Max Turbo Power (W)	RCP (USD$)
i9-13900	24(8+16)	32	36MB	32MB	Up to 5.6	Up to 4.2	2.0	1.5	Intel® UHD Graphics 770	20	DDR5 5600 DDR4 3200	128GB	65	219	$549
i9-13900F	24(8+16)	32	36MB	32MB	Up to 5.6	Up to 4.2	2.0	1.5	n/a	20	DDR5 5600 DDR4 3200	128GB	65	219	$524
i7-13700	16(8+8)	24	30MB	24MB	Up to 5.2	Up to 4.1	2.1	1.5	Intel® UHD Graphics 770	20	DDR5 5600 DDR4 3200	128GB	65	219	$384
i7-13700F	16(8+8)	24	30MB	24MB	Up to 5.2	Up to 4.1	2.1	1.5	n/a	20	DDR5 5600 DDR4 3200	128GB	65	219	$359
i5-13600	14(6+8)	20	24MB	11.5MB	Up to 5.0	Up to 3.7	2.7	2.0	Intel® UHD Graphics 770	20	DDR5 4800 DDR4 3200	128GB	65	154	$255
i5-13500	14(6+8)	20	24MB	11.5MB	Up to 4.8	Up to 3.5	2.5	1.8	Intel® UHD Graphics 770	20	DDR5 4800 DDR4 3200	128GB	65	154	$232
i5-13400	10(6+4)	16	20MB	9.5MB	Up to 4.6	Up to 3.3	2.5	1.8	Intel® UHD Graphics 730	20	DDR5 4800 DDR4 3200	128GB	65	148	$221
i5-13400F	10(6+4)	16	20MB	9.5MB	Up to 4.6	Up to 3.3	2.5	1.8	n/a	20	DDR5 4800 DDR4 3200	128GB	65	148	$196
i3-13100	4(4+0)	8	12MB	5MB	Up to 4.5	n/a	3.4	n/a	Intel® UHD Graphics 730	20	DDR5 4800 DDR4 3200	128GB	60	89	$134
i3-13100F	4(4+0)	8	12MB	5MB	Up to 4.5	N/a	3.4	n/a	n/a	20	DDR5 4800 DDR4 3200	128GB	58	89	$109

Intel processor numbers are not a measure of performance. Processor numbers differentiate features within each processor family, not across different processor families. The frequency of cores and core types varies by workload, power consumption and other factors. Visit https://www.intel.com/content/www/us/en/architecture-and-technology/turbo-boost/turbo-boost-technology.html for more information. Max Turbo Frequency for P-cores may include Intel® Thermal Velocity Boost and/or Intel Turbo Boost Max 3.0. All SKUs listed above support up to DDR5 (5600 MT/S)/DDR4 (3200 MT/S) memory.See ark.intel.com for more specification details.

intel　Content Under Embargo Until: January 3, 2023 at 6AM Pacific Time

图 2-10　第 13 代智能英特尔酷睿处理器官宣图

2. CPU 的工作原理

根据冯·诺依曼体系结构，CPU 的工作分为以下 5 个阶段：取指令、指令译码、执行指令、访存取数和结果写回。

1）取指令

取指令就是将一条指令从主存储器中取到指令寄存器的过程。程序计数器中的数值，用来指示当前指令在主存储器中的位置。

2）指令译码

取出指令后，指令译码器按照预定的指令格式，对取回的指令进行拆分和解释，识别区分出不同的指令类别以及获取操作数的方法。

3）执行指令

执行指令就是实现指令的功能。

4）访存取数

CPU 得到操作数在主存储器中的地址，并从主存储器中读取该操作数用于运算。部分指令不需要访问主存储器，可以跳过该阶段。

5）结果写回

结果写回阶段是把执行指令阶段的运行结果数据"写回"到 CPU 的内部寄存器中，以便被后续的指令快速存取。在指令执行完毕、结果数据写回之后，计算机就从程序计数器中取得下一条指令地址，开始新一轮的循环操作。

3. CPU 的性能指标和结构

1）CPU 的性能指标

CPU 的性能指标主要包括字长、主频、运算速度等。

（1）字长。

计算机系统中，CPU 在单位时间内能处理的二进制数的位数称为字长。如果一个 CPU 在单位时间内能处理的字长为 64 位数据，即 8 字节，那么通常称这个 CPU 为 64 位 CPU。目前的 CPU 字长为 64 位。

（2）主频。

微机一般采用主频来描述运算速度，主频越高，运算速度就越快。

主频又称时钟频率，单位是 MHz（或 GHz），表示在 CPU 内数字脉冲信号振荡的速度。主频越高，CPU 在一个时钟周期内所能完成的指令数就越多，其运算速度也就越快。

CPU 主频的高低与 CPU 的外频和倍频系数有关，其计算公式如下：

$$CPU 主频 = 外频 × 倍频系数$$

外频是 CPU 与主板之间同步运行的速度，目前，绝大部分计算机系统中的外频也是内存与主板之间同步运行的速度，因此，CPU 的外频直接影响内存的访问速度。外频速度越高，CPU 可以同时接收到的来自外部设备的数据就越多，从而使整个系统的速度进一步提高。人们通常所说的超频，主要是指超 CPU 的外频。

倍频系数就是 CPU 的运行频率与整个系统外频之间的倍数。在相同的外频下，倍频越高，CPU 的频率也就越高。通常，当 CPU 的倍频在 5~8 时，其性能能够得到比较充分的发挥。

在实际应用中，主频只代表 CPU 技术指标的一部分，并不能代表 CPU 的实际运算速度，CPU 的实际运算速度还与 CPU 工作流水线和总线等其他方面的性能指标有关。

（3）运算速度。

运算速度是衡量计算机性能的一项重要指标。通常所说的运算速度（平均运算速度），是计算机每秒处理的机器语言指令数，这是衡量 CPU 速度的一个指标。

2022 年 11 月，TOP500 组织发布的新一期全球超级计算机 500 强榜单面世，位于美国橡树岭国家实验室的超级计算机"前沿"位居榜单首位，其运算速度为 1 102.00 Pflop/s（110 亿亿次/秒），由日本理化学研究所与富士通公司共同开发的"富岳"计算机位居榜单第二位；无锡的"神威·太湖之光"超级计算机位居榜单第七位，它安装了 40 960 个自主研发的"申威 26010"众核处理器，采用 64 位自主申威指令系统；位居榜单第十位的是位于广州的由国防科技大学研制的"天河二号"计算机。

2）多核技术

多核技术是指单芯片多处理器，即一块芯片上包含多个"执行内核"，使处理器能够彻底、完全地并发执行程序的多个线程。多核处理器可以在处理器内部共享缓存，提高缓存利用率，还可以共享内存和系统总线结构，进而提高计算机的性能。

3）CPU 的结构

CPU 的结构从逻辑上可以划分成控制单元、运算单元和存储单元 3 个模块，这 3 个模块由 CPU 总线连接起来。CPU 结构示意图如图 2-11 所示。

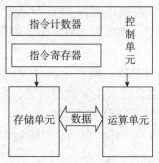

图 2-11　CPU 结构示意图

（1）控制单元。

CPU 的控制单元是 CPU 的指挥控制中心，由程序计数器（Program Counter，PC）、指令寄存器（Instruction Register，IR）、指令译码器（Instruction Decoder，ID）和操作控制器（Operation Controller，OC）等组成，对协调整个计算机有序工作起到重要作用。

它根据用户预先编好的程序，依次从存储器中取出各条指令，放在 IR 中，通过指令译码的解析，来确定应该进行什么操作，然后通过 OC，按确定的时序，向相应的部件发出微操作控制信号。OC 中主要包括节拍脉冲发生器、控制矩阵、时钟脉冲发生器、复位电路和启停电路等逻辑部件。

（2）运算单元。

CPU 的运算单元是运算器的核心，可以执行算术运算（包括加、减、乘、除等基本运算及其附加运算）和逻辑运算（包括移位、逻辑测试或逻辑值比较）。运算器接受控制单元的命令从而进行相应运算，即运算单元所进行的全部操作都是由控制单元发出的控制信号来指挥的，所以它是执行部件。

（3）存储单元。

CPU 的存储单元包括寄存器（Register）和高速缓冲存储器，是 CPU 中暂时存放数据的地方，保存着等待处理的数据、中间数据或最终结果。由于寄存器是 CPU 的内部元件，所以在寄存器之间的数据的传送速度非常快，从而减少了 CPU 访问内存的次数，提高了 CPU 的工作速度。

受到芯片面积和集成度的制约，寄存器组的容量不可能很大。寄存器组可分为专用寄存器和通用寄存器。专用寄存器的作用是固定的，分别寄存相应的数据。而通用寄存器用途广泛并可由程序员规定其用途，其数目因微处理器而异。

（4）CPU 总线。

在计算机系统中，各个部件之间传输信息的公共通路称为总线（Bus），微型计算机是以总线结构来连接各个功能部件的。总线是由导线组成的传输线束，是 CPU、内存、输入/输出设备之间传输信息的公用通道。主机的各个部件通过总线相连接，外部设备通过相应的接口电路再与总线相连接，从而形成了计算机硬件系统。

按照计算机所传输的信息种类的不同，计算机的总线可以划分为数据总线（用来传输数据）、地址总线（用来传输数据地址）和控制总线（用来传输控制信号）。

习惯上人们把和 CPU 直接相关的总线称为 CPU 总线或内部总线，而把和各种通用扩展槽相接的总线称为系统总线或外部总线。

CPU 总线又称前端总线（Front Side Bus，FSB），处于芯片组与 CPU 之间，负责 CPU 与外界所有部件的通信。此外，CPU 总线还负责 CPU 与高速缓冲存储器之间的通信。CPU 总线的工作频率为 100 MHz、133 MHz、200 或 800 MHz，如果其工作频率 800 MHz，那么它的数据传输最大带宽是 6.4 GB/s。

CPU 作为总线主控，通过控制总线，向各个部件发送控制信号；通过地址总线用地址信号指定其需要访问的部件；数据总线上传输数据信息，数据总线是双向的，数据信息可由 CPU 至其他部件（写），也可由其他部件至 CPU（读）。

目前主流 CPU 的外频大多为 66 MHz 与 100 MHz，AMD 公司的 K7 系列 CPU 使用了 200 MHz 的外频。

4. CPU 的核心部分

CPU 由运算器和控制器组成。

1）运算器

早期的计算机以运算器为中心，如今随着现代计算机技术的发展，其变化成了以存储器为中心。

运算器也称为算术逻辑部件，主要由算术逻辑单元（ALU）、通用寄存器组和状态寄存器组成。

运算器的主要功能是进行算术运算和逻辑运算，其基本操作包括加、减、乘、除四则运算，与、或、非、异或等逻辑运算，以及移位、比较和传送等操作。

（1）算术逻辑单元（ALU）。

算术逻辑单元（Arithmetic and Logic Unit，ALU）是实现多组算术运算与逻辑运算的组合逻辑电路，是 CPU 的重要组成部分。算术逻辑单元的运算主要是进行二位元算术运算，如加法、减法、乘法。在运算过程中，算术逻辑单元主要以计算机指令集中执行算术与逻辑操作。

（2）通用寄存器组。

采用通用寄存器组设计的运算器都有一组通用寄存器，主要用来保存参加运算的操作数和运算的结果。

（3）状态寄存器。

状态寄存器用来记录算术运算、逻辑运算或测试操作的结果状态。在条件结构的程序中，这些状态通常被用作判断条件，所以状态寄存器又称条件码寄存器。

2）控制器

控制器是指挥计算机的各个部件按照指令的功能要求协调工作的部件，是计算机的神经中枢和指挥中心，由指令寄存器（IR）、程序计数器（PC）和操作控制器（OC）3 个部件组成。

（1）指令寄存器。

指令寄存器是用以保存当前执行或即将执行的指令的寄存器，指令内包含有确定操作类型的操作码和指出操作数来源或去向的地址。计算机的所有操作都是通过分析存放在指令寄存器中的指令后再执行的。指令寄存器的输入端接收来自存储器的指令，输出端分为两部分：操作码部分送到译码电路，分析出应该执行何种类型的操作；地址部分送到地址加法器生成有效地址后再送到存储器，作为取数或存数的地址。

这里所说的存储器指主存储器、高速缓冲存储器或寄存器栈等。当执行一条指令时，先把指令从内存取到数据寄存器中，再传送至指令寄存器中。

（2）程序计数器。

程序计数器是指明程序下一次要执行的指令地址的一种计数器，又称指令计数器。它兼有指令地址寄存器和计数器的功能。当一条指令执行完毕的时候，程序计数器作为指令地址寄存器，其内容必须已经改变成下一条指令的地址，从而使程序得以持续运行。

（3）操作控制器。

操作控制器是控制器的组成部分之一，其功能是根据指令操作码和时序信号，产生各种操作控制信号，以便正确建立数据通路，从而完成取指令和执行指令的控制。

2.3.3　存储器

存储器是计算机的记忆部件，用于存放计算机进行信息处理所必需的原始数据、中间结果、最后结果以及指示计算机进行工作的程序。

计算机的存储器分为内部存储器（简称内存）和外部存储器（简称外存）两大类。内部存储器在程序执行期间被计算机频繁地使用，并且在一个指令周期期间是可直接访问的。外部存储器要求计算机从外部存储装置（如磁盘）中读取信息。存储器存储容量的基本单位是字节。

1. 内部存储器

内部存储器是计算机中的重要部件之一，它是外部存储器与 CPU 进行沟通的桥梁。计算机中所有程序的运行都是在内部存储器中进行的，因此内存的性能对计算机的影响非常大。

内部存储器也被称为主存储器，是计算机各种信息存放和交换的中心，一般采用半导体存储单元，以芯片或内存条形式存在。

计算机当前运行的程序和数据必须在内部存储器中，其作用是用于暂时存放 CPU 中的运算数据。只要计算机在运行，操作系统就会把需要运算的数据从内部存储器调到 CPU 中进行运算，当运算完成后 CPU 再将结果传输出来。

内部存储器以字节为存储单元，一个存储器包含若干个存储单元，每个存储单元有一个唯一的编号，称为存储单元的地址。CPU 根据存储单元的地址从内部存储器中读出数据或向内部存储器写入数据。内部存储器容量就是所有存储单元的总数。

内部存储器储器的特点是：存/取速度快、容量小、价格较高、可由 CPU 直接访问。

按存储器的使用类型，内部存储器包括只读存储器（ROM）、随机存取存储器（RAM），以及高速缓冲存储器（Cache）。

1）只读存储器（ROM）

只读存储器（Read Only Memory，ROM）的特点是只能从中读出信息，不能写入信息，是一个永久性存储器，断电后信息不会丢失。ROM 主要用来存放固定不变的程序和数据，例如前面介绍的 BIOS 芯片就是固化在主板上的一个只读存储器，内含主板出厂的基本配置，如自检程序、磁盘引导程序、初始化程序、基本输入/输出设备的驱动程序等，其不需要供电就可保持数据不丢失。

现在比较流行的 ROM 是闪存（Flash Memory），它属于带电可擦可编程只读存储器（Electrically Erasable programmable Read Only Memory，EEPROM）的升级，可以通过电学原理反复擦写。现在大部分 BIOS 程序就存储在闪存芯片中。U 盘和固态硬盘（Solid State Driver，SSD）也是利用闪存原理做成的。

2）随机存取存储器（RAM）

随机存取存储器（Random Access Memory，RAM）以内存条形式存在，内存条是将 RAM 集成块集中在一小块电路板上，由内存芯片、电路板、金手指等部分组成。它插在主板的内存插槽上，以减少 RAM 集成块占用的空间。目前市场上常见的内存条有 1G/条，2G/条，4G/条等。

RAM 用来存放用户数据和程序，数据等内容可随时读/写，断电后存放的内容会丢失。

前面介绍过的 CMOS 芯片一般存放于南桥芯片内集成的 RAM 中，所以断电后存放在其中的数据内容会丢失，所以主板专门设置一个电池用于给 CMOS 供电，以保持其数据不丢失。

通常，微型计算机的内存容量配置是指 RAM 的容量，它是计算机性能的一个重要指标。内存容量由 CPU 和主板决定，目前主流主板最高可以支持 64 GB 内存，顶级主板甚至可以支持 256 GB 超大内存。目前市场上的主流内存多为 4 GB、8 GB、16 GB 的单条。内存条如图 2-12 所示。

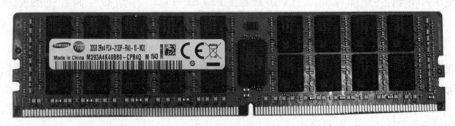

图 2-12　内存条

RAM 又可分为动态随机存取存储器（DRAM）和静态随机存取存储器（SRAM）两种。

（1）动态随机存取存储器（Dynamic RAM，DRAM）由电容和相关元件做成。电容内存储电荷的多少代表信号 0 和 1。电容存在漏电现象，电荷不足会导致存储单元数据出错，所以

DRAM 需要周期性刷新，以保持电荷状态。DRAM 结构较简单且集成度高，通常用于制造内存条中的存储芯片。

（2）静态随机存取存储器(Static RAM，SRAM)是由晶体管和相关元件做成的锁存器，每个存储单元具有锁存"0""1"信号的功能。其速度快且不需要刷新操作，但集成度差、功耗较大，通常用于制造容量小但效率高的 CPU 缓存。

3）高速缓冲存储器(Cache)

高速缓冲存储器(Cache)是存在于主存与 CPU 之间的一级存储器，由 SRAM 芯片组成，容量比较小但速度比主存储器高得多，接近于 CPU 的速度。其主要由 3 个部分组成：存放由主存储器调入的指令与数据块的 Cache 存储体；实现主存储器地址到缓存地址转换的地址转换部件；在缓存已满时按一定策略进行数据块替换，并修改地址的转换替换部件。

由于 RAM 的读/写速度比 CPU 慢，因此，当 RAM 直接与 CPU 交换数据时，会出现速度不匹配问题。Cache 一般构建在 CPU 芯片内部，是一种速度比内存快得多的存储器，其造价高，但容量小。

Cache 是内存和 CPU 之间的速度缓冲区，把内存中需要频繁使用的数据放入 Cache 中，由 CPU 直接访问，从而提高计算机的运行速度。

为了进一步加快 CPU 的运行速度，在 CPU 与 RAM 之间可以增加多级的 Cache，称为 L1 级缓存、L2 级缓存和 L3 级缓存等。现在，处理能力比较强的处理器一般都具有容量相对较大的 Cache。

2. 外部存储器

外部存储器又称辅助存储器，用于存放计算机数据量较大的程序和数据。其特点是存储容量大，信息能永久保存，但存储速度慢，不能由 CPU 直接访问。目前，常用的外部存储器有硬盘、光盘和可移动外存等。如图 2-13 所示为微型计算机的存储系统的层次结构示意图。

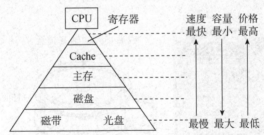

图 2-13　微型计算机的存储系统的层次结构示意图

1）软盘

软盘是微型计算机的中最早使用的可移动存储介质，目前已经淘汰。但由于软盘的结构简单，便于介绍存储的相关知识，所以我们在此对其进行简单介绍。

20 世纪 60 年代开始采用按字母的顺序为存储设备命名，当时的计算机只用软盘，所以软盘读取设备(软驱)被命名为 A，考虑到数据备份等问题，人们把 B 也预留给软盘(这个软盘 B 直到 20 世纪 80 年代才由 IBM PC 实现)，当时 A 盘和 B 盘已经普遍根植于操作系统的设计中，于是硬盘设备只好被称为 C 盘。尽管目前微型计算机已经没有软盘读取设备，但这种命名规则考虑到计算机的向下兼容问题，就一直保留着从"C"开始给硬盘命名的习俗。

软盘的读/写是通过软盘驱动器完成的，后期的软盘是容量为 1.44 MB 的 3.5 英寸(1 英寸＝2.54 cm）软盘。软盘如图 2-14 所示。

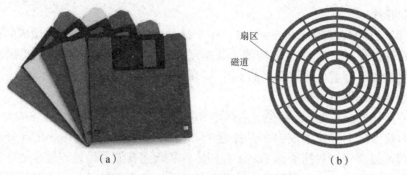

图 2-14　软盘
（a）软盘外观；（b）软盘盘片划分

软盘是涂有磁性材料的塑料薄膜，可双面存储信息，其中一面为 0 面，另一面为 1 面。软盘存储的信息是按一系列同心圆的格式写在磁盘表面磁介质上的，同心圆被称为磁道。3.5 英寸盘片的每一面有 80 个磁道，磁道从外向里依次编号为 0 道、1 道、…、79 道。

盘片的每个磁道被均分为 18 个弧段，每个弧段称为一个扇区，扇区是磁盘的基本存储单位，每个扇区的半径和弧长虽然不同，但存储容量是一样的，统一为 512 字节。

因此，整张软盘的存储容量的计算公式如下：

存储容量＝盘面数×每盘面磁道数×每磁道扇区数×每扇区字节数（512 字节）

＝2×80×18×512 字节＝1.44 MB

下面我们在计算硬盘的存储容量时可以参照软盘存储容量的计算方式。

2）硬盘

硬盘存储器（Hard Disk Driver，HDD）简称硬盘，是微型计算机的主要外部存储设备，用于存放计算机操作系统、各种应用程序和数据文件，硬盘大部分组件都密封在一个金属外壳内。硬盘如图 2-15 所示。

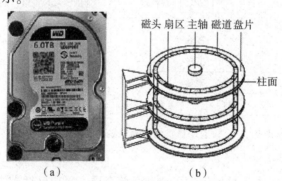

图 2-15　硬盘
（a）硬盘外观；（b）硬盘盘片划分

硬盘由多个盘片构成，每一个盘片都有两个盘面，每个盘面都可以存储数据。磁盘在格式化时被划分成许多同心圆，这些同心圆轨迹也被称为磁道。所有盘面上的同一磁道上下构成一个圆柱，通常称为柱面。将每个磁道分成若干个弧段，每个弧段称为一个扇区，硬盘的每个扇区的存储容量和软盘的每个扇区的存储容量一样，都为 512 字节。因此，硬盘容量可用如下公式计算：

硬盘容量=磁头数×硬盘柱面数×每柱面扇区数×每扇区字节数(512 字节)

硬盘容量决定着微型计算机的数据存储能力的大小。硬盘的存储容量至少以千兆字节(GB)为单位,主流硬盘容量多为 500 GB~2 TB。需要注意的是,硬盘厂家通常是按照 1 GB=1 000 MB 进行换算的,所以我们一般看到硬盘的实际容量比其标注的略小。

硬盘接口有 IDE 接口、SCSI 接口、SATA 接口等,目前,微型计算机上主要使用 SATA 接口。SATA 接口是串行接口,支持热插拔,是主流的接口类型。

SATA(Serial Advanced Technology Attachment)是一种基于行业标准的串行硬件驱动器接口,采用串行方式传输数据,纠错能力力强,可使硬盘超频。采用 SATA 接口的硬盘称为串口硬盘。SATA 接口由于结构简单,所以接口很小,连线小巧。

硬盘存储器的主要性能指标有:容量、平均等待时间、平均寻道时间、平均存取时间、Cache 容量、数据传输速率、接口类型、主轴转速、连续无故障时间等。

硬盘在使用前要经过分区和格式化。分区是将硬盘空间划分成若干个逻辑磁盘,每个磁盘可以单独管理,单独格式化,逻辑磁盘出现问题不会影响其他逻辑盘。格式化是在硬盘上划分磁道、扇区,并建立存储文件的根目录。格式化后逻辑盘上的文件会被删除,所以在格式化前应做好备份。硬盘需轻拿轻放,不要触摸其背面的电路板,以免产生静电,影响硬盘的信息存储。

3)光盘

高密度光盘(Compact Disk,CD)简称光盘,是广泛使用的外部存储器。光盘按读/写限制分为只读光盘、只写一次光盘和可擦写光盘,前两种属于不可擦除的,如 CD-ROM(Compact Disk -Read Only Memory)是只读光盘,CD-R(Compact Disk-Recordable)是只写一次光盘。

蓝光光盘(Blue-ray Disk,BD)是 DVD 新格式,单层的蓝光光盘的容量为 25 GB,双层容量为 50 GB。目前,已有技术将单层蓝光光盘的容量提高到 33.4 GB。蓝光刻录机是指基于蓝光 DVD 技术标准的刻录机。

光驱又称光盘驱动器,用来读取光盘中的信息,通常操作系统及应用软件的安装需要依靠光驱完成。刻录机又称光盘刻录机,其外观与光驱相似,但除具有光驱的全部功能外,还可以在光盘上写入或擦写数据。

CD 光盘的单倍速传输速度为 150 KB/s,DVD 的为 1 350 KB/s,蓝光光盘的为 36 MB/s。光驱速度是用"X 倍速"来表示的,例如 52X 光驱,其速度是第一代光驱的 52 倍。第一代光驱的速度近似于 150 KB/s,那么 52X 光驱的速度近似于 7 800 KB/s。DVD 刻录机如图 2-16 所示。

4)可移动外存

常见的可移动外存设备有闪存卡、U 盘和移动硬盘,如图 2-17 所示。

图 2-16　DVD 刻录机

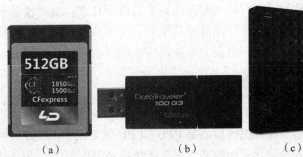

图 2-17　可移动外存
(a)闪存卡;(b)U 盘;(c)移动硬盘

（1）闪存卡。

闪存卡（Flash Card）是利用闪存技术存储电子信息的存储器，一般作为存储介质应用在手机、数码相机、掌上电脑、MP3 等小型数码产品中。

闪存卡具有低功耗、高可靠性、高存储密度、高读/写速度等特点，其种类繁多。

CF 卡（Compact Flash）于 1994 年推出，是 20 世纪 90 年代的 3 种存储卡中体积最大的。CF 卡采用闪存技术，不需要电池来维持其中存储的数据，大多数的数码相机选择 CF 卡作为其首选存储介质。

多媒体（Multi-Media Card，MMC）卡于 1997 年推出，主要是针对数码影像、音乐、手机、掌上电脑、电子书、玩具等产品，它把存储单元和控制器做到了卡上，所以很小。

安全数码卡（Secure Digital Memory Card，SD）于 1999 年 8 月开发研制。其重量只有 2 g，拥有高记忆容量、快速数据传输率、极大的移动灵活性以及很好的安全性，用于数码相机/手机等数码产品。

（2）U 盘。

U 盘又称闪盘，是闪存芯片与 USB 芯片结合的产物，具有体积较小，便于携带，系统兼容性好等特点，支持随时拔插，是最常用的移动存储设备。目前，U 盘的容量通常在 4~256 GB，可擦写达 100 万次，数据可保存 10 年。

U 盘通常使用 ABS 塑料或金属外壳，内部是一块小的印制电路板。由于没有机械设备，所以 U 盘的性能比较可靠。U 盘通过 USB 接口与计算机连接，即插即用，所需的电源也由 USB 接口连接供给。

U 盘在操作系统里面显示成区块式的逻辑单元，隐藏内部闪存所需的复杂细节，操作系统可以使用任何文件系统或是区块寻址的方式，也可以制作启动 U 盘来引导计算机。

需要注意的是，U 盘的存储原理和硬盘有很大不同，不要进行碎片整理；U 盘也没有"回收站"，其上的文件删除是直接进行的，所以需要进行文件的备份。

（3）移动硬盘。

移动硬盘具有容量大，兼容性好，可即插即用，速度快，体积小，安全可靠性好等特点，是常用的移动存储设备。

移动硬盘主要由外壳、电路板（包括控制芯片以及数据和电源接口）和硬盘 3 个部分组成。外壳一般是铝合金或塑料材质，起到抗压、抗震、防静电、防摔、防潮、散热等作用；控制芯片控制移动硬盘的读/写性能；硬盘用于信息存储，容量为 320 GB~12 TB。

移动硬盘大多采用 USB、IEEE 1394、eSATA 接口，能提供较高的数据传输速率。

移动硬盘在使用时，应该注意以下几点：要尽量缩短其工作的时间，不要把移动硬盘当 U 盘用；不要进行磁盘碎片整理；不要混用供电线，因为电压的不同，易造成移动硬盘损坏；更重要的一点是，移动硬盘也和硬盘一样，害怕震动，要先退后拔。

2.3.4　总线

微型计算机的核心是 CPU，CPU 需要与其他部件和外部设备相连。如果所有的相连部分都分别设计一组线路，那么连线将会错综复杂。为了简化硬件电路的设计和系统的结构，微型计算机常用一组共用的线路，再配置适当的接口电路与各部件和外部设备相连，这组共用的线路称为总线（Bus）。

总线结构是微型计算机硬件结构的一个显著特点，总线是 CPU、内存、输入/输出设备之间传递信息的公用通道。

总线包括内部总线、系统总线和外部总线。内部总线是微型计算机内部各芯片与处理器之间的总线，是芯片一级的互连；系统总线是微型计算机中各插件板与系统板之间的总线，是插件板一级的互连；外部总线是微型计算机和外部设备之间的总线，是设备一级的互连。

1. 内部总线

内部总线是一种内部结构，它将处理器的所有结构单元内部相连，其宽度可以是 8、16、32、64 或 128 位。例如在 CPU 内部，寄存器之间、算术逻辑部件与控制部件之间传输数据所用的总线被称为片内总线。

比较流行的内部总线有 I2C 总线、SPI 总线、SCI 总线。

1）I2C 总线

I2C（Inter-Integrated Circuit）总线是在微电子通信控制领域广泛采用的一种新型总线标准，具有接口线少，控制方式简化，器件封装形式小，通信速率较高等优点。

2）SPI 总线

串行外部设备接口（Serial Peripheral Interface，SPI）总线技术是由 Motorola 公司推出的同步串行接口。Motorola 公司生产的绝大多数微控制器（Micro-Controller Unit，MCU）都配有 SPI 硬件接口。

3）SCI 总线

串行通信接口（Serial Communication Interface，SCI）也是由 Motorola 公司推出的。它是一种通用异步通信接口 UART，与 MCS-51 的异步通信功能基本相同。

2. 系统总线

系统总线是连接计算机系统的主要组件。系统总线上传输的信息包括数据信息、地址信息、控制信息。因此，系统总线包括数据总线（DB）、地址总线（AB）和控制总线（CB），分别用来传输数据、数据地址和控制信号。

1）数据总线（DB）

数据总线（Data Bus，DB）用于传输数据信息。数据总线是双向（可以两个方向传输）三态形式（0、1 和第三态 Tri-state）总线。数据总线既可以把 CPU 的数据传输到存储器或 I/O 接口等其他部件，也可以将其他部件的数据传送到 CPU。数据总线的位数是微型计算机的一个重要指标，通常与 CPU 的字长相一致。

2）地址总线（AB）

地址总线（Address Bus，AB）是专门用来传输地址的。由于地址只能从 CPU 传向外部存储器或 I/O 接口，所以地址总线是单向三态的。地址总线的位数决定了 CPU 可直接寻址的内存空间大小，如今主流的计算机都是 64 位的处理器，有 40 根地址线，可寻址 $2^{40}=1$ TB 的存储空间。在很长一段时间内这个存储空间是用不完的。

3）控制总线（CB）

控制总线（Control Bus，CB）用来传输控制信号和时序信号。控制信号中，有的是 CPU 送往存储器和 I/O 接口电路的，如读/写信号、片选信号、中断响应信号等；有的是其他部件反馈给 CPU 的，如中断申请信号、复位信号、总线请求信号、设备就绪信号等。因此，控制总线的传输方向由具体控制信号而定，一般是双向的。控制总线的位数取决于 CPU。

微型计算机系统总线示意图如图 2-18 所示。

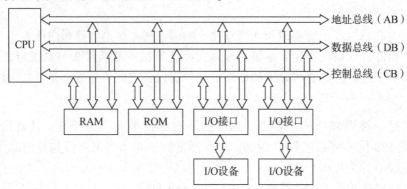

图 2-18　微型计算机系统总线示意图

3. 外部总线

外部总线是计算机和外部设备之间的总线。外部总线包括 RS-232-C 总线、RS-485 总线、IEEE-488 总线、USB 总线、ISA 总线、PCI 总线、PCI-Express 总线、AGP 总线等。

1）RS-232-C 总线

RS-232-C 是美国电子工业协会（Electronic Industries Association，EIA）制定的一种串行接口标准，一般用于 20 m 以内的通信。

2）RS-485 总线

RS-485 总线的通信距离为几十米到上千米，是串行总线。应用 RS-485 可以联网构成分布式系统，其最多允许并联 32 台驱动器和 32 台接收器。

3）IEEE-488 总线

EEE-488 总线是并行总线接口标准，用来连接微型计算机、显示器等设备。它按照位并行、字节串行双向异步方式传输信号，最多可连接 15 台设备，最大传输距离为 20 m，信号传输速度一般为 500 KB/s，最大传输速度为 1 MB/s。

4）USB 总线

通用串行总线（Universal Serial Bus，USB）是一种新型接口标准。它基于通用连接技术，实现外设的简单快速连接，达到使用方便、降低成本、扩展外设的目的。它可以为外设提供电源，最高传输速率可达 12 Mbit/s，比串口快 100 倍，比并口快 10 倍，而且 USB 还能支持多媒体。

5）ISA 总线

工业标准结构（Industry Standard Architecture，ISA）总线是 IBM 公司于 1981 年在 IBM PC/XT 计算机上采用的系统总线，20 世纪 90 年代初被 PCI 总线所取代。

6）PCI 总线

外围器中互连（Peripheral Component Interconnect，PCI）总线是由 Intel 公司推出的 32 位数据总线，且可扩展为 64 位。PCI 总线支持突发读/写操作，最大传输速率可达 132 Mbit/s，可同时支持多组外部设备。

7）PCI-Express 总线

PCI-Express 总线（简称 PCI-E）与 PCI 总线相比较，提升了系统总线的数据传输能力，是一种通用的总线规格，它由 Intel 公司提倡和推广，其最终的设计目的是取代现有计算机系统内部的总线传输接口，囊括了显示接口和 CPU、PCI、HDD、Network 等多种应用接口。

PCI-E 有多种不同速度的接口模式，包括了 1X、2X、4X、8X、16X 以及更高速的 32X 接口。PCIE 1X 模式的传输速率是 250 Mbit/s，8X、16X 的传输速率分别是其 8 倍和 16 倍，这大大提升了系统总线的数据传输能力。

8）AGP 总线

PCI 总线是独立于 CPU 的总线，可将显卡、声卡、网卡、硬盘控制器等高速的外部设备直接挂在 CPU 总线上，使 CPU 的性能能得到充分的发挥。但由于 PCI 总线只有 133 MB/s 的带宽，针对声卡、网卡、视频卡等绝大多数的输入/输出设备还可以，但针对 3D 显卡却力不从心。因此，AGP 总线作为 PCI 总线的补充就应运而生了。

加速图形接口（Accelerated Graphics Port，AGP）总线于 1996 年正式推出，是显卡专用的总线，依次推出了 AGP 2X、AGP 4X、AGP 8X 等，传输速度达到了 2.1 Gbit/s。

2.3.5 插槽

主板上总线扩展槽按功能分为主板电源插座（接口）、内存插槽、AGP 总线插槽、PCI 等。

1. 主板电源插座（接口）

目前主板中使用的电源插座主要是 ATX 电源插座。ATX 电源插座是一个长方形的 20 针双排电源接口。ATX 电源一加电，+5 V SB 针脚便输出高质量的+5 V 电压、100 mA 电流，提供给计算机主板开机电路中的部分芯片使用。

2. 内存插槽（接口）

内存插槽的类型决定了主板所支持的内存种类和容量。主板上的内存插槽一般有：SIMM 插槽和 DIMM 插槽两种，目前主要使用 DIMM 插槽。DIMM 插槽可以分为 SDRAM DIMM 插槽和 DDR DIMM 插槽两种，其中，SDRAM DIMM 插槽使用 168 线的接口，DDR DIMM 插槽使用 184 线的接口。

3. AGP 总线插槽（接口）

AGP 总线插槽是加速图形接口总线。AGP 总线直接与北桥芯片相连，可以大大提高传输速率以满足 3D 图像处理。

4. PCI 总线插槽（接口）

PCI 总线插槽是外部设备互连总线。

2.3.6 计算机常用接口

微型计算机接口是指计算机与其以外的设备进行通信时的连接方式，具体分为硬件接口和软件接口，这里介绍的是硬件接口。

硬件接口也称为硬设备接口，是计算机与外部设备之间通过总线进行连接的逻辑部件，如电缆接口、蓝牙接口、红外接口等。主板后置接口示意图如图 2-19 所示。

图 2-19 主板后置接口示意图

计算机常用接口有：液晶显示器接口、打印机接口、键盘和鼠标接口、USB 接口和其他外部接口。

1. 液晶显示器接口

如今微型计算机使用液晶显示器，液晶显示器的接口类型决定了图像传输的质量。常见的液晶显示器接口有 VGA、DVI、HDMI 等。

1）VGA 接口

视频图形阵列（Video Graphics Array，AGA）接口也称为 15 针 D 型接口，上面共有 15 个针脚，分成 3 排，每排 5 个，其中有一些是无用的，连接使用的信号线上也是空缺的，但是有完整的接触片。

VGA 接口的工作原理是首先将微型计算机内的数字信号转换为模拟信号发送到显示器，显示器再将该模拟信号转换为数字信号。现在大部分显示器都带有 VGA 接口。

2）DVI 接口

数字视频（Digital Visual Interface，DVI）接口是近年来随着数字化显示设备的发展而发展起来的一种显示接口。计算机直接以数字信号的方式将显示信息传输到显示设备中。DVI 接口分为两种，一种是 DVI-D 接口，只能接收数字信号；接口上只有 3 排 8 列共 24 个针脚，其中右上角的一个针脚为空，不兼容模拟信号；另外一种则是 DVI-I 接口，可同时兼容模拟信号和数字信号。

目前，在多数主板上一般只会采用 DVD-I 接口，可以通过转换接头连接到普通的 VGA 接口上。这种 DVI 接口多见于 21.5 寸以上的显示器。

采用 DVI 接口主要有以下两大优点：一是数字图像信息直接被传送到显示设备上，数据传输快，信号无衰减，色彩更纯净逼真；二是 DVI 接口无须进行转换，避免了信号的损失，使图像的清晰度和细节表现力都得到了大大提高。

3）HDMI

高清多媒体接口（High Definition Multimedia Interface，HDMI），可以同时传送音频和影音信号，非常适合用户连接大尺寸的液晶电视组建家庭影院。

目前主板和显卡上已经配备 HDMI 插座，只需要一条 HDMI 线，就可以提供高达 5 Gbit/s 的数据传输带宽，可以传送无压缩的音频信号及高分辨率视频信号。如今高清有线电视信源以及数字视频变换盒（Set Top Box，STB）信源都使用 HDMI。液晶显示器接口如图 2-20 所示。

除了以上 3 种常见的接口外，还有 ADC 接口，这是苹果显示器的专用接口，其最大的特点是数据线和电源线合一了。

图 2-20　液晶显示器接口

（a）VGA 接口；（b）DVI 接口；（c）HDMI

2. 打印机接口

使用 LPT 接口、COM 接口和 USB 接口可以连接打印机。COM 接口是用在针式打印机和激光打印机上的，USB 接口是用在喷墨打印机和激光打印机上的。

1）LPT 接口

机箱后面最长的梯形接口就是 LPT 接口，其全是针眼插孔，即雌头。LPT 接口又称并行接口，简称并口，是一种增强了的双向并行传输接口。在 USB 接口出现以前，LPT 接口是打印机、扫描仪的专用端口，其特点是设备容易安装，但是打印速度比较慢。

2）COM 接口

COM 接口也是打印机接口，机箱后面较 LPT 接口短一些的就是 COM 接口，其全是突出的针眼，即雄头，通常是 9 针，也有 25 针的接口，最大速率为 115 200 bit/s。

COM 接口是串行通信接口，简称串口，是用在针式打印机和激光打印机上的接口。COM 接口逐渐会被 USB 接口取代，所以主流主板一般都只带一个串口，甚至不带。

3）USB 接口

打印机上还有一种接口是 USB 接口。USB 接口通常是用在喷墨打印机上的，不过激光打印机上也有 USB 接口。

USB 接口的优点是支持热拔插，允许用户在不关闭系统、不切断电源的情况下进行设备拔插，并且 USB 接口的扫描频率要高很多，响应速度更快，只不过这种速度差异我们平时感觉不出来。

打印机接口如图 2-21 所示。

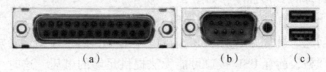

图 2-21　打印机接口

（a）LPT 接口；（b）COM 接口；（c）USB 接口

3. 键盘和鼠标接口

键盘和鼠标接口是指键盘和鼠标与微型计算机之间相连接的接口方式或类型。常见的键盘和鼠标接口有两种：PS/2 接口和 USB 接口。

1）PS/2 接口

PS/2 接口是 ATX 主板上的标准接口，因最早用在 IBM 公司的 PS/2 机器上而得名，是鼠标和键盘的专用接口。

PS/2 接口是 6 针的圆形接口，但键盘只使用其中的 4 针传输数据和供电，其余 2 针为空脚。键盘和鼠标都可以使用 PS/2 接口，但是按照"PC99 颜色规范"（即个人电脑颜色规范），鼠标通常占用浅绿色接口，键盘占用紫色接口。两个颜色的接口虽然从针脚定义和工作原理上是相同的，但这两个接口还是不能混插，这是由它们在计算机内部不同的信号定义所决定的。PS/2 接口如图2-22所示。

图 2-22　PS/2 接口

2）USB 接口

USB 接口支持热插拔，已经成为 U 盘、移动硬盘等移动存储工具的最主要的接口方式，键盘和鼠标也有 USB 接口。

带有 USB 接口和 PS/2 接口的键盘和鼠标在使用方面差不多，由于 USB 接口支持热插拔，因此使用可能方便一些，但是计算机底层硬件对 PS/2 接口支持得更完善一些，因此使用 PS/2 接口虽然不支持热拔插，但是兼容性会更好。键盘和鼠标的 PS/2 接口和 USB 接口之间可以通过转换接头或转接线实现转换。

4. USB 接口

USB 接口使用通用串行总线接口技术，是现在应用最为广泛的接口。USB 接口可以独立供电，传输速度快，支持热插拔，设备连接方便灵活。

通过 USB 接口可以连接的设备有 U 盘、键盘、鼠标、摄像头、移动硬盘、外置光驱、USB 网卡、打印机、手机、数码相机等。USB 已经有三代连接标准，分别为 1996 年推出的第一代 USB 1.0/1.1，其最大传输速率为 12 Mbit/s；2002 年推出的第二代 USB 2.0，其最大传输速率为 480 Mbit/s；2008 年推出的第三代 USB 3.0，其最大传输速率为 5 Gbit/s 并向下兼容 USB 2.0。

需要注意的是，USB 3.0 是在 USB 2.0 的基础上新增了一对纠错码，所以其全速只有 500 Mbit/s。因此，虽然带有 USB 3.0 插槽的主板已经普及，价格也非常低，但是采用 USB 3.0 的设备目前还不多，普通用户只能把 USB 3.0 插槽当作 USB 2.0 插槽来用。USB 3.0 接口在开始时采用蓝色的基座用以区别 USB 2.0，现在已经出现了其他颜色。

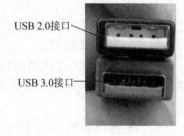

USB 2.0接口

USB 3.0接口

图 2-23　USB 接口

USB 接口使用特殊的 D 形插座，如图 2-23 所示。

有时将 U 盘或移动硬盘接入微型计算机，会出现微型计算机无法识别等问题。最常见的是 USB 接口电压不足。由于移动设备功率较大，所以要求的电压相对比较严格，前置 USB 接口可能无法提供足够的电压，这时可以尝试使用机箱的后置 USB 接口。

如果出现 USB 接口被禁用问题，解决方法是开启与 USB 设备相关的选项。

有的移动设备需要使用相应的驱动程序，并安装其相关驱动，如果未能解决或没能跳过，那么系统就会一直试图去检查，其后续设备就会受影响。解决这个问题的方法是把排在这个外部设备之前的其他硬件处理掉。

5. 其他外部接口

除上述接口外，计算机还有其他外部接口，如 eSATA 接口、IEEE 1394 接口、RJ-45 接口、音频接口和 S 端子。

1）eSATA 接口

eSATA(External Serial ATA)接口是一种外置的外部串行 ATA 接口，接口本身不供电，所以需要外接电源。它通过特殊设计的接口能够很方便地与普通 SATA 硬盘相连，可以在机箱外连接 SATA 硬盘。eSATA 接口使用的依然是主板的 SATA 总线资源，因此速度上不会受到 PCI 等传统总线带宽的束缚，速度比 USB 2.0 和 IEEE 1394 接口要快。eSATA 接口如图 2-24 所示。

图 2-24　eSATA 接口

2）IEEE 1394 接口

IEEE 1394 接口是苹果公司开发的串行标准接口，支持外设热插拔。IEEE 1394 接口可为外设提供电源，能连接多个不同设备，支持同步数据传输。由于 IEEE 1394 的数据传输速率相当快，因此其十分适合视频影像的传输。

IEEE 1394 接口有两种标准：一种是 IEEE 1394A 接口，又称 Firewire 接口，它的数据传输速率理论上可达到 400 Mbit/s，所能支持的线长理论上可达到 4.5 m，可以支持多达几十种设备，例如目前 IEEE 1394 接口的移动硬盘就是使用 IEEE 1394A 接口；另外一种是 IEEE 1394B 接口，其传输速率理论上可达到 800 Mbit/s。IEEE 1394 接口如图 2-25 所示。

图 2-25　IEEE 1394 接口

3）并口与串口

计算机和外部设备以及其他终端是通过数据传输进行通信的。在数据通信中，按每次传输的数据位数，通信方式可分为并行通信和串行通信。并行与串行的区别是交换信息的方式不同。

（1）并口。

并口能同时通过 8 根数据线来传输信息，一次可以传输一个字节，所以传送速度较快。但并行通信使用的数据线多、成本高，故不宜进行远距离通信，一般距离小于 30 m。计算机内部总线就是以并行方式传送数据的，前面介绍的 LPT 接口就是典型的并口。

（2）串口。

串口只能用一根数据线传输一位数据，每次只能传输一个字节中的一位，其传送速度较慢。串行通信的优点是可进行从几米到几千千米的长距离传输，被广泛应用于长距离通信。

总之，并口速度明显高于串口，但串口比并口数据传输得更远。

并口与串口如图 2-26 所示。

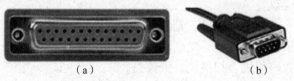

图 2-26　并口与串口

（a）并口；（b）串口

4）RJ-45 接口

计算机网络的 RJ-45 接口是标准 8 位模块化接口，由插头（接头、水晶头）和插座（模块）组成，插头有 8 个凹槽和 8 个触点。

主板上的板载网络接口几乎都是 RJ-45 接口。RJ-45 是 8 芯线，应用于以双绞线为传输介质的以太网中。这部分知识在本书后续部分会有详细介绍。RJ-45 接口如图 2-27 所示。

5)音频接口

目前主板后置音频接口常见的有8声道(6个3.5 mm插孔)和6声道(只有前3个3.5 mm插孔)两种。音频接口如图2-28所示。

图2-27　RJ-45接口　　　　　　　　　　　图2-28　音频接口

插孔的功能如下。

浅蓝色：音源输入端口，是连接录音机、音响等设备的音频输出端。

草绿色：音频输出端口，可连接耳机、音箱等音频接收设备。

粉红色：麦克风端口。

橙色：中置或重低音音箱端口。

黑色：后置环绕音箱端口。

灰色：侧边环绕音箱端口。

另外，几乎所有的数字影音设备都具备光纤音频接口，用来接高档次的音箱产品。

6)S端子

S端子的全称为S-Video，是视频信号专用输出接口，将视频数据分成两个单独信号(光亮度和色度)进行发送。S端子支持480i或576i分辨率。

2.3.7　输入/输出设备

1. 输入设备

输入设备(Input Device)是用来将用户输入的原始信息转换为计算机能够识别接受的形式并存入内存的设备。常用的输入设备有以下几类。

字符输入设备：键盘。

光学阅读设备：光学标记阅读机、光学字符阅读机。

图形输入设备：鼠标、操纵杆、光笔。

图像输入设备：数码相机、扫描仪、摄像头。

模拟输入设备：语言模数转换识别系统。

1)键盘

键盘(Keyboard)是计算机的重要输入设备，也是计算机与外界交换信息的主要途径，通常有104键，分为主键盘区、数字键区、功能键区和编辑键区。

键盘多采用USB接口或无线方式与主机相连。随着用户层次的多样化，键盘的发展趋势是：具有多媒体功能键，如上网快捷键、音量开关键等；更符合人体工程学。

2)鼠标

鼠标是增强键盘输入功能的重要设备，利用它可以快捷、准确、直观地使光标在屏幕上定位。对于屏幕上较远距离光标的移动，用鼠标远比用键盘方便，同时鼠标有较强的绘图能力，是视窗操作系统环境下必不可少的输入工具。目前，鼠标大多采用 USB 接口或无线方式与主机相连。键盘和鼠标如图 2-29 所示。

现在大多数高分辨率的鼠标都是光电鼠标，其他还有采用激光引擎、蓝影引擎的鼠标，分别称为激光鼠标和蓝影鼠标。

激光鼠标适用于竞技游戏；蓝影鼠标则在拥有激光鼠标快速反应性能的同时，兼具了光电鼠标强大兼容性的特点。

图 2-29 键盘和鼠标

工作在 4G 频段的 4G 无线鼠标具有更高分辨率(鼠标每移动一英寸能准确定位的最大信息数)，感应性更好。

蓝影引擎(Blue Track)是微软于 2008 年 9 月推出的引擎技术，是传统光学引擎与激光引擎相结合的技术，使用的是可见的蓝色光源。它可以适应的桌面非常广，如地毯、大理石桌面等，同时游戏反应速度强，称为"第三代鼠标引擎技术"。

3）其他输入设备

其他输入设备还有扫描仪、条形码阅读器、手写笔、摄像头等，如图 2-30 所示。

扫描仪是图像和文字的输入设备，可以将图形、图像、文本或照片等直接输入计算机。扫描仪的主要技术指标有分辨率(每英寸扫描所得的像素点数)、灰度值或颜色值、扫描速度等。

条形码阅读器是用来扫描条形码的装置，可以将不同宽度的黑白条纹转换成对应的编码输入计算机。

手写笔一般由两部分组成，一部分是与计算机相连的写字板，另一部分是在写字板上写字的笔。手写板上有连接线，接在计算机的串口，有些还要使用键盘孔获得电源，即将其上面的键盘口的一头接键盘，另一头接计算机的 PS/2 输入口。

人脸识别技术是如今的热门话题，是一种基于人的脸部特征信息进行身份识别的生物识别技术。用摄像机或摄像头采集含有人脸的图像或视频流，并自动在图像中检测和跟踪人脸，进而对检测到的人脸进行脸部识别。

（a） （b） （c） （d）

图 2-30 其他输入设备

（a）扫描仪；（b）条形码阅读器；（c）手写笔；（d）摄像头

2. 输出设备

输出设备(Output Device)是计算机硬件系统的终端设备，用于接收计算机的数据并输出显示、打印，以及输出声音和控制外部设备操作等，同时把各种计算结果数据或信息以数字、字符、图像、声音等形式表现出来。常见的输出设备有显示器、打印机、绘图仪、投影仪等。

1）显示器

显示器按工作原理可分为阴极射线管(Cathode Ray Tube，CRT)显示器、液晶显示器(Liquid Crystal Display，LCD)、等离子显示器(Plasma Display Panel，PDP)等，是计算机必

备的输出设备，如图 2-31 所示。

显示器的主要技术指标有以下几个。

(1)屏幕尺寸。

屏幕尺寸用屏幕对角线尺寸来度量，以英寸为单位，如 19 英寸、20 英寸等。

(2)点距。

显示器所显示的图像和文字都是由"点"组成的，即像素(Pixel)。点距就是屏幕上相邻两个像素点之间的距离。点距是决定图像清晰度的重要指标，点距越小，图像越清晰。

(3)分辨率。

分辨率是显示器屏幕上每行和每列所能显示的像素点数，用"横向点数×纵向点数"表示，如 1 024×768、1 920×1 200 等。图像的分辨率越高，显示效果越清晰。高清晰度的图像在低分辨率的显示器上是无法全部显示的。

图 2-31　显示器

显示器通过显卡与主机相连。显卡又称显示适配器，它将 CPU 传输过来的影像数据处理为显示器可以接收的格式，再送到显示屏上形成影像，其外观如图 2-32 所示。为了加快显示速度，显卡中配有显示存储器，当前主流的显卡内存容量为 1 GB 或 2 GB。

2)打印机

打印机是计算机常用的输出设备，现在的打印机主要通过 USB 接口与主机连接。

根据打印方式，可将打印机分为击打式打印机和非击打式打印机。击打式打印机主要是针式打印机，又称点阵打印机，其结构简单，打印的耗材费用低，特别是可以进行多层打印。目前，针式打印机主要用于票据的打印上。

非击打式打印机有喷墨打印机和激光打印机。这类打印机的优点是分辨率高、无噪声、打印速度快；缺点是耗材贵。其中彩色喷墨或彩色激光打印机还可以打印彩色图形。

3D 打印机是快速成型技术的一种机器，它适合小规模个性化的打印。它以数字模型文件为基础，运用粉末状金属或塑料等可黏合材料，通过逐层打印的方式来构造物体。3D 打印机可以应用到任何行业，如国防科工、医疗卫生、建筑设计、家电电子、配件饰品等。目前受价格、原材料、行业标准等因素影响，3D 打印机的发展存在一定瓶颈。

打印机如图 2-33 所示。

(a)　　　　　　(b)　　　　　　(c)　　　　(d)

图 2-32　显卡　　　　　　　图 2-33　打印机
(a)针式打印机；(b)喷墨打印机；(c)激光打印机；(d)3D 打印机

3）绘图仪

绘图仪是输出图形的主要设备。绘图仪在绘图软件的支持下可以绘制出复杂、精确的图形，是各种计算机辅助设计（CAD）系统不可缺少的工具。

绘图仪的性能指标主要有绘图笔数、图纸尺寸、打印分辨率、打印速度、绘图语言等。绘图仪如图 2-34 所示。

4）投影仪

投影仪，又称投影机，是一种可以将图像或视频投射到幕布上的输出设备。投影仪可以通过不同的接口同计算机、影音光碟（Video Compact Disc，VCD）、DVD、BD、游戏机、数码摄像机（Digital Video，DV）等相连接，播放相应的视频信号。

投影仪有着广泛的应用，根据工作方式的不同，可分为 CRT、LCD、DLP 等不同类型。

（1）按应用环境分类，投影仪可分为家庭影院型投影仪、便携商务型投影仪、教育会议型投影仪、主流工程型投影仪、专业剧院型投影仪等。

（2）按使用方式分类，投影仪可分为台式投影仪、便携式投影仪、落地式投影仪、反射式投影仪、透射式投影仪、多功能投影仪、智能投影仪、触控互动投影仪等。

（3）按接口类别分类，投影仪可分为 VGA 接口投影仪、HDMI 接口投影仪、带网口投影仪等。

投影仪的主要性能指标有光输出、水平扫描频率、垂直扫描频率、视频带宽、分辨率、CRT 的聚焦性能、会聚等。

投影仪工作原理示意图如图 2-35 所示。

图 2-34　绘图仪　　　　　　　　图 2-35　投影仪工作原理示意图

3. 输入输出设备

同一设备既可以输入信息到计算机，又可以将计算机内的信息输出，称为输入输出设备。常见的输入输出设备有外部存储设备、触摸屏、通信设备等。

1）外部存储设备

外部存储设备指硬盘、U 盘、移动硬盘等，这些设备既可以是输入设备，也可以是输出设备。

2）触摸屏

触摸屏（Touch Panel）又称"触控屏""触控面板"，是一种可接收触头等输入信号的感应式液晶显示装置。当接触了屏幕上的图形按钮时，屏幕上的触觉反馈系统可根据预先编辑的程序驱动各种连接装置，通过液晶显示画面制造出生动的影音效果。

触摸屏作为一种最新的输入设备，简单方便，是应用最为普遍的人机交互方式。它赋予了多媒体以崭新的面貌，是极富吸引力的全新多媒体交互设备。它通过用户手指在屏幕上的触摸来模拟鼠标的操作，在智能手机、平板电脑等电子产品中广泛应用。

触摸屏按工作原理和传输信息的介质，分为电阻屏、电容屏、红外屏和超声屏，当前智能手机通常采用多点触控的电容屏。

可弯曲显示触摸屏是触摸屏的发展趋势，这种触摸屏可以任意折叠弯曲，手机、智能手表、头戴式智能眼镜等都需要用到可弯曲显示触摸屏。可弯曲显示触摸屏如图2-36所示。

图 2-36　可弯曲显示触摸屏

3）通信设备

通信设备（Industrial Communication Device）是用于有线通信和无线通信的设备。

这里的通信设备是指计算机的外部设备，主要指网络通信网桥、网卡等设备。这部分知识后续会有专门的介绍。

2.4　计算机软件系统

计算机软件系统是计算机系统的重要组成部分，是联系硬件系统与用户间的一座桥梁，计算机硬件系统和软件系统共同构成了一个完整的计算机系统。

2.4.1　软件与软件系统

计算机软件是运行在计算机上的程序、运行程序所需的数据以及相关文档的总称，包括系统软件和应用软件。

系统软件是指管理计算机资源、分配和协调计算机各部分工作、使用户能方便地使用计算机而编制的程序。常用的系统软件有操作系统、计算机语言处理程序、数据库管理程序等。

系统软件控制和协调计算机及外部设备，支持应用软件开发和运行，主要负责管理计算机系统中各种独立的硬件，使它们可以协调工作。

应用软件是用户为了解决某些特定问题而开发、研制或外购的程序。应用软件需要在系统软件的支持下运行，如文字处理、图形处理、动画设计、网络应用等软件。

随着计算机技术的不断发展，系统软件与应用软件的划分并不很严格，例如有些常用的应用软件已经被集成到操作系统中。

2.4.2　系统软件

系统软件是软件中最靠近硬件的一层，是计算机系统必备的软件，其他软件都是经过系统软件才发挥作用的。系统软件的功能主要是用来管理、监控和维护计算机的资源，以及用于开发应用软件。它主要包括操作系统、程序设计语言、语言处理程序、数据库和工具软件。

1. 操作系统

操作系统是系统软件的核心，是最基本的系统软件。操作系统是计算机用户和计算机硬件之间起媒介作用的程序，其目的是提供用户运行程序的环境，使用户在此环境下能方便、有效地使用计算机的软、硬件资源。

操作系统是直接运行在裸机之上的，是对计算机硬件系统的第一次扩充。从用户的角度来看，计算机硬件系统加上操作系统就形成了一台虚拟机（通常指广义上的计算机），它为用户构成了一个方便、有效、友好的使用环境。因此可以说，操作系统是计算机硬件与其他软件的接口，也是用户和计算机的接口。计算机系统的层次结构参见图2-2。

计算机诞生时是没有操作系统的，人们需要通过各种按钮来控制计算机。不久出现了汇编语言，人们可以通过有孔的纸带将程序和数据输入计算机。但是，这些程序只能专人专机使用，不利于程序和设备的应用。操作系统的诞生是计算机软件发展史上的重要成就之一。

一般而言，引入操作系统有以下两个目的：一是将裸机改造成一台虚拟机，使用户能够无须了解更多硬件和软件的细节就能使用计算机，从而提高用户的工作效率；二是合理地使用系统内所包含的各种软、硬件资源，从而提高整个计算机系统的使用效率。

1）操作系统的发展

操作系统与其所运行的计算机体系结构联系非常密切，操作系统的发展经历了以下5个阶段。

（1）第一代（1946—1955年）：无操作系统。

早期的计算机没有操作系统，使用的语言是机器语言，输入/输出用的是纸带或卡片，计算机的主要功能是用于科技计算（简单运算）。

（2）第二代（1955—1965年）：单道批处理系统。

单道批处理系统的内存中只允许存放一个作业。作业的执行是先进先出，即按顺序执行的。为此，通常是把一批作业以脱机方式输入磁带，并在系统中配上监督程序（Monitor）控制计算机，使这批作业能一个接一个地连续处理。

（3）第三代（1965—1980年）：多道批处理系统、分时操作系统、实时系统。

单道批处理系统是一个作业独占系统资源，CPU利用率较低。多道批处理系统则是成批地把作业存放在外存中，组成一个后备作业队列，系统按一定的调度原则每次从后备作业队列中选取一个或多个作业进入内存运行，作业执行的次序与进入内存的次序无严格的对应关系，而是通过作业调度算法来使用CPU。一个作业在等待I/O处理时，CPU会调度另外一个作业运行，从而在系统中形成一个自动转接的、连续的作业流，显著地提高了CPU的利用率。多道批处理系统的缺点是延长了作业的周转时间，用户不能进行直接干预，缺少交互性，不利于程序的开发与调试。

分时操作系统是一种联机的多用户交互式的操作系统，它把计算机与许多终端用户连接起来。分时操作系统将系统处理机时间与内存空间按一定的时间间隔，轮流地切换给各终端用户的程序使用，对每个用户能保证足够快的响应时间，并提供交互会话能力，每个用户感觉就像其独占计算机一样。分时操作系统的特点是对用户的请求响应及时，并在可能条件下尽量提高系统资源的利用率。

实时系统是指能及时响应外部事件的请求，在规定的时间内完成对该事件的处理，并控制所有实时任务协调一致地运行的计算机系统。实时系统有硬实时和软实时之分，硬实时要求在规定的时间内必须完成操作，这是在操作系统设计时保证的；软实时则只要按照任务的优先级，尽可能快地完成操作即可。我们通常使用的操作系统在经过一定改变之后就可以变成实时系统。

（4）第四代（1980—1990年）：通用操作系统。

通用操作系统是具有多种类型操作特征的操作系统，可以同时兼有（或两种以上）多道批处理、分时处理、实时处理的功能。

（5）后四代（1990年至今）：网络操作系统、分布式操作系统、嵌入式操作系统。

网络操作系统是在通常操作系统功能基础上提供网络通信和网络服务功能的操作系统。

分布式操作系统是以计算机网络为基础的，将物理上分布的具有自治功能的数据处理系统或计算机系统互连起来的操作系统。

嵌入式操作系统是运行在嵌入式智能芯片环境中，对整个智能芯片以及它所操作、控制的各种部件装置等资源进行统一协调、处理、指挥和控制的系统软件。

2）操作系统的分类

操作系统种类繁多，功能差异很大，有各种不同的分类标准。

（1）按与用户对话的界面分类，操作系统可分为命令行界面操作系统（如 MS-DOS、Novell 等）和图形用户界面操作系统（如 Windows、Mac OS 等）。

（2）按系统的功能分类，操作系统可分为批处理系统、分时操作系统、实时系统、个人计算机操作系统、网络操作系统和智能手机操作系统等。

3）操作系统简介

下面按系统的功能分类对操作系统进行介绍。

（1）批处理系统。批处理系统现在已经不多见。在批处理系统中，用户可以把作业一批一批地输入系统。它的主要特点是允许用户将由程序、数据以及说明如何运行该作业的操作说明书组成的作业一批一批地提交给系统，在作业运行过程中不再与作业发生交互作用，直到作业运行完毕。

（2）分时操作系统。分时操作系统的主要特点是将 CPU 的时间划分成时间片，轮流接收和处理各个用户从终端输入的命令。由于计算机具有运算速度快和可以并行运算的特点，所以每个用户都感觉计算机被其独占。典型的分时操作系统有 UNIX、Linux 等。

（3）实时系统。实时系统的主要特点是输入、计算和输出都能在一定的时间范围内完成。其响应时间的长短，依据其具体应用对计算机系统的实时性要求而定。

实时系统根据应用领域的不同，又可分为实时控制系统（如导弹发射系统、飞机自动导航系统）和实时信息处理系统（如机票订购系统、联机检索系统）。

（4）个人计算机操作系统。个人计算机操作系统是一种运行在个人计算机上的单用户多任务操作系统，其主要特点是计算机在某个时间内为单个用户服务。目前，个人计算机操作系统都采用图形用户界面，界面友好、使用方便，用户无须专门学习就能快速熟练操纵机器。目前常用的个人计算机操作系统有 Windows 系列操作系统、苹果系列计算机操作系统 Mac OS 和 Linux 操作系统。

（5）网络操作系统。网络操作系统是在单机操作系统的基础上发展起来的，能够管理网络通信和网络上的共享资源，协调各个主机上任务的运行，并向用户提供统一、高效、方便易用的网络接口的操作系统。目前常用的网络操作系统有美国微软公司研发的 Windows 系列操作系统、源代码开放的 Linux 操作系统、以命令方式进行操作的 UNIX 操作系统。

（6）智能手机操作系统。智能手机操作系统有良好的用户界面，有很强的应用扩展性，安装和删除应用程序都很方便。目前常用的智能手机操作系统有 Android（安卓）、iOS、鸿蒙系统（HarmonyOS）等。

4）操作系统的特点

操作系统具有方便性、有效性、可扩充性和开放性的特点。

（1）方便性。操作系统向用户提供了一个方便的、良好的、一致的用户接口。

（2）有效性。在计算机系统中包含各类资源，如何合理有效地组织这些资源是设计操作系统的主要目标之一。操作系统能充分、合理地使用计算机的各种软、硬件资源，按照用户需要和一定规则对资源进行分配、控制和回收，以便高效地向用户提供各种性能优良的服务。

（3）可扩充性。计算机硬件和体系结构都在飞速发展，操作系统必须具有很好的可扩充性以适应这种发展的要求。目前的操作系统都采用模块化的结构，其模块可以增加和修改。由于C语言具有方便、高效、代码紧凑等特点，对系统的阅读和修改又很方便，所以大部分操作系统是用C语言编写的。

（4）开放性。操作系统的开放性就是实现应用程序的可移植性和互操作性。用C语言编写的操作系统不依赖于具体机器，所以更易于移植。

5）操作系统的层次结构

从操作系统对硬件资源和软件资源进行控制及管理的角度来看，操作系统从内到外分为系统层、管理层和应用层。

（1）系统层。系统层在内层，具有初级中断处理、外部设备驱动、CPU调度以及实时进程控制和通信等功能。

（2）管理层。管理层在中间层，功能包括存储管理、I/O处理、文件存取、作业调度等。

（3）应用层。应用层在最外层，是接收并解释用户命令的接口。

6）操作系统的功能

为了使计算机系统能协调、高效和可靠地进行工作，也为了给用户提供一种方便友好地使用计算机的环境，在计算机操作系统中，通常都设有处理器管理、存储器管理、设备管理、文件管理、作业管理等功能模块，它们相互配合，共同完成操作系统既定的全部职能。

（1）处理器管理。处理器管理也称为进程管理，其最基本的功能是处理中断事件，另一个功能是处理器调度。这里涉及的进程、进程管理、中断等概念，后文介绍。

（2）存储器管理。存储器管理主要是指针对内存的管理，主要任务是分配内存空间，保证各作业占用的存储空间不发生矛盾，并使各作业在自己所属存储区中不互相干扰。

（3）设备管理。设备管理是指负责管理各类外部设备，包括分配、启动和故障处理等，主要任务是当用户使用外部设备时，必须提出要求，待操作系统进行统一分配后方可使用。当用户的程序运行到要使用某外部设备时，由操作系统负责驱动外设。操作系统还具有处理外部设备中断请求的能力。

（4）文件管理。文件管理是指操作系统对信息资源的管理。在操作系统中，将负责存取的管理信息的部分称为文件系统。文件是在逻辑上具有完整意义的一组相关信息的有序集合，每个文件都有一个文件名。文件管理支持文件的存储、检索和修改等操作，以及文件的保护功能。操作系统一般都提供功能较强的文件系统，有的还提供数据库系统来实现信息的管理工作。

（5）作业管理。每个用户请求计算机系统完成的一个独立的操作称为作业。作业管理包括作业的输入和输出、作业的调度与控制（根据用户的需要控制作业运行的步骤）。

7）操作系统的相关概念

（1）进程。进程是系统进行资源分配和调度的基本单位。进程和程序密切相关，程序是指令、数据及其组织形式的集合；进程是程序的实体。

程序是静态的，可以被执行多次，每执行一次，系统就创建了一个进程。程序被加载到内存中，系统就创建一个进程，程序执行结束，该进程也就消亡，所以进程是动态的。

Windows 操作系统中的任务管理器可以提供有关计算机性能的信息，并显示计算机上所运行的程序和进程的详细信息。Windows 11 的任务管理器中有"进程""性能""应用历史记录""启动""用户""详细信息""服务"7 个选项卡，如图 2-37 所示为 Windows 11 任务管理器"性能"选项卡。可以看到当时有 196 个进程正在运行，通过任务管理器中的"进程"选项卡，可以看到当前内存中的进程情况，如图 2-38 所示。

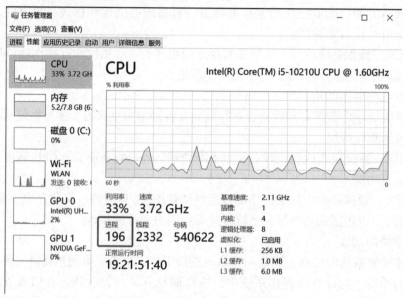

图 2-37　Windows 11 任务管理器"性能"选项卡

名称	状态	15% CPU	64% 内存	0% 磁盘	0% 网络	2% GPU	GP
应用 (6)							
> ⬡ Internet Explorer		0%	187.7 MB	0 MB/秒	0 Mbps	0%	
> ⬡ Microsoft PowerPoint		0%	195.1 MB	0 MB/秒	0 Mbps	0%	
> ⬡ Microsoft Word (2)		0%	341.7 MB	0 MB/秒	0 Mbps	0%	
> ⬡ Windows 资源管理器 (2)		1.0%	56.5 MB	0 MB/秒	0 Mbps	0%	
⬡ WXWork.exe (32 位) (2)		0.3%	73.5 MB	0.1 MB/秒	0 Mbps	0%	
> ⬡ 任务管理器 (2)		0.7%	35.4 MB	0 MB/秒	0 Mbps	0%	
后台进程 (83)							
> ⬡ AD15.tmp (32 位)		0%	0.3 MB	0 MB/秒	0 Mbps	0%	
> ⬡ Antimalware Service Executa...		0%	4.7 MB	0 MB/秒	0 Mbps	0%	
> ⬡ AppHelperCap.exe		0%	1.4 MB	0 MB/秒	0 Mbps	0%	
⬡ COM Surrogate		0%	0.1 MB	0 MB/秒	0 Mbps	0%	

图 2-38　Windows 11 任务管理器"进程"选项卡

（2）进程的 3 个基本状态。进程在其整个生命周期中有就绪、运行和阻塞 3 个基本状态。

就绪状态是指进程已获得除 CPU 以外的所需资源，只是在等待分配处理器资源。只要被分配了 CPU 资源，进程就可从就绪状态转换到运行状态。就绪状态可以按多个优先级来划分队列。例如，当一个进程由于时间片用完进入就绪状态时就排入低优先级队列，而如果是由 I/O 操作进入就绪状态时就排入高优先级队列。

运行状态是指进程占用了 CPU 资源。在单 CPU 系统中只能有一个进程处于运行状态，而在多 CPU 系统中可有多个进程处于运行状态。

阻塞状态是指系统由于进程等待某种条件（如 I/O 操作或进程同步），在条件满足之前无法继续执行。该事件发生前即使将 CPU 资源分配给该进程，该进程也无法继续运行。

在运行期间，进程不断地从一个状态转换到另一个状态。例如，处于就绪状态的进程被分配了 CPU 资源后就可以转换为运行状态。处于运行状态的进程，因时间片用完可转回就绪状态；因为需要等待 I/O 请求，则可转为阻塞状态。处于阻塞状态的进程因 I/O 请求完成，可转换为就绪状态。进程的状态及其转换如图 2-39 所示。

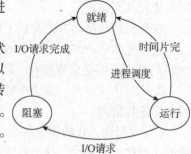

图 2-39　进程的状态及其转换

（3）程序。程序是代码的指令序列，由数据结构、算法和一种程序设计语言构成。软件就是经过包装的程序，有良好的用户界面。

程序和进程的区别是：程序是存放在外部存储器上的程序文件，是静态的，是代码的集合；进程由程序执行而产生，随着程序的执行结束而消亡，所以进程是有生命周期的，是动态的。

（4）多道程序（多任务）。如果计算机内存中只允许一个程序运行，那么该程序称为单道程序，显然单道程序效率不高。如果计算机内存中可以同时存放几个程序的运行，那么这些程序共享计算机系统资源，称为多道程序技术。多道程序技术提高了 CPU 的利用率。

进程管理就是对多道程序技术的管理，使多个程序在管理程序控制下相互穿插运行，目的就是要使 CPU 得到充分的利用。

（5）中断。中断是指当主机收到外界硬件发送过来的中断信号时，主机停止原来的工作，转去处理中断事件，并在中断事件处理完成以后，又回到原来的工作点继续工作。

一个完整的中断过程有 6 项操作，分别是中断源发出中断请求；判断当前处理机是否允许中断；优先权排队；处理机保护断点地址和处理机当前状态，转入相应的中断服务程序；执行中断服务程序；恢复被保护的状态，执行"中断返回"指令回到被中断的程序（或其他程序）。

上述过程中前 4 项操作是由硬件完成的，后两项由软件完成。

（6）作业。作业被看作是用户向计算机提交任务的任务实体，要经过作业提交、作业收容、作业执行和作业完成 4 个步骤。

（7）线程。20 世纪 80 年代，即通用计算机系统发展的年代，出现了能独立运行的基本单位——线程（Threads）。线程是程序中一个单一的顺序控制流程。线程是进程内一个相对独立的、可调度的执行单元，是系统独立调度和分派 CPU 的基本单位。

（8）计算机指令。计算机指令就是指挥机器工作的指示和命令，通常一条指令包括两方面的内容：操作码和操作数。操作码决定要完成的操作，操作数是指参加运算的数据及其所在的单元地址。

（9）作业、程序、进程、线程、计算机指令之间的联系：一个作业中可以有多个程序；一个程序可以对应多个进程；一个进程可以有多个线程；一个线程里有多条计算机指令。

8）操作系统的基本特征

操作系统的四大基本特征是并发性、共享性、虚拟性、异步性。

（1）并发性。并发是指在一段时间内有多个程序在同时分时交替运行。

（2）共享性。在操作系统环境下，资源共享指的是系统中的资源可供内存中多个并发执行的进程共同使用。

实现资源共享的方式有以下两种。

①互斥共享方式。系统中的某些资源，如打印机、磁带机等，虽然可以提供给多个进程（线程）使用，但是应规定在一段时间内只允许一个进程访问该资源。

②同时访问方式。系统中的一些资源，如磁盘，允许在一段时间内由多个进程"同时"对它们进行访问。

（3）虚拟性。在操作系统中，把通过某种技术将一个物理实体变为若干个逻辑上的对应物的功能称为虚拟性。操作系统的虚拟性就是将设备抽象化，并提供友好的图形界面，从而形成了虚拟机。

例如，通过虚拟机软件，可以在一台物理计算机上模拟出两台或多台虚拟的计算机（简称虚拟机），这些虚拟机可以完全像真正的计算机那样进行工作。对用户而言，它只是运行在物理计算机上的一个应用程序；但是对于在虚拟机中运行的应用程序而言，它就是一台真正的计算机。

（4）异步性。操作系统的异步性体现在以下3个方面：

①进程的异步性，进程以人们不可预知的速度向前推进；

②程序的不可再现性，即程序执行的结果有时是不确定的；

③程序执行时间内的不可预知性，即每个程序何时执行、执行顺序以及完成时间是不确定的。

9）常用操作系统简介

操作系统的种类有很多，目前主要有 Windows、UNIX、Linux、Mac OS，以及国产操作系统麒麟、统信等。由于 DOS 曾在 20 世纪 80 年代的 PC 上占有绝对主流地位，因此在这里也对其进行简要介绍。

（1）DOS（Disk Operating System）。DOS 是微软公司研制的、配置在 PC 上的单用户命令行界面操作系统。它曾经广泛应用在 PC 上，对于计算机的应用普及功不可没。DOS 的特点是简单易学，对硬件的要求低，但存储能力有限。

（2）Windows 操作系统。Windows 操作系统是由微软公司开发的基于窗口图形界面的操作系统，其名称来自基于屏幕的桌面上的工作区，这个工作区称为窗口。每个窗口中显示不同的文档或程序，为操作系统的多任务处理能力提供了可视化模型。Windows 操作系统是目前世界上使用最广泛的操作系统之一。

尽管 Windows 家族产品繁多，但是目前两个系列的产品使用最多：一个是面向个人消费者和客户机开发的 Windows 7/10/11 系列；另一个是面向服务器开发的 Windows Server 2016/2019/2022 系列。

（3）UNIX 操作系统。UNIX 是一种发展比较早的操作系统，一直占有操作系统市场较大的份额。UNIX 的优点是具有较好的可移植性，可运行于许多不同类型的计算机上，具有较好的可靠性和安全性，支持多任务、多处理、多用户、网络管理和网络应用。其缺点是缺乏统一的标准，应用程序不够丰富，并且不易学习，这些都限制了 UNIX 的普及应用。

（4）Linux 操作系统。Linux 是一种开放源代码的操作系统。用户可以通过互联网免费获取 Linux 及其生成工具的源代码，然后进行修改，建立一个自己的 Linux 开发平台，开发 Linux 软件。

Linux 实际上是从 UNIX 发展起来的，与 UNIX 兼容，能够运行大多数的 UNIX 工具软件、应用程序和网络协议。Linux 继承了 UNIX 以网络为核心的设计思想，是一个性能稳定的多用户网络操作系统。同时，它还支持多任务、多进程和多 CPU。

Linux 可安装在各种计算机硬件设备中，从手机、平板电脑、路由器和视频游戏控制台，到台式计算机、大型机和超级计算机。Linux 是一个领先的操作系统，世界上运算最快的前 10 台超级电脑运行的都是 Linux 操作系统。

严格来讲，Linux 这个词本身只表示 Linux 内核，但实际上人们已习惯了用 Linux 来形容整个基于 Linux 内核的开发平台。Linux 版本众多，主要流行的版本有 RedHat Linux、Ubuntu（优班图）、CentOS（社区企业操作系统）等，国产的有 openEuler（欧拉）、Anolis（龙蜥）和 Open Cloud OS（开源操作系统社区）等。

（5）Mac OS 操作系统。Mac OS 是一套运行在苹果公司的 Macintosh 系列计算机上的操作系统。Mac OS 是首个在商用领域获得成功的图形用户界面操作系统。

Mac OS 具有较强的图形处理能力，广泛用于桌面出版和多媒体应用等领域。Mac OS 的缺点是与 Windows 缺乏兼容性，这影响了它的普及。

（6）国产操作系统。现阶段，我国国产操作系统大都是基于开源 Linux 内核进行的二次开发。从应用场景划分为桌面操作系统、服务器操作系统、移动端操作系统。目前，国产操作系统厂商主要有麒麟软件有限公司（以下简称麒麟软件）、统信软件技术有限公司（以下简称统信软件）等。

①麒麟软件。麒麟软件是由中国电子信息产业集团有限公司旗下的两家操作系统公司，即上海中标软件有限公司和天津麒麟（更名为麒麟软件有限公司）联合成立，旗下拥有"银河麒麟""中标麒麟"两大品牌。麒麟软件以安全可信操作系统技术为核心，面向通用和专用领域打造安全创新操作系统产品和相应解决方案，已形成银河麒麟服务器操作系统、桌面操作系统、嵌入式操作系统、麒麟云和以操作系统增值产品为代表的产品线。麒麟软件旗下品牌包括银河麒麟、中标麒麟、星光麒麟。麒麟操作系统能支持飞腾、鲲鹏、龙芯等六款国产 CPU，实现国产操作系统的跨越式发展。

②统信软件。统信软件在操作系统研发、行业定制、国际化、迁移适配、交互设计等多方面拥有技术，现已形成桌面操作系统、服务器操作系统、智能终端操作系统等产品线，以及集中域管平台、企业级应用商店、彩虹平台迁移软件等应用产品，能够满足不同用户和应用场景对操作系统产品与解决方案的广泛需求，现已应用于政府、大型国央企、行业头部企业及个人用户。

国产化基础软件

10）智能手机操作系统

智能手机与普通手机的区别是使用操作系统，同时支持第三方软件。智能手机除具有普通手机的通话功能外，还具有个人数字助理（Personal Digital Assistant，PDA）的大部分功能，以及无线上网、电子通信等功能。

智能手机操作系统管理智能手机的软、硬件资源，为应用软件提供支持，使智能手机变成了一台 PC。

智能手机操作系统有很多，常用的有谷歌的 Android、苹果的 iOS 和华为的鸿蒙。

（1）Android（安卓）。Android 是一种基于 Linux 的自由及开放源代码的操作系统，最初由安迪·鲁宾（Andy Rubin）为手机开发，2005 年由谷歌收购并进行开发改良，主要支持智能手机，后来逐渐扩展到平板电脑及其他领域。由于免费开源、服务不受限制、第三方软件多等原因，目前 Android 是使用最广泛的智能手机操作系统之一。

（2）iOS。iOS 是苹果公司最初为 iPhone 开发的操作系统，后来陆续应用到 iPod touch、iPad 以及 Apple TV 产品上。iOS 的用户界面能够使用多点触控直接操作，支持用户使用滑动、轻按、挤压和旋转等操作与系统互动，这样的设计令 iPhone 易于使用和推广。其缺点是软件库需要付费、不支持第三方软件。

（3）鸿蒙（HarmonyOS）。华为鸿蒙系统是华为公司在 2019 年 8 月 9 日正式发布的操作系统。华为鸿蒙系统提出了三大技术理念：一次开发，多端部署；可分可合，自由流转；统一生态，原生智能。华为鸿蒙系统是一款全新的面向全场景的分布式操作系统，创造一个超级虚拟终端互联的世界，将人、设备、场景有机地联系在一起，将消费者在全场景生活中接触的多种智能终端，实现极速发现、极速连接、硬件互助、资源共享，用合适的设备提供场景体验。截至 2022 年 11 月，鸿蒙系统装机量超过 3.2 亿台。

2. 程序设计语言

程序设计语言是指编写程序所使用的语言，它是人与计算机之间交流的工具。按照和硬件结合的紧密程度，可以将程序设计语言分为机器语言、汇编语言和高级语言。

1）机器语言

机器语言是计算机系统能够直接执行的语言，采用二进制形式编写程序。它的优点是计算机能够直接识别，程序执行效率高；缺点是可读性差、不易掌握、可移植性差。

2）汇编语言

汇编语言也是面向机器的语言，采用比较容易识别和记忆的符号来表示程序，如使用 ADD 表示加法。用汇编语言编写的程序比用机器语言编写的程序更易于理解和记忆。用汇编语言编写的程序必须先翻译成机器语言然后才能被执行。汇编语言执行效率较高，但可移植性差。

3）高级语言

高级语言是一种参照人的自然语言和数学语言，独立于机器，面向过程或面向对象的程序设计语言。用高级语言编写的程序，计算机硬件同样不能直接识别和执行，也要经过翻译后才能被执行，但可读性好、易掌握、可移植性好。高级语言种类较多，常用的有 C 语言、C++、C#、Java 和 Python 等。

3. 语言处理程序

计算机硬件能识别和执行的是用机器语言编写的程序，如果是使用汇编语言或高级语言编写的程序，那么在执行之前要先进行翻译，完成这个翻译过程的程序称为语言处理程序，有汇编程序、解释程序和编译程序 3 种。

（1）汇编程序。汇编程序的作用是将用汇编语言编写的源程序翻译成机器语言的目标程序。

（2）解释程序。解释方式是通过解释程序对源程序一边翻译一边执行，如 BASIC 就属于解释程序。

（3）编译程序。大多数用高级语言编写的程序采用编译的方式，如 C 语言、C++。编译过程是先将源程序编译成目标程序，然后通过连接程序将目标程序和库文件连接成可执行文件，通常可执行文件的扩展名是 .exe。由于可执行文件独立于源程序，因此其可以反复运行，运行速度较快。

4. 数据库

数据库是按照数据结构来组织、存储和管理数据的仓库。

数据库管理系统是一种操纵和管理数据库的大型软件，用于建立、使用和维护数据库。用户通过 DBMS 访问数据库中的数据，数据库管理员也通过 DBMS 进行数据库的维护工作。在数据库产品中，关系模型占主导地位，现在流行的关系数据库产品有 Access、MySQL、SQL Server 和 Oracle 等，国产数据库有人大金仓 Kingbase、华为 GaussDB、阿里 OceanBase、武汉达梦 DMDPC 等。

5. 工具软件

实用工具软件是系统软件的一个重要组成部分，用来帮助用户更好地控制、管理和使用计算机的各种资源，如显示系统信息、磁盘优化、制作备份、系统监控、查杀病毒等。

2.4.3　中间件

中间件处于操作系统软件与用户的应用软件的中间，中间件的定义为：中间件是一种独立的系统软件，分布式应用软件借助这种软件在不同的技术之间共享资源。中间件位于客户机/服务器的操作系统之上，管理计算资源和网络通信。它是连接两个独立应用程序或独立系统的软件，对于相连接的系统，即使它们具有不同的接口，但通过中间件相互之间仍能交换信息。

中间件在操作系统、网络和数据库之上，应用软件的下层，总的作用是为处于自己上层的应用软件提供运行与开发的环境，帮助用户灵活、高效地开发和集成复杂的应用软件。具体地说，中间件屏蔽了底层操作系统的复杂性，使程序开发人员面对一个简单而统一的开发环境，降低程序设计的复杂性，将注意力集中在自己的业务上，不必再为程序在不同系统软件上的移植而重复工作，从而大大减轻了技术上的负担。

2.4.4　常用应用软件

应用软件是人们使用各种程序设计语言编写的，作为某种应用或解决某类问题所编制的程序。常用应用软件是其中应用最为广泛的部分，包括以下 8 个。

1. 文字处理软件

文字处理软件主要用于对文本进行输入、编辑、排版、存储和打印输出。常用的文字处理软件有 Microsoft Word 和 WPS 文字等。

2. 电子表格软件

电子表格软件主要用于处理各种表格，它既可以对表格进行自动生成，也可以根据计算公式完成复杂的表格计算。电子表格还提供了对数据的排序、筛选、汇总等功能。常用的电子表格软件有 Microsoft Excel 和 WPS 表格等。

3. 演示文稿制作软件

演示文稿制作软件主要用于把静态文件制作成动态文件，把复杂的问题变得通俗易懂，使之更生动，给人留下更为深刻印象。常用的演示文稿制作软件有 Microsoft PowerPoint 和 WPS 演示等。

4. 图像处理软件

图像处理软件主要用于绘制和处理各种图形图像，用户可以在空白文件上绘制需要的图像，也可以对现有图像进行加工及艺术处理。常用的图像处理软件有 Adobe Photoshop 等。

5. 多媒体处理软件

多媒体处理软件主要用于处理音频、视频及动画。安装和使用多媒体处理软件对计算机的硬件配置有一定要求。常用的多媒体处理软件有视频处理软件 Adobe Premiere、用于音频处理的 Adobe Audition、用于 3D 动画处理的 3ds Studio Max 等。

6. 企业管理软件

企业管理软件是面向企业的，能够帮助企业管理者优化工作流程、提高工作效率的信息化系统。最常见的企业管理软件系统包括企业资源计划(Enterprise Resource Planning，ERP)、客户关系管理(Customer Relationship Management，CRM)、人力资源(Human Resources，HR)、办公自动化(Office Automation，OA)、财务管理软件系统、进销存管理系统等。

7. 游戏软件

游戏软件通常是指用各种程序和动画效果结合起来的软件产品，是一个不断发展壮大的软件行业。游戏软件曾主要来自欧美、日本等发达地区，近几年我国也自主研发了不少游戏软件。

8. 辅助设计软件

计算机辅助设计(CAD)软件能高效率绘制、编辑和输出设计图纸，目前在建筑、机械、超大规模集成电路等方面的设计与制造过程中应用广泛。常用的辅助设计软件有 AutoCAD 等。

EDA 是电子设计自动化(Electronics Design Automation)的缩写，是从计算机辅助设计(CAD)、计算机辅助制造(CAM)、计算机辅助测试(CAT)和计算机辅助工程(Computer Aided Engineering，CAE)的概念发展而来的。Protel 采用设计库管理模式，可以完成电路原理图设计、印制电路板设计和可编程逻辑器件设计等工作，是目前 EDA 行业中使用最方便、操作最快捷的设计软件之一。

 本章小结

计算机系统由硬件系统与软件系统两部分组成。本章介绍了计算机的基本工作原理、计算机硬件以及一些常用的计算机外部设备；介绍了软件系统的组成，在所有系统软件中，操作系统是最核心的部分，因此充分地了解操作系统的基本知识对于我们更好地使用操作系统是非常有必要的。

习题 ▶▶ ▶

一、填空题

1. 基于冯·诺依曼体系结构而设计的计算机硬件由运算器、_____、_____、_____和输出设备等五部分组成。

2. 系统总线包括 3 种，即数据总线、地址总线和_____总线。

3. 在计算机操作系统中，设有_____、_____、_____等功能模块。

4. _____由程序执行而产生，是动态的。

5. 进程在其整个生命周期中有_____、_____和_____ 3 个基本状态。

6. 操作系统的基本特征是_____、_____、_____、_____。

7. 程序设计语言分为_____、_____和_____。

二、选择题

1. 办公自动化是计算机的一项应用，按计算机应用分类，它属于(　　)。

A. 科学计算　　　　B. 数据处理　　　　C. 实时控制　　　　D. 辅助设计

2. 微型计算机的发展经历了从集成电路到超大规模集成电路等几代的变革，各代变革主要是基于(　　)的发展。

A. 存储器　　　　B. 输入/输出设备　　C. 微处理器　　　　D. 操作系统

3. 常用的计算机外部设备没有(　　)。

A. 键盘　　　　　B. 鼠标　　　　　　C. 打印机　　　　　D. 寄存器

4. 微型计算机的硬件系统包括(　　)。

A. 内部存储器与外部设备　　　　　　B. 显示器、主机箱和键盘

C. 主机与外部设备　　　　　　　　　D. 主机和打印机

5. 在计算机内部，一切信息的存取、处理和传送的形式是(　　)。

A. ASCII 码　　　　B. BCD 码　　　　C. 二进制　　　　　D. 十六进制

6. 只读存储器(ROM)与随机存取存储器(RAM)的主要区别是(　　)。

A. RAM 是内部存储器，ROM 是外部存储器

B. ROM 是内部存储器，RAM 是外部存储器

C. ROM 掉电后，信息会丢失，RAM 则不会

D. ROM 可以永久保存信息，RAM 在掉电后信息全丢失

7. 将二进制数 1111001 转换为八进制数是(　　)。

A. 153   B. 171   C. 173   D. 371

8. CPU 不能直接访问的存储器是(　　)。

A. ROM   B. RAM   C. 内部存储器   D. 外部存储器

9. 操作系统是一种(　　)。

A. 系统软件   B. 系统硬件   C. 应用软件   D. 支援软件

10. 十六进制数 FF 转换成十进制数是(　　)。

A. 255   B. 256   C. 127   D. 128

11. 多道程序技术是指(　　)。

A. 在实时系统中并发运行多个程序

B. 在分布操作系统中同一时刻运行多个程序

C. 一台处理机上同一时刻运行多个程序

D. 一台处理机上并发运行多个程序

12. 系统进行资源分配和调度的基本单位是(　　)。

A. 进程   B. 线程

C. 程序   D. 代码

习题答案

第 3 章　算法与数据结构

学习重点难点

1. 数据结构的基本概念；
2. 数据结构的逻辑结构和存储结构；
3. 树的遍历。

学习目标

1. 要培养编程思维，把人的思维转变成计算机思维，实现代码；
2. 提升分析能力，遇到问题时可以将功能分解，简单化问题；
3. 掌握基本数据结构，理解对数据的操作过程；
4. 掌握关系数据库的基本操作。

素养目标

通过本章的学习，学生可以学会分析研究用计算机加工的数据结构的特性，以便为应用涉及的数据选择适当的逻辑结构、存储结构及其相应的运算，并初步掌握算法的时间分析和空间分析的技术。

在计算机科学中，算法和数据结构是很重要的概念。数据结构是计算机中存储、组织数据的方式。通常情况下，精心选择的数据结构可以带来最优效率的算法。简单地说，数据结构是研究数据及数据元素之间关系的一门学科，它包括 3 个方面的内容，即数据的逻辑结构、数据的存储结构和对数据的各种操作（也就是算法）。

3.1　算　法

算法是程序的灵魂，对于一个需要实现特定功能的程序，实现它的算法可以有很多种，因此算法的优劣决定着程序的好坏。

3.1.1 算法的基本概念

人们对于算法的研究已经有数千年的历史了。计算机的出现,使用机器自动解题的梦想成为现实,人们可以将算法编写成程序交给计算机执行,使许多原来认为不可能完成的算法变得实际可行。

算法是指对解题方案的准确而完整的描述,简单地说,就是解决问题的操作步骤。

值得注意的是,算法不等于数学上的计算方法,也不等于程序。在用计算机解决实际问题时,往往先设计算法,用某种表达方式(如流程图)描述,再用具体的程序设计语言描述此算法(即编程)。在编程时由于要受到计算机系统运行环境的限制,因此,程序的编写通常不可能优于算法的设计。

1. 算法的基本特征

算法具有以下 4 个基本特征。

1)可行性

算法的可行性是其在特定的执行环境中执行应当能够得出满意的结果,即必须有一个或多个输出。一个算法,即使在数学理论上是正确的,但如果在实际的计算工具上不能执行,则该算法也是不具有可行性的。

例如,在进行数值计算时,如果某计算工具具有 7 位有效数字(如程序设计语言中的单精度运算),则在计算以下 3 个量的和时:

$$A = 10^{12}, \quad B = 1, \quad C = -10^{12}$$

如果采用不同的运算顺序,那么就会得到不同的结果。例如:

$$A+B+C = 10^{12}+1+(-10^{12}) = 0$$
$$A+C+B = 10^{12}+(-10^{12})+1 = 1$$

而在数学上,A+B+C 与 A+C+B 是完全等价的。因此,算法与计算公式是有差别的。在设计一个算法时,必须考虑它的可行性,否则是不会得到满意结果的。

2)确定性

算法的确定性是指算法中的每个步骤都必须有明确的定义,不允许有模棱两可的解释,也不允许有多义性。只要输入和初始状态相同,无论执行多少遍,所得的结果都应该相同。如果算法中的某个步骤有多义性,则该算法将无法被执行。

例如,在进行汉字读音辨认时,汉字"解"在"解放"中读作 jiě,但它作为姓氏时却读作 xiè,这就是多义性。如果算法中存在多义性,那么计算机将无法正确地执行。

3)有穷性

算法中的操作步骤为有限个,且每个步骤都能在有限时间内完成。这包括合理的执行时间的含义,如果一个算法的执行所耗费的时间太长,即使最终得出了正确结果,那么也是没有意义的。

例如,数学中的无穷级数,当 n 趋向于无穷大时,求 $2n*n!$。显然,这是无终止的计算,这样的算法是没有意义的。

4)拥有足够的情报

一般来说,算法只有在拥有足够的输入信息和初始化信息时,才是有效的;当提供的情报不够时，算法可能无效。

例如，$A=3$，$B=5$，求 $A+B+C$ 的值。显然由于 C 没有被进行初始化，因此无法计算出正确的答案。

在特殊情况下，算法也可以没有输入。因此，一个算法有 0 个或多个输入。

总之，算法是一个动态的概念，是指一组严谨地定义运算顺序或操作步骤的规则，并且每一个规则都是有效的、明确的，此运算顺序将在有限的次数下终止。

2. 算法的基本要素

一个算法通常由两种基本要素组成：一是算法中对数据对象的运算和操作；二是算法的控制结构，即运算或操作间的顺序。

1) 算法中对数据对象的运算和操作

前面介绍了算法的基本概念和基本特征。实际我们讨论的算法，主要是指计算机算法。通常，计算机可以执行的基本操作是以指令的形式描述的。一个计算机系统能执行的所有指令的集合，称为该计算机系统的指令系统。算法就是按解题要求从计算机指令系统中选择合适的指令所组成的指令序列。不同的计算机系统，其指令系统是有差异的，但一般的计算机系统中，都包括以下 4 种基本操作。

(1) 算术运算：主要包括加、减、乘、除等运算。

(2) 逻辑运算：主要包括与、或、非等运算。

(3) 关系运算：主要包括大于、小于、等于、不等于等运算。

(4) 数据传输：主要包括赋值、输入、输出等操作。

计算机程序可以作为算法的一种描述，但由于在编写计算机程序时通常要考虑很多与方法和分析无关的细节问题(如语法规则)，因此，在设计算法的一开始，通常并不直接用计算机程序来描述，而是用其他描述工具(如流程图、专门的算法描述语言，甚至用自然语言)来描述算法。但无论用哪种工具来描述算法，算法的设计一般都应从上述 4 种基本操作考虑，按解题要求从这些基本操作中选择合适的操作组成解题的操作序列。算法的主要特征着重于算法的动态执行，其区别于传统的着重于静态描述或按演绎方式求解问题的过程。传统的演绎数学是以公理系统为基础的，问题的求解过程是通过有限次推演来完成的，每次推演都将对问题作进一步描述，如此不断推演，直到直接将解描述出来为止。而计算机算法则是使用一些最基本的操作，通过对已知条件逐步加工和变换，从而实现解题目标。这两种方法的解题思路是不同的。

2) 算法的控制结构

一个算法的功能不仅取决于所选用的操作，而且与各操作之间的执行顺序有关。算法中各操作之间的执行顺序称为算法的控制结构。

算法的控制结构给出了算法的基本框架，它不仅决定了算法中各操作的执行顺序，而且直接反映了算法的设计是否符合结构化原则。描述算法的工具通常有传统流程图、N-S 图、算法描述语言等。一个算法一般都可以由顺序、选择、循环 3 种基本控制结构组合而成。

3. 算法设计的基本方法

计算机解题的过程实际上是在实施某种算法，这种算法称为计算机算法。常用的算法设计方法有列举法、归纳法、递推法、递归法、减半递推技术和回溯法。

1）列举法

列举法是一种比较笨拙而原始的方法，其运算量比较大，但在某些实际问题（如寻找路径、查找、搜索等问题）中，局部使用列举法却是很有效的。因此，列举法是计算机算法中的一个基础算法。

2）归纳法

归纳法是指通过列举少量的特殊情况，经过分析，最后找出一般的关系。显然，归纳法要比列举法更能反映问题的本质，并且可以解决列举量为无限的问题。但是，从一个实际问题中总结归纳出一般的关系，并不是一件容易的事情，尤其是要归纳出一个数学模型更为困难。从本质上讲，归纳就是通过观察一些简单而特殊的情况，最后总结出一般性的结论。

归纳是一种抽象，即从特殊现象中找出一般关系。但由于在归纳的过程中不可能对所有的情况进行列举，因此，最后由归纳得到的结论还只是一种猜测，还需要对这种猜测加以必要的证明。实际上，通过精心观察而得到的猜测得不到证实或最后证明猜测是错的，也是经常发生的事。

3）递推法

递推是从已知的初始条件出发，逐次推出所要求的各中间结果和最后结果。其中，初始条件或是问题本身已经给定，或是通过对问题的分析与化简而确定。递推法本质上也属于归纳法，工程上的许多递推关系式实际上是通过对实际问题的分析与归纳而得到的，因此，递推关系式往往是归纳的结果。

递推法在数值计算中是极为常见的。但是，对于数值型的递推算法必须要注意数值计算的稳定性问题。

4）递归法

人们在解决一些复杂问题时，为了降低问题的复杂程度（如问题的规模等），一般总是将问题逐层分解，最后将其归结为一些最简单的问题。这种将问题逐层分解的过程，实际上并没有对问题进行求解，而只是当解决了最后那些最简单的问题后，再沿着原来分解的逆过程逐步进行综合，这就是递归的基本思想。由此可以看出，递归的基础也是归纳。在工程实际中，有许多问题就是用递归法来定义的，数学中的许多函数也是用递归法来定义的。递归法在可计算性理论和算法设计中占有很重要的地位。

递归分为直接递归与间接递归两种。如果一个算法 P 显式地调用自己，则称为直接递归。如果算法 P 调用另一个算法 Q，而算法 Q 又调用算法 P，则称为间接递归调用。

递归法是很重要的设计方法之一。实际上，递归过程能将一个复杂的问题归结为若干个较简单的问题，然后将这些较简单的问题归结为更简单的问题，这个过程可以一直进行下去，直到归结最简单的问题为止。

有些实际问题，既可以归纳为递推法，又可以归纳为递归法，但递推与递归的实现方法是大不一样的。递推是从初始条件出发，逐次推出所需求的结果；而递归则是从算法本身到达递归边界的。通常，递归法要比递推法清晰易读，其结构比较简练。特别是在许多比较复杂的问题中，很难找到从初始条件推出所需结果的全过程，此时，设计递归法要比递推法容易得多，但递归法的执行效率比较低。

5）减半递推技术

实际问题的复杂程度往往与问题的规模有着密切的联系。因此，利用分治法解决这类实际问题是有效的。所谓分治法，就是对问题分而治之。工程上常用的分治法是减半递推技术。

"减半"是指将问题的规模减半，而问题的性质不变；所谓"递推"，是指重复"减半"的过程。

下面举例说明利用减半递推技术设计算法的基本思想。

例 3-1 设方程 $f(x)=0$ 在区间 $[a, b]$ 上有实根，且 $f(a)$ 与 $f(b)$ 异号。利用二分法求该方程在区间 $[a, b]$ 上的一个实根。

解：用二分法求方程实根的减半递推过程如下。

首先取给定区间的中点 $c=(a+b)/2$。

然后判断 $f(c)$ 是否为 0。若 $f(c)=0$，则说明 c 即为所求的根，求解过程结束；如果 $f(c)\neq 0$，则根据以下原则将原区间减半：

若 $f(a)f(c)<0$，则取原区间的前半部分；

若 $f(b)f(c)<0$，则取原区间的后半部分。

最后判断减半后的区间长度是否已经很小：

若 $|a-b|<\varepsilon$，则过程结束，取 $(a+b)/2$ 为根的近似值；

若 $|a-b|\geqslant\varepsilon$，则重复上述的减半过程。

6）回溯法

前面讨论的递推法和递归法本质上是对实际问题进行归纳的结果，而减半递推技术也是归纳法的一个分支。在工程上，有些实际问题很难归纳出一组简单的递推公式或直观的求解步骤，也不能进行无限的列举。对于这类问题，一种有效的方法是"试"。通过对问题的分析，找出一个解决问题的线索，然后沿着这个线索逐步试探，对于每一步的试探，若试探成功，则得到问题的解；若试探失败，则逐步回退，换其他路线再进行试探。这种方法称为回溯法。回溯法在处理复杂数据结构方面有着广泛的应用。

3.1.2 算法的复杂度

一个算法的复杂度高低体现在运行该算法所需要的计算机资源的多少，即所需的计算资源越多，就说明该算法的复杂度越高；反之，所需的计算机资源越少，则该算法的复杂度越低。计算机资源，最重要的是时间和空间（即存储器）资源。因此，算法复杂度包括算法的时间复杂度和算法的空间复杂度。

1. 算法的时间复杂度

算法程序执行的具体时间和算法的时间复杂度并不是一致的。算法程序执行的具体时间受到所使用的计算机、程序设计语言以及算法实现过程中的许多细节影响。而算法的时间复杂度与这些因素无关。

算法的工作量是用算法所执行的基本运算次数来度量的，而算法所执行的基本运算次数可以用问题的规模（通常用整数 n 表示）函数来表示即

$$算法的工作量 = f(n)$$

其中，n 为问题的规模。

所谓问题的规模，就是问题的计算量的大小。例如，1+2 是规模比较小的问题，但 1+2+3+…+10 000，就是规模比较大的问题。

例如，以下 3 个程序段：

```
①{x++;s=0}
②for (i=1;i<=n;i++)
    {x++;s+=x}/* 一个简单的 for 循环,循环体内操作执行了 n 次* /
③for(i=1;i<=n;i++)
    for(j=1;j<=n;j++)
        {x++;s+=x;}/* 嵌套的双层 for 循环,循环体内操作执行了 n² 次* /
```

程序段①中，基本运算"x++"只执行一次，重复执行次数为 1。

程序段②中，由于有一个循环，所以基本运算"x++"执行了 n 次；

程序段③中，由于有嵌套的双层循环，所以基本运算"x++"执行了 n^2 次。

则这 3 个程序段的时间复杂度分别为 $O(1)$、$O(n)$ 和 $O(n^2)$。

在具体分析一个算法的工作量时，在同一个问题规模下，算法所执行的基本运算次数还可能与特定的输入有关，即输入不同时，算法所执行的基本运算次数不同。例如，使用简单插入排序算法，对输入序列进行从小到大排序。输入序列为

A：1 2 3 4 5   B：1 3 2 5 4   C：5 4 3 2 1

我们不难看出，序列 A 所需的计算工作量最少，因为它已经是非递减顺序排列，而序列 C 将耗费的基本运算次数最多，因为它完全是递减顺序排列的。

在这种情况下，可以用以下两种方法来分析算法的工作量：

(1)平均性态分析；

(2)最坏情况复杂性分析。

2. 算法的空间复杂度

算法的空间复杂度是指执行这个算法所需要的存储空间。

算法执行期间所需的存储空间包括以下 3 个部分：

(1)输入数据所占的存储空间；

(2)程序本身所占的存储空间；

(3)算法执行过程中所需要的额外空间。

其中，额外空间包括算法程序执行过程中的工作单元，以及某种数据结构所需要的附加存储空间。

如果额外空间量相对于问题规模(即输入数据所占的存储空间)来说是常数，即额外空间量不随问题规模的变化而变化，则称该算法是原地工作的。

为了降低算法的空间复杂度，主要应减少输入数据所占的存储空间以及算法执行过程中所需要的额外空间，通常采用压缩存储技术。

3.2 数据结构

3.2.1 数据结构的定义

数据是描述客观事物的信息符号的集合。在计算机发展的初期，由于计算机的主要功能

是用于数值计算，数据就是指实数范围内的数值型数据；引入字符处理后，数据又扩展到字符型数据；多媒体时代，数据的类型进一步扩展，目前非数值型数据已占到数据的 90% 以上。

数据类型是指具有相同特性的数据的集合。程序设计中的数据都必须归属于某个特定的数据类型。数据类型决定了数据的性质，常用的数据类型有整型、浮点型、字符型等。

对于复杂的数据，仅用数据类型还无法完整地描述，还需要用到数据元素的概念。数据元素是一个含义很广泛的概念，它是数据的"基本单位"，在计算机中通常作为一个整体进行考虑和处理。在数据处理领域中，每一个需要处理的对象，甚至包括客观事物的一切个体，都可以抽象成数据元素，简称元素。例如：

(1)日常生活中一日三餐的名称——早餐、午餐、晚餐，可以作为一日三餐的数据元素；

(2)地理学中表示方向的方向名称——东、南、西、北，可以作为方向的数据元素；

(3)军队中表示军职的名称——连长、排长、班长、战士，可以作为军职的数据元素。

数据结构(Data Structure)的概念，在不同的书中，有不同的提法。顾名思义，数据结构包含两个要素，即"数据"和"结构"。数据是指有限的需要处理的数据元素的集合，结构则是数据元素之间关系的集合。存在着一定关系的数据元素的集合及定义在其上的操作(运算)被称为数据结构。

例如：早餐、午餐、晚餐这 3 个数据元素有一个共同的特征，即它们都是一日三餐的名称，这 3 个数据元素构成了一日三餐名的集合；东、南、西、北这 4 个数据元素都有一个共同的特征，即它们都是地理方向名，从而构成了地理方向名的集合。

数据结构作为一门学科，主要研究 3 个方面的内容：数据的逻辑结构、数据的存储结构、对数据的各种操作(或算法)。其研究的主要目的是提高数据处理的效率，主要包括两个方面：一是提高数据处理的速度；二是尽量节省在数据处理过程中所占用的计算机存储空间。下面主要介绍数据的逻辑结构和数据的存储结构。

1. 数据的逻辑结构

数据的逻辑结构就是数据元素之间的逻辑关系。在数据处理领域中，通常把两两数据元素之间的逻辑关系用前、后件关系(或直接前驱与直接后继关系)来描述。实际上，数据元素之间的任何关系都可以用前、后件关系来描述。

例如，在考虑一日三餐的时间顺序关系时，"早餐"是"午餐"的前件(或直接前驱)，而"午餐"是"早餐"的后件(或直接后继)；同样，在考虑军队中的上、下级关系时，"连长"是"排长"的前件，"排长"是"连长"的后件；"排长"是"班长"的前件，"班长"是"排长"的后件；"班长"是"战士"的前件，"战士"是"班长"的后件。前、后件关系是数据元素之间最基本的关系。根据数据元素之间关系的不同特性，数据的逻辑结构可分为以下四大类。

(1)集合：数据元素之间的关系只有"是否属于同一个集合"。

(2)线性结构：数据元素之间存在线性关系，即最多只有一个前件和后件。

(3)树状结构：据元素之间呈层次关系，即最多只有一个前件和多个后件。

(4)图状结构：数据元素之间的关系为多对多的关系。

数据的逻辑结构也可以用数学形式定义。假设数据结构是一个二元组，将其表示为

$$B=(D, R)$$

其中，B 表示数据结构；D 是数据元素的集合；R 是 D 上关系的集合，它反映了 D 中各数据

元素之间的前、后件关系，前、后件关系也可以用一个二元组来表示。

例如，如果把一日三餐看作一个数据结构，则可表示成：

B=(D,R)
D={早餐,午餐,晚餐}
R={(早餐,午餐),(午餐,晚餐)}

部队军职的数据结构可表示成：

B=(D,R)
D={连长,排长,班长,战士}
R={(连长,排长),(排长,班长),(班长,战士)}

2. 数据的存储结构

数据的逻辑结构在计算机存储空间中的存放形式称为数据的存储结构(也称为数据的物理结构)。由于数据元素在计算机存储空间中的位置关系可能与逻辑关系不同，因此在数据的存储结构中，不仅要存放各数据元素的信息，还需要存放各数据元素之间前、后件关系的信息。

各数据元素在计算机存储空间中的位置关系与它们的逻辑关系不一定是相同的。例如，在前面提到的一日三餐的数据结构中，"早餐"是"午餐"的前件，"午餐"是"早餐"的后件，但在对它们进行处理时，在计算机存储空间中，"早餐"这个数据元素的信息不一定被存储在"午餐"这个数据元素信息的前面，可能在后面，也可能不是紧邻在前面，而是中间被其他信息所隔开。

一般来说，数据在存储器中有顺序存储结构、链式存储结构、索引存储结构、散列存储结构4种基本数据存储方式。下面介绍两种最主要的数据存储结构方式。

1) 顺序存储结构

顺序存储结构是把逻辑上相邻的节点(也就是数据元素)存储在物理上相邻的存储单元中，节点之间的关系由存储单元的邻接关系来体现。例如，数据元素 a_1, a_2, …, a_n 的顺序存储结构如图3-1所示。

2) 链式存储结构

有时往往存在这样一些情况，存储器中没有足够大的连续可用空间，只有相邻的零碎小块存储单元；或者申请的内存空间不够，需要临时增加空间。在这些情况下，顺序存储就无法实现了。

图3-1 顺序存储结构示意图

链式存储结构可用一组任意的存储单元来存储数据元素，这组存储单元可以是连续的，也可以是不连续的。链式存储结构因为有指针域，所以增加了额外的存储开销，并且在实现上也较为麻烦，但大大增加了数据结构的灵活性。

链式存储结构是将节点所占的存储单元分为两部分：一部分存放节点本身的信息，即数据域；另一部分存放该节点的后继节点所对应的存储单元的地址，即为指针域。例如，数据元素 a_1, a_2, …, a_n 的链式存储结构如图 3-2 所示。

图3-2 链式存储结构示意图

3.2.2 数据结构的图形表示

数据元素之间最基本的关系是前、后件关系。前、后件关系，即每一个二元组，都可以用图形来表示。用中间标有元素值的方框表示数据元素，一般称为数据节点，简称为节点。对于每一个二元组，可以用一条有向线段从前件指向后件。例如，一年四季的数据结构如图3-3(a)所示；家庭成员辈分关系的数据结构可以用如图3-3(b)所示的图形来表示。

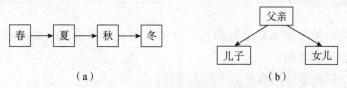

图 3-3 数据结构的图形表示
(a)一年四季的数据结构；(b)家庭成员辈分关系的数据结构

显然，用图形方式表示一个数据结构是很方便的，并且也比较直观。有时在不会引起误会的情况下，在前件节点到后件节点连线上的箭头可以省去。例如，在图3-3(b)中，即使将"父亲"节点与"儿子"节点连线上的箭头以及"父亲"节点与"女儿"节点连线上的箭头都去掉，同样表示了"父亲"是"儿子"与"女儿"的前件，"儿子"与"女儿"均是"父亲"的后件，不会引起误会。

例 3-2 用图形表示数据结构 $B = (D, R)$，其中

$$D = \{d_i \mid 1 \leqslant i \leqslant 7\} = \{d_1, d_2, d_3, d_4, d_5, d_6, d_7\}$$

$$R = \{(d_1, d_3), (d_1, d_7), (d_2, d_4), (d_3, d_6), (d_4, d_5)\}$$

解：这个数据结构的图形表示如图3-4所示。

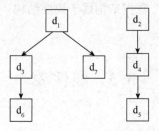

图 3-4 例 3-2 的数据结构的图形表示

在数据结构中，没有前件的节点称为根节点；没有后件的节点称为终端节点(也称为叶子节点)。例如，在图3-3(a)中，元素"春"所在的节点(简称为节点"春"，下同)为根节点，节点"冬"为终端节点；在图3-3(b)中，节点"父亲"为根节点，节点"儿子"与"女儿"均为终端节点；在图3-4中，有两个根节点 d_1 与 d_2，有 3 个终端节点 d_6、d_7、d_5。数据结构中除根节点与终端节点外的其他节点一般称为内部节点。

通常，一个数据结构中的元素节点可能是在动态变化的。根据需要或在处理过程中，可以在一个数据结构中增加一个新节点(称为插入运算)，也可以删除数据结构中的某个节点(称为删除运算)。插入与删除是对数据结构的两种基本运算。除此之外，对数据结构的运算还有查找、分类、合并、分解、复制和修改等。在对数据结构的处理过程中，不仅数据结

构中的节点(即数据元素)个数在动态变化,而且各数据元素之间的关系也有可能在动态变化。例如,一个无序表可以通过排序处理而变成有序表;一个数据结构中的根节点被删除后,它的某一个后件可能就变成了根节点;在一个数据结构中的终端节点后插入一个新点,则原来的那个终端节点就不再是终端节点而成为内部节点了。有关数据结构的基本运算将讲到具体数据结构时再介绍。

3.2.3 线性结构与非线性结构

根据数据结构中各数据元素之间前、后件关系的复杂程度,一般将数据结构分为两大类:线性结构与非线性结构。

如果一个非空的数据结构满足以下两个条件:

(1)有且只有一个根节点;

(2)每一个节点最多有一个前件,也最多有一个后件。

则称该数据结构为线性结构。线性结构又称线性表。

不满足以上两个条件的数据结构就称为非线性结构。图3-3(b)和图3-4所示的数据结构都不是线性结构,而是非线性结构。非线性结构主要有树形结构和网状结构。显然,在非线性结构中,各数据元素之间的前、后件关系要比线性结构复杂,因此,对非线性结构的存储与处理比线性结构要复杂得多。

如果在一个数据结构中没有数据元素,则称该数据结构为空的数据结构。在一个空的数据结构中插入一个新的元素后该数据结构就变为非空数据结构;在只有一个数据元素的数据结构中,将该元素删除后这个数据结构也就变为空的数据结构。一个空的数据结构究竟是属于线性结构还是属于非线性结构,这要根据具体情况来确定。如果对该数据结构的运算是按线性结构的规则来处理的,则这个数据结构属于线性结构;否则属于非线性结构。

3.3 线性表

3.3.1 线性表的基本概念

线性表是最简单、最常用的一种数据结构。

1. 线性表的定义

线性表是由 $n(n \geqslant 0)$ 个数据元素 a_0, a_1, $\cdots$, a_n 组成的一个有限序列,表中的每一个数据元素,除第 1 个数据元素外,有且只有一个前件,除最后一个数据元素外,有且只有一个后件。也就是说,线性表或是一个空表,或可以表示为

$$(a_1, a_2, \cdots, a_i, \cdots, a_n)$$

其中,$a_i(i=1, 2, \cdots, n)$ 是数据对象的元素,通常也称其为线性表中的一个节点。

　　显然，线性表是一种线性结构。数据元素在线性表中的位置只取决于它们自己的序号，即数据元素之间的相对位置是线性的。

　　例如：

　　(1)英文字母表(A，B，C，…，Z)是一个长度为 26 的线性表，其中每个字母就是一个数据元素；

　　(2)地理学中的四向(东，南，西，北)是一个长度为 4 的线性表，其中每一个方向名是一个数据元素；

　　(3)矩阵也是一个线性表，只不过它是一个比较复杂的线性表。在矩阵中，既可以把每一行看作一个数据元素(即每一行向量为一个数据元素)，也可以把每一列看作一个数据元素(即每一列向量为一个数据元素)。其中，每一个数据元素(一个行向量或列向量)实际上又是一个简单的线性表。

　　在复杂的线性表中，一个数据元素由若干数据项组成，此时，把数据元素称为记录(record)，而把由多个记录构成的线性表称为文件(file)。例如，一个按照姓名的拼音字母排序的通信录就是一个复杂的线性表，如表 3-1 所示。表中每个联系人的情况为一个记录，它由姓名、性别、电话号码、电子邮件和居住地址 5 个数据项组成。

表 3-1　复杂线性表

姓名	性别	电话号码	电子邮件	居住住址
张天乐	男	136××× × 2569	ztl@163.com	上海市
白倩倩	女	138××× × 8195	bqq@qq.com	北京市
李永南	男	159××× × 7463	lyn@265.com	沈阳市
…	…	…	…	…

2. 非空线性表的特征

非空线性表具有以下一些特征：

　　(1)非空线性表有且只有一个根节点 a_1，无前件；

　　(2)非空线性表有且只有一个终端节点 a_n，无后件；

　　(3)除根节点与终端节点外，其他所有节点有且只有一个前件，也有且只有一个后件。线性表中节点的个数 n 称为线性表的长度。当 $n=0$ 时，该线性表称为空表。

3.3.2　线性表的顺序存储结构

　　将一个线性表存储到计算机中，可以采用许多不同的方法，其中既简单又自然的是顺序存储方法：即把线性表的节点按逻辑顺序依次存放在一组地址连续的存储单元中，用这种方法存储的线性表称为顺序表。

　　线性表的顺序存储结构具有以下两个基本特点：

　　(1)线性表中所有数据元素所占的存储空间是连续的；

　　(2)线性表中各数据元素在存储空间中是按逻辑顺序依次存放的。

　　由此可以看出，在线性表的顺序存储结构中，其前、后件两个元素在存储空间中是紧邻的，且前件一定存储在后件的前面。

　　在线性表的顺序存储结构中，如果线性表中各数据元素所占的存储空间(字节数)相等，则要在该线性表中查找某一个数据元素是很方便的。

长度为 n 的线性表(a_1，a_2，$\cdots$，a_i，$\cdots$，a_n)的顺序存储结构如图 3-5 所示，在顺序表中，第 1 个数据元素的存储地址(指第 1 个字节的地址，即首地址)为 $ADR(a_1)$，每一个数据元素占 k 个字节，则线性表中第 i 个数据元素 a_i 在计算机存储空间中的存储地址为

$$ADR(a_i) = ADR(a_1) + (i-1)k$$

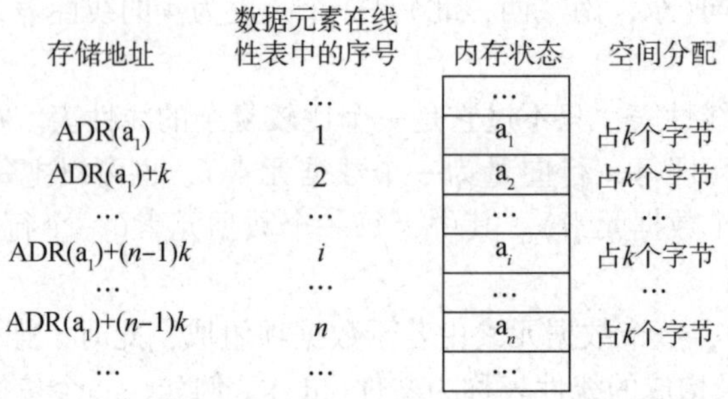

存储地址	数据元素在线性表中的序号	内存状态	空间分配
	$\cdots$	$\cdots$	
$ADR(a_1)$	1	a_1	占 k 个字节
$ADR(a_1)+k$	2	a_2	占 k 个字节
$\cdots$	$\cdots$	$\cdots$	$\cdots$
$ADR(a_1)+(n-1)k$	i	a_i	占 k 个字节
$\cdots$	$\cdots$	$\cdots$	$\cdots$
$ADR(a_1)+(n-1)k$	n	a_n	占 k 个字节
	$\cdots$	$\cdots$	

图 3-5　长度为 n 的线性表的顺序存储结构示意图

例如：在顺序表中存储数据(14，28，56，76，48，32，64)，每个数据元素占 2 个存储单元，第 1 个数据元素 14 的存储地址为 300，则第 5 个数据元素 48 的存储地址为

$$ADR(a_5) = ADR(a_1) + (5-1) \times 2 = 300 + 8 = 308$$

从这种表示方法可以看到，它是用元素在计算机内物理位置上的相邻关系来表示数据元素之间逻辑上的相邻关系。只要确定了数据元素的首地址，线性表内任意数据元素的存储地址都可以方便地计算出来。

在程序设计语言中，通常定义一个一维数组来表示线性表的顺序存储空间。因为程序设计语言中的一维数组与计算机中实际的存储空间结构是类似的，这就便于用程序设计语言对线性表进行各种运算处理。

3.3.3　线性表的插入运算

线性表的插入运算，是指在表的第 $i(1 \leqslant i \leqslant n+1)$ 个元素之前，插入一个新元素 x，使长度为 n 的线性表变成长度为 $n+1$ 的线性表。

在第 i 个元素之前插入一个新元素，完成插入操作主要有以下 3 个步骤。

(1)把原来第 $i \sim n$ 个元素依次往后移动一个位置。

(2)把新元素放在第 i 个位置上。

(3)修正线性表的元素个数。

例如，图 3-6(a)表示一个存储空间为 8，长度为 6 的线性表。如果在线性表的第 2 个元素(即 14)之前插入一个值为 13 新元素，则需将第 2~6 个数据元素，共 $n-i+1 = 6-2+1 = 5$ 个数据元素，依次往后移动一个位置，空出第 2 个元素的位置，然后将新元素 13 插入第 2 个位置。插入一个新元素后，线性表的长度增加 1，即变为 7，如图 3-6(b)所示。

一般情况下，在第 $i(1 \leqslant i \leqslant n)$ 个元素之前插入一个元素时，需将第 i 个元素之后(包括第 i 个元素)的所有元素向后移动一个位置。

又如，在图 3-6(b)所示的线性表的第 7 个元素(即 20)之前插入一个值为 19 的新元素，

采用同样的步骤：将第 7 个元素之后的元素（包括第 7 个元素），共 $n-i+1=7-7+1=1$ 个元素，向后移动一个位置，然后将新元素 19 插入第 7 个位置。插入后，线性表的长度增加 1，即变成 8，如图 3-6(c)所示。

　　一般会为线性表开辟一个大于线性表长度的存储空间，图 3-6(a)中，线性表长度为 6，存储空间为 8。经过线性表的多次插入运算，可能出现存储空间已满，但仍继续插入的错误运算，我们将这类错误称为"上溢"。

　　显然，如果插入运算在线性表的末尾进行，即在第 n 个元素之后插入新元素，则只要在表的末尾增加一个元素即可，不需要移动线性表中的元素。

　　如果要在线性表的第 1 个位置处插入一个新元素，则需要移动表中的所有元素。

　　线性表的插入运算主要是在元素的移动上，所需移动元素的次数不仅与表的长度有关，而且与插入的位置有关。

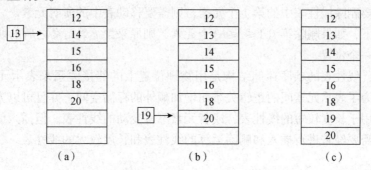

图 3-6　线性表在顺序存储结构下的插入操作

（a）长度为 6 的线性表；（b）插入元素 13 后的线性表；（c）插入元素 19 后的线性表

3.3.4　线性表的删除运算

　　线性表的删除运算，是指删除表的第 $i(1 \leq i \leq n)$ 个元素，使长度为 n 的线性表变成长度为 $n-1$ 的线性表。

　　删除时应将第 $(i+1) \sim n$ 个元素依次向前移动一个位置，共移动了 $n-i$ 个元素，完成删除操作主要有以下两个步骤。

　　(1) 把第 i 个元素之后（不包含第 i 个元素）的 $n-i$ 个元素依次向前移动一个位置。

　　(2) 修正线性表的元素个数。

　　例如，图 3-7(a)为一个长度为 8 的线性表，如果要删除表中第 7 个元素（即 19），则把第 8 个元素（即 20）向前移动一个位置，此时，线性表的长度减少 1，即变成了 7，如图 3-7(b)所示。

　　一般情况下，如果要删除第 $i(1 \leq i \leq n)$ 个元素，则要将第 $(i+1) \sim n$ 个元素，共 $n-i$ 个元素依次向前移动一个位置，删除结束后，线性表的长度减少 1。

　　又如，删除图 3-7(b)所示的线性表的第 2 个元素（即 13），采用同样的步骤：从第 3 个元素（即 14）开始至最后一个元素（即 20），共 $n-i=7-2=5$ 个元素依次向前移动一个位置。此时，线性表的长度减少 1，即变成了 6，如图 3-7(c)所示。

12		12		12
13		13		14
14		14		15
15		15		16
16		16		18
18		18		20
19		20		
20				
（a）		（b）		（c）

图 3-7　线性表在顺序存储结构下的删除操作

（a）长度为 8 的线性表；（b）删除元素 19 后的线性表；（c）删除元素 13 后的线性表

显然，如果删除运算在线性表的末尾进行，即删除第 n 个元素，则不需要移动线性表中的元素。如果要删除线性表中的第 1 个元素，则需要移动表中的所有元素。

一般情况下，如果删除第 $i(1 \leqslant i \leqslant n)$ 个元素，则原来第 i 个元素之后的所有元素都必须依次向前移动一个位置。

综上所述，线性表的顺序存储结构是用物理位置上的邻接关系来表示元素间的逻辑关系，因此无须为了表示元素间的逻辑关系而增加额外的存储空间，并且可以方便地存取表中任意元素，适用于长度较短的线性表，或者元素不常变动的线性表。但插入或删除运算不方便，不适用于需要经常进行插入和删除运算的线性表和长度较大的线性表。

3.4　栈和队列

栈和队列都是一种特殊的线性表，它们都有自己的特点，栈是"先进后出"的线性表，而队列是"先进先出"的线性表。本节将详细介绍栈及队列的基本运算以及它们的不同点。

3.4.1　栈及其基本运算

1. 栈的定义

栈（Stack）是一种特殊的线性表，对于这种线性表的插入和删除运算限定在表的某一端进行。允许进行插入和删除的这一端称为栈顶，另一端称为栈底，处于栈顶位置的数据元素称为栈顶元素，而处于栈底位置的元素称为栈底元素。在如图 3-8（a）所示的顺序栈中，元素是以 a_1，a_2，…，a_n 的顺序进栈的，因此栈底元素是 a_1，栈顶元素是 a_n。不含任何数据元素的栈称为空栈。

下面举例说明栈结构的特征。

假设有一个很窄的死胡同，胡同里能容纳若干人，但每次只能允许一个人进出。现有 5 个人，分别编号为①~⑤，他们按编号的顺序进入胡同，如图 3-8（b）所示。此时若④要出来，必须等⑤出去后才有可能；若①要出去，则必须等到⑤④③②依次都出去后才有可能。

栈可以看作这里的死胡同，栈顶相当于胡同口，栈底相当于胡同的另一端，进、出胡同可看作栈的插入、删除运算。插入、删除都在栈顶进行，这表明栈是"后进先出"（Last In First Out，LIFO）或"先进后出"（First In Last Out，FILO），因此，栈也称为"后进先出"线性表或"先进后出"线性表。

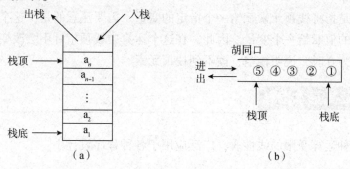

图 3-8　栈的结构示意图

（a）顺序栈的结构；（b）胡同进出示例

2. 栈的顺序存储及其运算

一般地，栈有两种实现方法：顺序实现和链接实现。栈的顺序存储结构称为顺序栈，顺序栈通常由一个一维数组和一个记录栈顶位置的变量组成。因为栈的操作仅在栈顶进行，栈底位置固定不变，所以可将栈底位置设置在数组两端的任意一个端点上，习惯上将栈底放在数组下标小的一端，另外需使用一个变量 top 记录当前栈顶下标值，即表示当前栈顶位置，通常称 top 为栈顶指针。图 3-9 说明了在顺序栈中进行入栈和出栈运算时栈中元素和栈顶指针的变化。

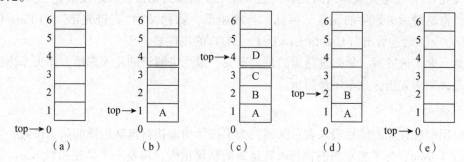

图 3-9　顺序栈入栈、出栈示意图

（a）空栈；（b）A 入栈；（c）B，C，D 依次入栈；（d）D，C 出栈；（e）B，A 出栈

栈的基本运算有 3 种：入栈、出栈与读栈顶元素。

1）入栈运算

入栈运算是指在栈顶位置插入一个新元素。这个运算有两个基本操作：首先将栈顶指针进 1（即 top 加 1），然后将新元素插入栈顶指针指向的位置。

当栈顶指针已经指向存储空间的最后一个位置时，说明栈空间已满，不能再进行入栈操作。我们将这种情况称为栈"上溢"错误。

2）出栈运算

出栈运算是指取出栈顶元素并赋给一个指定的变量。这个运算有两个基本操作：首先将栈顶元素（栈顶指针指向的元素）赋给一个指定的变量，然后将栈顶指针退 1（即 top 减 1）。

当栈顶指针为 0 时，说明栈空，不能进行出栈操作。我们将这种情况称为栈"下溢"错误。

3）读栈顶元素

读栈顶元素是指将栈顶元素赋给一个指定的变量。需要注意的是，这个运算不删除栈顶元素，只是将它的值赋给一个变量。因此，在这个运算中栈顶指针不会改变。

当栈顶指针为 0 时，说明栈空，读不到栈顶元素。

3.4.2 队列及其基本运算

队列也是一种运算受限的线性表，广泛应用于各种程序设计中。

1. 队列的定义

队列是一种运算受限的线性表，在这种线性表中，插入限定在表的某一端进行，删除限定在表的另一端进行。允许插入的一端称为队尾，允许删除的一端称为队头，新插入的元素只能添加到队尾，被删除的只能是排在队头的元素。习惯上把向队列的队尾插入一个元素称为入队运算，从队列的队头删除一个元素称为出队运算。若有队列：

$$Q = (q_1, q_2, \cdots, q_n)$$

那么，q_1 为队头元素，q_n 为队尾元素。队列中的元素是按照 q_1，q_2，$\cdots$，q_n 的顺序进入的，退出队列也只能按照这个顺序依次退出。也就是说，只有在 q_1，q_2，$\cdots$，q_{n-1} 都出队之后，q_n 才能退出队列。因最先进入队列的元素将最先出队，所以队列具有"先进先出"的特性。

队头元素 q_1 是最先被插入的元素，也是最先被删除的元素。队尾元素 q_n 是最后被插入的元素，也是最后被删除的元素。因此，与栈相反，队列又称"先进先出"（First In First Out，FIFO）或"后进后出"（Last In Last Out，LILO）的线性表。

例如，火车进隧道，最先进隧道的是火车头，最后进隧道的是火车尾，而火车出隧道的时候也是火车头先出，火车尾最后出。

2. 队列的运算

可以用顺序存储的线性表来表示队列，为了指示当前执行出队运算的队头位置，需要一个队头指针 front；为了指示当前执行入队运算的队尾位置，需要一个队尾指针 rear。队头指针 front 总是指向队头元素的前一个位置，而队尾指针 rear 总是指向队尾元素。

向队列的队尾插入一个元素称为入队运算，从队列的队头删除一个元素称为出队运算，如图 3-10 所示。

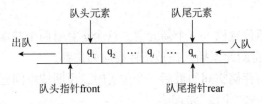

图 3-10　队列示意图

例如，图 3-11 是在队列中进行插入与删除运算的示意图，一个大小为 10 的数组，用于表示队列，初始时，队列为空，如图 3-11（a）所示；插入元素 a 后，队列如图 3-11（b）所示；插入元素 b 后，队列如图 3-11(c)所示；删除元素 a 后，队列如图 3-11(d)所示。

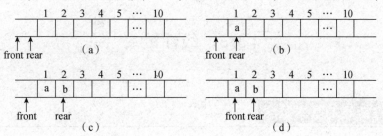

图 3-11 队列的动态示意图

(a)空队列；(b)插入元素 a 后的队列；(c)插入元素 b 后的队列；(d)删除元素 a 后的队列

3. 循环队列及其运算

循环队列是队列的一种顺序存储结构，用队尾指针 rear 指向队列中的队尾元素，用队头指针 front 指向队头元素的前一个位置。因此，从队头指针 front 指向的后一个元素至队尾指针 rear 指向的元素之间所有的元素均为队列中的元素。

一维数组(1：m)，最大存储空间为 m，数组(1：m)作为循环队列的存储空间时，循环队列的初始状态为空，即 front=rear=m。如图 3-12 所示是循环队列初始状态示意图。

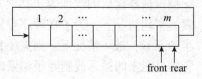

图 3-12 循环队列初始状态示意图

循环队列的基本运算主要有两种：入队运算与出队运算。

1)入队运算

入队运算是指在循环队列的队尾加入一个新元素。入队运算可分为两个步骤：首先队尾指针进 1(即 rear+1)，然后在队尾指针 rear 指向的位置插入新元素。特别地，当队尾指针 rear=m+1 时(即 rear 原值为 m，再进 1)，置 rear=1。这表示在循环队列的最后一个位置插入元素后，紧接着在第一个位置插入新元素。

2)出队运算

出队运算是指在循环队列的队头位置退出一个元素，并赋给指定的变量。出队运算也可分为两个步骤：首先队头指针进 1(即 front+1)，然后删除队头指针 front 指向的位置上的元素。特别地，当队头指针 front=m+1(即 front 原值为 m，再进 1)时，置 front=1。这表示在循环队列最后一个位置删除元素后，紧接着在第一个位置删除元素。

可以看出，循环队列在队列满和队列空时都有 front=rear。在实际应用中，通常增加一个标志量 S 来区分循环队列是空还是满，S 的定义如下：

当 S = 0 时，循环队列为空，此时不能再进行出队运算，否则会发生"下溢"错误；

当 S = 1 时，循环队列满，此时不能再进行入队运算，否则会发生"上溢"错误。

在定义了 S 以后，循环队列初始状态为空，表示为：S=0，且 front=rear=m。

3.5　线性链表

3.5.1　线性链表的基本概念

前面主要讨论了线性表的顺序存储结构以及在顺序存储结构下的运算。线性表的顺序存储结构具有简单、运算方便等优点，特别是对于长度较短的线性表或长度固定的线性表，采用顺序存储结构的优越性更为突出。

但是，线性表的顺序存储结构在某些情况下就显得不那么方便，运算效率也不那么高。实际上，线性表的顺序存储结构存在以下几方面的缺点。

（1）一般情况下，要在顺序存储的线性表中插入一个新元素或删除一个元素时，为了保证插入或删除后的线性表仍然为顺序存储，则在插入或删除过程中需要移动大量的数据元素。平均情况下，为了在顺序存储的线性表中插入或删除一个元素，需要移动线性表中约一半的元素；最坏情况下，则需要移动线性表中所有的元素。因此，对于长度较长的线性表，特别是元素的插入或删除很频繁的情况下，采用顺序存储结构是很不方便的，插入与删除运算的效率都很低。

（2）当为一个线性表分配顺序存储空间后，如果出现线性表的存储空间已满，但还需要插入新元素，则会发生"上溢"错误。在这种情况下，如果在原线性表的存储空间后不能找到与之连续的可用空间，则会导致运算的失败或中断。显然，这种情况的出现对运算是很不利的。也就是说，在顺序存储结构下，线性表的存储空间不便于扩充。

（3）在实际应用中，同时有多个线性表共享计算机的存储空间。例如，在一个处理中，可能要用到若干个线性表(包括栈与队列)。在这种情况下，存储空间的分配将是一个难题。如果将存储空间平均分配给各线性表，则有可能造成有的线性表的存储空间不够用，而有的线性表的存储空间根本用不着或用不满。这种情况实际上是计算机的存储空间得不到充分利用。如果多个线性表共享存储空间，并对每一个线性表的存储空间进行动态分配，则为了保证每一个线性表的存储空间连续且顺序分配，会导致在对某个线性表进行动态分配存储空间时，必须要移动其他线性表中的数据元素。也就是说，线性表的顺序存储结构不利于对存储空间的动态分配。

由于线性表的顺序存储结构存在以上缺点，因此，对于长度较长的线性表，特别是元素变动频繁的线性表不宜采用顺序存储结构，而是采用下面要介绍的链式存储结构。

假设数据结构中的每一个数据节点对应于一个存储单元，这种存储单元称为存储节点，简称节点。

在链式存储方式中，要求每个节点由两部分组成：一部分用于存放数据元素值，称为数据域；另一部分用于存放指针，称为指针域。其中指针用于指向该节点的前一个或后一个节点(即前件或后件)。

在链式存储结构中，存储数据结构的存储空间可以不连续，各数据节点的存储顺序与数据节点之间的逻辑关系也可以不一致，而数据节点之间的逻辑关系是由指针域来确定的。

链式存储方式既可用于表示线性结构，也可用于表示非线性结构。在用链式存储结构表示较复杂的非线性结构时，其指针域的个数要多一些。

1. 线性链表

线性表的链式存储结构的特点是，用一组不连续的存储单元存储线性表中的各个元素。因为存储单元不连续，所以数据元素之间的逻辑关系就不能依靠数据元素存储单元之间的物理关系来表示。为了表示每个元素与其后继元素之间的逻辑关系，每个元素除需要存储自身的信息外，还要存储一个指示其后件的信息(即后件的存储位置)。

线性表的链式存储结构的基本单位称为存储节点，如图 3-13 所示是存储节点的示意图。每个存储节点包括数据域和指针域两个组成部分。

数据域	指针域
D(i)	NEXT(i)

图 3-13　线性链表的存储节点示意图

(1)数据域：存放数据元素本身的信息。

(2)指针域：存放一个指向后件元素的指针，即存放下一个数据元素的存储地址。

假设一个线性表有 n 个元素，则这 n 个元素所对应的 n 个节点就通过指针链接成一个线性链表。

所谓线性链表，就是指线性表的链式存储结构，简称链表。由于这种链表中，每个节点只有一个指针域，故又称单链表。

在线性链表中，第 1 个元素没有前件，指向链表中的第一个节点的指针，是一个特殊的指针，称为这个链表的头指针(head)。最后一个元素没有后件，因此，线性链表最后一个节点的指针域为空，用 NULL 或 0 表示。

例如，如图 3-14 所示为线性表(A，B，C，D，E，F)的链式存储结构。头指针 head 中存放的是第 1 个元素 A 的存储地址(即存储序号)。

图 3-14 中"…"的存储单元可能存有数据元素，也可能是空闲的。总之，线性链表的存储单元是任意的，即各数据节点的存储序号可以是连续的，也可以是不连续的，各节点在存储空间中的位置关系与逻辑关系不一致，前、后件关系由存储节点的指针来表示。当指向第 1 个数据元素的头指针 head 等于 NULL 或 0 时，称该线性链表为空表。

存储序号i	D(i)	NEXT(i)
1	C	7
…	…	…
3	B	1
…	…	…
7	D	19
…	…	…
10	A	3
11	F	NULL
…	…	…
19	E	11
…	…	…

头指针 head

10

图 3-14　线性链表示例

因为在讨论线性链表时，主要关心的只是线性表中元素的逻辑顺序，而不是每个元素在存储器中的实际物理位置，因此，可以把图 3-14 的线性链表更加直观地表示成用箭头相链接的节点序列，如图 3-15 所示。其中每一个节点上的数字表示该节点的存储序号(即节点号)。

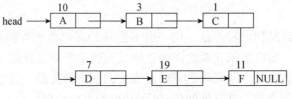

图 3-15　线性链表的逻辑状态

前面提到，每个存储节点只有一个指针域的线性链表称为单链表。在实际应用中，有时还会用到每个存储节点有两个指针域的链表，一个指针域存放前件的地址，称为左指针(llink)，另一个指针域存放后件的地址，称为右指针(rlink)，这样的线性链表称为双向链表。如图 3-16 所示是双向链表示意图。双向链表的第 1 个元素的左指针(llink)为空，最后一个元素的右指针(rlink)为空。

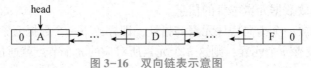

图 3-16　双向链表示意图

在单链表中，只能沿着指针向链尾方向进行扫描，由某一个节点出发，只能找到其后件，若要找出其前件，则必须从头指针开始重新寻找。

而在双向链表中，由于为每个节点设置了指针，所以从某一个节点出发，可以很方便地找到其他任意一个节点。

2. 带链的栈

栈也是线性表，也可以采用链式存储结构表示，可以把栈组成一个单链表，这种数据结构称为带链的栈。

在实际应用中，带链的栈可以用来收集计算机存储空间中所有空闲的存储节点，这种带链的栈称为可利用栈。由于可利用栈链接了计算机存储空间中所有的空闲的存储节点，因此，当计算机系统或用户程序需要存储节点时，就可以从中取出栈顶节点；当计算机系统或用户程序释放一个存储节点(该元素从表中删除)时，要将该节点放回到可利用栈的栈顶。由此可见，计算机中的所有可利用空间都可以以节点为单位链接在可利用栈中。随着其他线性链表中节点的插入与删除，可利用栈处于动态变化之中，即可利用栈经常要进行出栈与入栈操作。

3. 带链的队列

与栈类似，队列也可以采用链式存储结构表示。带链的队列就是用一个单链表来表示队列，队列中的每一个元素对应链表中的一个节点。

4. 顺序表和链表的比较

线性表的存储方式，称为顺序表。其特点是用物理存储位置上的邻接关系来表示节点之间的逻辑关系。

线性表的连接存储，称为线性链表，简称链表。其特点是每个存储节点都包括数据域和指针域，用指针表示节点之间的逻辑关系。两者的优缺点如表 3-2 所示。

表 3-2 顺序表和链表的优缺点比较

类型	优点	缺点
顺序表	(1)可以随机存取表中的任意节点 (2)无须为表示节点之间的逻辑关系额外增加存储空间	(1)顺序表的插入和删除运算效率很低 (2)顺序表的存储空间不便于扩充 (3)顺序表不便于对存储空间进行动态分配
链表	(1)在进行插入和删除运算时，只需要改变指针即可，不需要移动元素 (2)链表的存储空间易于扩充并且方便空间的动态分配	需要额外的空间(指针域)来表示数据元素之间的逻辑关系，存储密度比顺序表低

3.5.2 线性链表的基本运算

对线性链表进行的运算主要包括查找、插入、删除、合并、分解、逆转、复制和排序。本小节主要讨论线性链表的查找、插入和删除运算。

1. 在线性链表中查找指定元素

查找指定元素所处的位置是插入和删除等运算的前提，只有先通过查找定位才能进行元素的插入和删除等运算。

在线性链表中查找指定元素必须从该链表的头指针出发，沿着指针域逐个元素搜索，直到找到指定元素或链表尾部为止，而不能像顺序表那样，只要知道了首地址，就可以计算出任意元素的存储地址，参见图 3-5。因此，线性链表不是随机存储结构。

在线性链表中，如果有指定元素，则扫描到等于该元素值的节点时，停止扫描，返回该节点的位置。因此，如果线性链表中有多个等于指定元素值的节点，则只返回第一个节点的位置。如果链表中没有元素的值等于指定元素，则扫描完所有元素后，返回 NULL。

2. 可利用栈的插入和删除

线性链表的存储单元是不连续的(见图 3-14)，这样就存在一些离散的空闲的存储节点。为了把计算机存储空间中空闲的存储节点利用起来，可以把所有空闲的存储节点组成一个带链的栈，称为可利用栈。

线性链表执行删除运算时，被删除的节点可以"回收"到可利用栈，对应于可利用栈的入栈运算；线性链表执行插入运算时，需要一个新节点，可以在可利用栈中取栈顶节点，对应于可利用栈的出栈运算。可利用栈的入栈运算和出栈运算只需要改动 top 指针即可。

3. 线性链表的插入

线性链表的插入是指在链式存储结构下的线性表中插入一个新元素。

首先，要给该元素分配一个新节点，新节点可以从可利用栈中取得，然后将存放新元素值的节点链接到线性链表中指定的位置。

要在线性链表中数据域为 M 的节点之前插入一个新元素 n，则插入过程如下。

(1)取可利用栈的栈顶空闲的存储节点，生成一个数据域为 n 的节点，将新节点的存储序号存放在指针变量 p 中。

(2)在线性链表中查找数据域为 M 的节点，将其前件的存储序号存放在变量 q 中。

（3）将新节点 p 的指针域内容设置为指向数据域为 M 的节点。

（4）将节点 q 的指针域内容改为指向新节点 p。插入过程如图 3-17 所示。

由于线性链表执行插入运算时，新节点的存储单元取自可利用栈，因此，只要可利用栈非空，线性链表总能找到存储插入元素的新节点，无须规定最大存储空间，也不会发生"上溢"的错误。此外，线性链表在执行插入运算时，不需要移动数据元素，只需要改动有关节点的指针域即可，插入运算效率大大提高。

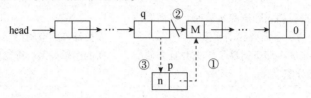

图 3-17　线性链表的插入运算

4. 线性链表的删除

线性链表的删除是指在链式存储结构下的线性表中删除包含指定元素的节点。

在线性链表中删除数据域为 M 的节点，其过程如下。

（1）在线性链表中查找包含数据域 M 的节点，将该节点的存储序号存放在变量 p 中。

（2）把 p 节点的前件的存储序号存放在变量 q 中，将 q 节点的指针修改为指向 p 节点的指针所指向的节点（即 p 节点的后件）。

（3）把数据域为 M 的节点"回收"到可利用栈。删除过程如图 3-18 所示。

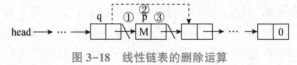

图 3-18　线性链表的删除运算

和插入运算一样，线性链表的删除运算也不需要移动数据元素。删除运算只需改变被删除元素前件的指针域即可。而且，删除的节点回收到可利用栈中，可供线性链表插入运算时使用。

3.5.3　循环链表及其基本运算

1. 循环链表的定义

在单链表的第 1 个节点前增加一个表头节点，表头指针指向表头节点，最后一个节点的指针域的值由 NULL 改为指向表头节点，这样的链表称为循环链表。循环链表中，所有节点的指针构成了一个环状链。

2. 循环链表与单链表的比较

对单链表的访问是一种顺序访问，从其中某一个节点出发，只能找到它的直接后继（即后件），但无法找到它的直接前驱（即前件），而且，对于空表和第 1 个节点的处理必须单独考虑，空表与非空表的操作不统一。

在循环链表中，只要指出表中任何一个节点的位置，就可以从它出发访问到表中其他所有的节点。并且，由于表头节点是循环链表所固有的节点，因此，即使在表中没有数据元素的情况下，表中也至少有一个节点存在，从而使空表和非空表的运算统一。

3.6 树与二叉树

3.6.1 树的基本概念

树(Tree)是一种简单的非线性结构,直观地来看,树是以分支关系定义的层次结构。由于它呈现出与自然界中的树类似的结构形式,所以称它为树。树形结构在客观世界中是大量存在的。

例如,一个家族中的族谱关系:A 有后代 B、C;B 有后代 D、E、F;C 有后代 G;E 有后代 H、I;则这个家族的成员关系可用图 3-19 所示的一棵倒置的树来描述。另外,像组织机构(如处、科、室),行政区(国家、省、市、县),书籍目录(书、章、节、小节)等,这些具有层次关系的数据,都可以用树这种数据结构来描述。

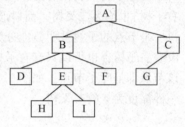

在用图形表示数据结构中元素之间的前、后件关系时,一般使用有向箭头,但在树形结构中,由于其前、后件关系非常清楚,即使去掉箭头也不会引起歧义。因此,在图 3-19 中使用无向线段代表数据元素之间的逻辑关系(即前、后件关系)。

图 3-19 树的示例

下面结合图 3-19 介绍树的相关术语,如表 3-3 所示。

表 3-3 树的相关术语

术语	定义	示例(见图 3-19)
父节点(根)	在树形结构中,每一个节点只有一个前件,称为父节点,没有前件的节点只有一个,称为树的根节点,简称树的根	节点 A 是树的根节点
子节点和叶子节点	在树形结构中,每一个节点可以有多个后件,称为该节点的子节点。没有后件的节点称为叶子节点	节点 D、H、I、F、G 均为叶子节点
度	在树形结构中,一个节点所拥有后件的个数称为该节点的度,所有节点中最大的度称为树的度	根节点 A 和节点 E 的度为 2,节点 B 的度为 3,节点 C 的度为 1,叶子节点 D、H、I、F、G 的度为 0。因此,该树的度为 3
深度	定义一棵树的根节点所在的层次为 1,其他节点所在的层次等于它的父节点所在的层次加 1,树的最大层次称为树的深度	根节点 A 在第 1 层,节点 B、C 在第 2 层,节点 D、E、F、G 在第 3 层,节点 H、I 在第 4 层。因此,该树的深度为 4
子树	在树中,以某节点的一个子节点为根构成的树称为该节点的一棵子树	节点 A 有 2 棵子树,它们分别以 B、C 为根节点。节点 B 有 3 棵子树,它们分别以 D、E、F 为根节点,其中,以 D、F 为根节点的子树实际上只有根节点一个节点。树的叶子节点的度为 0,所以没有子树

3.6.2 二叉树及其基本性质

树形结构中最常用的结构为二叉树。二叉树是一种特殊的树形结构，它的每个节点最多有两个子节点，且有先后次序。

1. 二叉树的定义

二叉树（Binary Tree）是一种很有用的非线性结构。二叉树不同于前面介绍的树形结构，但它与树形结构很相似，并且，树形结构的所有术语都可以用到二叉树这种数据结构上。

二叉树具有以下两个特点：

（1）非空二叉树只有一个根节点；

（2）每一个节点最多有两棵子树，且分别称为该节点的左子树与右子树。

由以上特点可以看出，在二叉树中，每一个节点的度最大为2，即所有子树（左子树或右子树）也均为二叉树，而树形结构中的每一个节点的度可以是任意的。另外，二叉树中的每一个节点的子树被明显地分为左子树与右子树。在二叉树中，一个节点可以只有左子树而没有右子树，也可以只有右子树而没有左子树。当一个节点既没有左子树也没有右子树时，该节点即是叶子节点。如图3-20(a)所示是一棵只有根节点的二叉树，如图3-20(b)所示是一棵深度为4的二叉树。

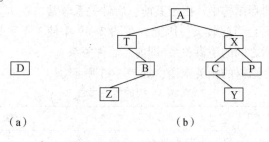

图3-20 二叉树示例

(a)只有根节点的二叉树；(b)深度为4的二叉树

2. 二叉树的基本性质

性质1：在二叉树的第 k 层上，最多有 $2^{k-1}(k\geq1)$ 个节点。

例如，二叉树的第1层最多有 $2^{1-1}=2^0=1$ 个节点，第3层最多有 $2^{3-1}=2^2=4$ 个节点。满二叉树就是每层的节点数都是最大节点数的二叉树。

性质2：深度为 m 的二叉树最多有 2^m-1 个节点。

证明：深度为 m 的二叉树是指二叉树共有 m 层，根据性质1，只要将第 $1\sim m$ 层上的最大的节点数相加，就可以得到整个二叉树中节点数的最大值，即

$$2^{1-1}+2^{2-1}+\cdots+2^{m-1}=2^m-1$$

例如，深度为3的二叉树，最多有 $2^3-1=7$ 个节点。

性质3：在任意一棵二叉树中，度为0的节点（即叶子节点）总是比度为2的节点多一个。如果叶子节点数为 n_0，度为2的节点数为 n_2，则 $n_0=n_2+1$。

例如，在图3-20(b)所示的二叉树中，有3个叶子节点，有2个度为2的节点，度为0的节点比度为2的节点多一个。

性质4：具有 n 个节点的二叉树，其深度至少为 $[\log_2 n]+1$，其中 $[\log_2 n]$ 表示取 $\log_2 n$ 的

整数部分。

例如，有 6 个节点的二叉树中，其深度至少为 $[\log_2 6] + 1 = 2 + 1 = 3$。

3. 满二叉树与完全二叉树

满二叉树与完全二叉树是两种特殊形态的二叉树。

1) 满二叉树

所谓满二叉树，是指除最后一层外，每一层上的所有节点都有两个子节点。在满二叉树中，每一层上的节点数都达到最大值，即在满二叉树的第 k 层上有 2^{k-1} 个节点，且深度为 m 的满二叉树有 $2^m - 1$ 个节点。图 3-21(a) ~ 图 3-21(c) 分别是深度为 2、3、4 的满二叉树。

2) 完全二叉树

所谓完全二叉树，是指除最后一层外，每一层上的节点数均达到最大值，在最后一层上只缺少右边的若干节点。

更确切地说，如果从根节点开始，对二叉树的节点从上到下、从左到右用自然数进行连续编号，则深度为 m、且有 n 个节点的二叉树，当且仅当其每一个节点都与深度为 m 的满二叉树中编号从 1~n 的节点——对应时，称为完全二叉树。图 3-22(a)、图 3-22(b) 分别是深度为 3、4 的完全二叉树。

对于完全二叉树来说，叶子节点只可能在层次最大的两层上出现；对于任何一个节点，若其右分支下的子孙节点的最大层次为 p，则其左分支下的子孙节点的最大层次或为 p，或为 p+1。

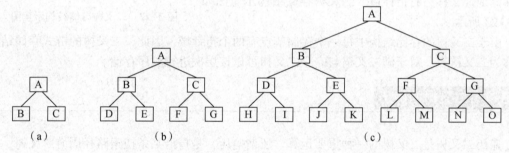

图 3-21　满二叉树
(a) 深度为 2 的满二叉树；(b) 深度为 3 的满二叉树；(c) 深度为 4 的满二叉树

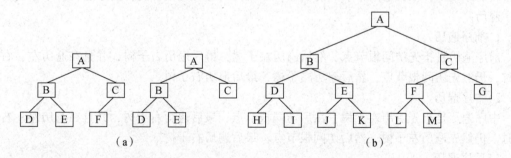

图 3-22　完全二叉树
(a) 深度为 3 的完全二叉树；(b) 深度为 4 的完全二叉树

可以看出，满二叉树也是完全二叉树，而完全二叉树一般不是满二叉树。

完全二叉树还具有以下两个性质。

性质 5：具有 n 个节点的完全二叉树的深度为 $[\log_2 n] + 1$。

性质6：设完全二叉树共有 n 个节点。如果从根节点开始，按层序(每一层从左到右)用自然数 1，2，…，n 对节点进行编号，则对于编号为 $k(k=1，2，…，n)$ 的节点有以下结论。

(1)若 $k=1$，则该节点为根节点，它没有父节点；若 $k>1$，则该节点的父节点的编号为 $[k/2]$，其中 $[k/2]$ 表示取 $k/2$ 的整数部分。

(2)若 $2k≤n$，则编号为 k 的节点的左子节点的编号为 $2k$；否则该节点无左子节点(也无右子节点)。

(3)若 $2k+1≤n$，则编号为 k 的节点的右子节点的编号为 $2k+1$；否则该节点无右子节点。

根据完全二叉树的这个性质，如果按从上到下、从左到右的顺序存储完全二叉树的各节点，则很容易确定每一个节点的父节点、左子节点和右子节点的位置。

3.6.3 二叉树的存储结构

在计算机中，二叉树通常采用链式存储结构。其与线性链表类似，用于存储二叉树中各元素的存储节点也由两部分组成：数据域和指针域。但在二叉树中，由于每一个元素可以有两个后件(即两个子节点)，因此，用于存储节点的指针域有两个：一个用于指向该节点的左子节点的存储地址，称为左指针域；另一个用于指向该节点的右子节点的存储地址，称为右指针域。二叉树存储结构示意图如图 3-23 所示。

lchild	data	rchild
左指针域	数据域	右指针域

图 3-23　二叉树存储结构示意图

由于二叉树的存储结构中每一个存储节点有两个指针域，因此，二叉树的链式存储结构也称为二叉链表。对于满二叉树与完全二叉树可以按层次进行顺序存储。

3.6.4 二叉树的遍历

遍历二叉树是二叉树的一种重要运算。所谓遍历，是指沿某条搜索路径周游二叉树，对树中每个节点有且仅访问一次。在遍历二叉树时，一般先遍历左子树，再遍历右子树。在先左后右的原则下，根据访问根节点的次序，二叉树的遍历分为 3 类：前序遍历、中序遍历和后序遍历。

1)前序遍历

前序遍历是指先访问根节点，然后遍历左子树，最后遍历右子树，并且在遍历左、右子树时，仍然先访问根节点，然后遍历左子树，最后遍历右子树。

2)中序遍历

中序遍历是指先遍历左子树，然后访问根节点，最后遍历右子树，并且在遍历左、右子树时，仍然先遍历左子树，然后访问根节点，最后遍历右子树。

3)后序遍历

后序遍历是指先遍历左子树，然后遍历右子树，最后访问根节点，并且在遍历左、右子树时，仍然先遍历左子树，然后遍历右子树，最后访问根节点。

例如，对于如图 3-24 所示的二叉树，前序遍历序列为 ABDEC，中序遍历序列为 BEDAC，后序遍历序列为 EDBCA。

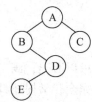

图 3-24　二叉树示例

3.7 查找

查找又称检索，就是在某种数据结构中找出满足指定条件的元素。查找是插入和删除等运算的基础，是数据处理的重要内容。由于数据结构是算法的基础，因此，对于不同的数据结构，应选用不同的查找算法，以获得更高的查找效率。本节将对顺序查找和二分法查找的概念进行详细说明。

3.7.1 顺序查找

顺序查找是最简单的查找方法，它的基本思想是：从线性表的第 1 个元素开始，逐个将线性表中的元素与被查找元素进行比较，如果两元素相等，则查找成功，停止查找；若整个线性表扫描完毕，仍未找到与被查找元素相等的元素，则表示线性表中没有要查找的元素，查找失败。

例如，在一维数组[30，65，83，18，56，76，85]中查找数据元素 18，首先从第 1 个元素 30 开始进行比较，其与要查找的数据元素不相等，接着与第 2 个元素 65 进行比较，以此类推，当与第 4 个元素比较时，两者相等，所以查找成功。如果要查找数据元素 100，则整个线性表扫描完毕，仍未找到与 100 相等的元素，表示线性表中没有要查找的元素。

时间复杂度和空间复杂度是衡量一个算法好坏的两个标准。在进行查找运算时，人们更关心的是时间复杂度。下面分析一个长度为 n 的线性表，其顺序查找算法的时间复杂度。

（1）最好情况：第 1 个元素就是要查找的元素，则比较次数为 1 次。

（2）最坏情况：最后一个元素是要查找的元素，或者在线性表中没有要查找的元素，则需要与线性表中的所有元素比较，比较次数为 n 次。

（3）平均情况：需要比较 $n/2$ 次，因此顺序查找算法的时间复杂度为 $O(n)$

由此可以看出，对于长度较长的线性表来说，顺序查找的效率是很低的。虽然顺序查找的效率不高，但在以下两种情况下也只能采用顺序查找。

（1）如果线性表为无序表（即表中元素的排列是无序的），则无论它是顺序存储结构还是链式存储结构，都只能用顺序查找。

（2）即使线性表是有序线性表，如果其采用链式存储结构，那么也只能用顺序查找。

3.7.2 二分法查找

二分查找又称折半查找，是一种效率较高的查找方法。但是，二分查找要求线性表是有序表，即表中节点按关键字排序，并且要求以顺序方式存储。二分查找的基本思想：首先将被查找的元素与"中间位置"的元素比较，若两者相等则查找成功；若被查找的元素大于"中间位置"的元素，则在后半部分继续进行二分查找；否则在前半部分继续进行二分查找。

例如，假设被查找的有序表中的关键字序列为

05，13，19，21，37，56，64，75，80，88，92

当被查找的元素为 21 时，进行二分查找的过程如图 3-25 所示，图中用方括号表示当前的查找区间，用"↑"表示中间位置。

图 3-25　二分查找过程示意图

顺序查找每比较一次，只将查找范围减少 1，而二分法查找每比较一次，可将查找范围减少为原来的一半，效率大大提高。可以证明，对于长度为 n 的有序线性表，在最坏情况下，二分法查找只需比较 $\log_2 n$ 次，而顺序查找需要比较 n 次。

3.8　排序

排序也是数据处理的重要内容。所谓排序，是指将一个无序序列整理成按值非递减顺序排列的有序序列。排序的方法有很多，根据待排序序列的规模以及对数据处理的要求，可以采用不同的排序方法。本节主要介绍常用的排序方法，其排序的对象一般认为是顺序存储的线性表，在程序设计语言中就是一维数组。

3.8.1　交换类排序法

交换类排序法是借助数据元素的"交换"来进行排序的一种方法。本小节介绍冒泡排序法和快速排序法，它们都属于交换类排序方法。

1. 冒泡排序法

冒泡排序法是最简单的一种交换类排序方法。在数据元素的序列中，对于某个元素，如果其后存在一个小于它的元素，则称为存在一个逆序。

冒泡排序（Bubble Sort）的基本思想就是通过两两相邻数据元素之间的比较和交换，不断消去逆序，直到所有数据元素有序为止。

1）冒泡排序法的思想

第 1 遍，首先在线性表中从前往后扫描，如果相邻的两个数据元素，前面的元素大于后面的元素，则将它们交换，称为消去了一个逆序。在扫描过程中，线性表中最大的元素不断地向后移动，最后被交换到了表的底部。此时，该元素就已经排好序了。然后对当前还未排好序的范围内的数据元素从后往前扫描，如果相邻的两个数据元素，后面的元素小于前面的元素，则将它们交换，也称为消去了一个逆序。在扫描过程中，线性表中最小的元素不断地往前移动，最后被交换到了表头。此时，该元素已经完成排序。

对还未排好序的范围内的数据元素继续进行第 2 遍、第 3 遍的扫描，这样，未排好序的数据元素逐渐减少，最后为空，则线性表已经变为有序。

　　冒泡排序每一遍的从前往后扫描都把排序范围内的最大元素沉到了表的底部，每一遍的从后往前扫描，都把排序范围内的最小元素像气泡一样浮到了表的最前面。冒泡排序的名称也由此而来。

　　2)冒泡排序法示例

　　如图 3-26 所示是一个冒泡排序法的例子，对 (4，1，6，5，2，3)这样一个由 6 个元素组成的线性表排序。图中每一遍结果中方括号"[ ]"外的元素是已经排好序的元素，方括号"[ ]"内的元素是还未排好序的元素，可以看到，方括号"[ ]"的范围在逐渐减小。具体的说明如下。

原序列	4	1	6	5	2	3
第1遍(从前往后)	[1↔4	5	2	3]	6	
(从后往前)	1	[2	4	5	3]	6
第2遍(从前往后)	1	[2	4	3]	5	6
(从后往前)	1	2	[3	4]	5	6
最终结果	1	[2	3	4]	5	6

图 3-26　冒泡排序法示例

　　第 1 遍从前往后扫描：首先比较"4"和"1"，前面的元素大于后面的元素，这是一个逆序，两者交换(图中用双向箭头表示)；然后比较"4"和"6"，不需要交换；比较"6"和"5"，这是一个逆序，两者交换；比较"6"和"2"，交换；比较"6"和"3"，交换。这时，排序范围内(即整个线性表)的最大元素"6"已经被交换到了表的底部，即到达了它在有序表中应处的位置。

　　第 1 遍的从前往后扫描的最后结果为(1，4，5，2，3，6)。

　　第 1 遍的从后往前扫描：由于数据元素"6"已经排好序，因此，现在的排序范围为(1，4，5，2，3)。先比较"3"和"2"，不需要交换；再比较"2"和"5"，后面的元素小于前面的元素，这是一个逆序，两者交换；比较"2"和"4"，这是一个逆序，交换；比较"2"和"1"，不需要交换。此时，排序范围内(1，4，5，2，3)的最小元素"1"被交换到了表头，即到达了它在有序表中应处的位置。第 1 遍的从后往前扫描的最后结果为(1，2，4，5，3，6)。

　　第 2 遍的排序过程与第 1 遍类似，故此处不再赘述。

　　假设线性表的长度为 n，则在最坏情况下，冒泡排序法需要经过 $n/2$ 遍的从前往后扫描和 $n/2$ 遍的从后往前扫描，需要的比较次数为 $n(n-1)/2$。但这个工作量不是必需的，一般情况下要小于这个工作量。冒泡排序法的时间复杂度为 $O(n^2)$。

　　2. 快速排序法

　　在冒泡排序法中，一次扫描只能确保最大的元素或最小的元素移到了正确位置，而未排序序列的长度可能只减少了 1。快速排序(Quick Sort)法是对冒泡排序法的一种本质的改进。

　　1)快速排序法的思想

　　在待排序的 n 个元素中取一个元素 K(通常取第 1 个元素)，以元素 k 作为分割标准，把所有小于 K 的数据元素都移到其前面，把所有大于 K 的数据元素都移到其后面。这样，以 K 为分界线，把线性表分割为两个子表，这称为一趟排序。然后，对 K 前、后的两个子表分别重复上述过程，直到分割的子表的长度为 1，这时，线性表内的元素已经是排好序的了。

　　第 1 遍快速排序的具体做法：假设两个指针 low 和 high，它们的初值分别指向线性表的第 1 个元素(K 元素)和最后一个元素。首先从 high 所指的位置向前扫描，找到第 1 个小于 K 的元素并与其交换。然后从 low 所指的位置向后扫描，找到第 1 个大于 K 的元素并与其交换。重复上述两步，直到 low=high。

　　2)快速排序法示例

　　如图 3-27 所示是一个快速排序法示例。

初始状态	45	30	61	82	74	12	26	49
	low							high
high向前扫描	45	30	61	82	74	12	26	49
第一次交换后	26	30	61	82	74	12	45	49
	low						high	
low向后扫描	26	30	61	82	74	12	45	49
第二次交换后	26	30	45	82	74	12	61	49
high向前扫描并交换后	26	30	12	82	74	45	61	49
low向后扫描并交换后	26	30	12	45	74	82	61	49
				low	high			
high向前扫描	26	30	12	45	74	82	61	49

（a）

初始状态	45	30	61	82	74	12	26	49
第1遍排序后	[45	30	12	45	[74	82	61	49
第2遍排序后	[12	26	[30	45	[49	61	74	[82
第3遍排序后	12	26	30	45	49	[61	74	82
排序结果	12	26	30	45	49	61	74	82

（b）

图 3-27　快速排序法示例

初始状态下，low 指针指向第 1 个元素 45，high 指针指向最后一个元素 49。首先，从 high 所指的位置向前扫描，找到第 1 个比 45 小的元素，即 26 时，两者交换，此时 low 指针指向元素 26，high 指针指向元素 45；然后从 low 所指的位置向后扫描，找到第 1 个比 45 大的元素，即 61 时，两者交换，此时 low 指针指向元素 45，high 指针指向元素 61；重复上述两步，直到 low＝high。因此，第 1 遍排序后的结果为(26，30，12，45，74，82，61，49)。

以后的排序方法与第 1 遍的扫描过程一样，直到最后的排序结构为有序序列为止。

快速排序法的平均时间效率最佳，为 $O(n\log_2 n)$，最坏情况下，即每次划分只得到一个子序列，时间复杂度为 $O(n^2)$。

快速排序法被认为是目前所有排序算法中最快的一种。但若初始序列有序或基本有序，则快速排序法蜕化为冒泡排序法。

3.8.2　插入类排序法

插入类排序法是每次将一个待排序元素，按其元素值的大小插入前面已经排好序的子表的适当位置，直到全部元素插入完成为止。常用的插入类排序法包括简单插入排序法和希尔排序法。

1. 简单插入排序法

1）简单插入排序法的思想

简单插入排序是把 n 个待排序的元素看成是一个有序表和一个无序表，开始时，有序表中只包含一个元素，而无序表中包含另外 $n-1$ 个元素，每次取无序表中的第 1 个元素插入有序表的正确位置，使之成为增加一个元素的新的有序表。插入元素时，插入位置及其后的记录依次向后移动。最后有序表的长度为 n，而无序表为空，此时排序完成。

2）简单插入排序法示例

如图 3-28 所示是一个简单插入排序法的例子。图中方括号"[ ]"内为有序表，方括号

"[ ]"外为无序表，每次从无序表中取出第 1 个元素插入有序表中。

开始时，有序表中只包含一个元素 48，而无序表中包含其他 7 个元素。

初始状态	[48]	37	65	96	75	12	26	49
$i=2$	[37	48]	65	96	75	12	26	49
$i=3$	[37	48	65]	96	75	12	26	49
$i=4$	[37	48	65	96]	75	12	26	49
$i=5$	[37	48	65	75	96]	12	26	49
$i=6$	[12	37	48	65	75	96]	26	49
$i=7$	[12	26	37	48	65	75	96]	49
$i=8$	[12	26	37	48	49	65	75	96]

图 3-28　简单插入排序法示例

当 $i=2$ 时，即把第 2 个元素 37 插入有序表中，由于 37 比 48 小，所以在有序表中的序列为[37，48]。

当 $i=3$ 时，即把第 3 个元素 65 插入有序表中，由于 65 比前面 2 个元素大，所以在有序表中的序列为[37，48，65]。

当 $i=4$ 时，即把第 4 个元素 96 插入有序表中，由于 96 比前面 3 个元素大，所以在有序表中的序列为[37，48，65，96]。

当 $i=5$ 时，即把第 5 个元素 75 插入有序表中，由于 75 比前面 3 个元素大，比 96 小，所以在有序表中的序列为[37，48，65，75，96]。

以此类推，直到所有的元素都插入有序序列中。

在最好情况下，即初始排序序列就是有序的情况下，简单插入排序法的比较次数为 $n-1$，移动次数为 0。

在最坏情况下，即初始排序序列是逆序的情况下，简单插入排序法的比较次数为 $n(n-1)/2$，移动次数为 $n(n-1)/2$。假设待排序的线性表中的各种排列出现的概率相同，则简单插入排序法的时间复杂度为 $O(n^2)$。

在简单插入排序法中，每一次比较后最多移掉一个逆序，因此，这种排序方法的时间复杂度与冒泡排序法相同。

2. 希尔排序法

希尔排序(Shell Sort)又称"缩小增量排序"，它也是一种插入类排序方法，但在时间复杂度上较简单插入排序法有较大的改进。

1)希尔排序法的思想

将整个无序序列分割成若干小的子序列分别进行插入排序。

子序列的分割方法如下：将相隔某个增量 d 的元素构成一个子序列。在排序过程中，逐次减小这个增量，最后当 d 减小到 1 时，进行一次插入排序，排序就完成。

增量序列一般取 $d_i=n/2^i (i=1，2，…，[\log_2 n])$，其中 n 为待排序序列的长度。

在希尔排序过程中，虽然对于每一个子序列采用的仍是插入排序，但是，在子序列中每进行一次比较就有可能移去整个线性表中的多个逆序，从而改善了整个排序过程的性能。

希尔排序的时间复杂度与所选取的增量序列有关。如果选取上述增量序列，则在最坏情况下，希尔排序所需要的时间复杂度为 $O(n^{1.3})$。

2)希尔排序法示例

如图 3-29 所示是一个希尔排序法的例子。此序列共有 10 个数据元素，即 $n=10$，则增

量 $d_1 = 10/2^1 = 5$，将所有距离为 5 的倍数的元素放在一起，组成了一个子序列，即各子序列为(48，13)、(37，26)、(64，50)、(96，54)、(75，5)，对各子序列按从小到大排序后，得到第 1 遍的排序结果(13，26，50，54，5，48，37，64，96，75)。

接着增量 $d_2 = 10/2^2 = 10/4 = 3$，将所有距离为 3 的倍数的元素放在一起，组成了一个子序列，即各子序列为(13，54，37，75)、(26，5，64)、(50，48，96)，对各子序列按从小到大排序后，得到第 2 遍排序结果(13，5，48，37，26，50，54，64，96，75)。以此类推，直到得到最终结果。

图 3-29　希尔排序法示例

3.8.3　选择类排序法

选择类排序法的基本思想是通过每一遍从待排序的序列中选出值最小的元素，顺序放在已排好序的有序子表的后面，直到全部序列满足排序要求为止。本小节介绍简单选择排序法和堆排序法。

1. 简单选择排序法

选择排序法的基本思想：扫描整个线性表，从中选出最小的元素，将它交换到表头(这是它应有的位置)；然后对剩下的子表采用同样的方法，直到子表为空。

对于长度为 n 的序列，简单选择排序法需要扫描 $n-1$ 遍，每一遍扫描均从剩下的子表中选出最小的元素，然后将这个最小的元素与子表中的第 1 个元素进行交换。如图 3-30 所示是这种排序法的示意图，图中有方框的元素是刚被选出来的最小元素。

原序列	89	21	56	48	85	16	19	47
第1遍选择	[16]	21	56	48	85	89	19	47
第2遍选择	16	[19]	56	48	85	89	21	47
第3遍选择	16	19	[21]	48	85	89	56	47
第4遍选择	16	19	21	[47]	85	89	56	48
第5遍选择	16	19	21	47	[48]	89	56	85
第6遍选择	16	19	21	47	48	[56]	89	85
第7遍选择	16	19	21	47	48	56	[85]	89

图 3-30　简单选择排序法示意图

简单选择排序法在最坏情况下需要比较 $n(n-1)/2$ 次。简单排序法的时间复杂度为 $O(n^2)$。

2. 堆排序法

1) 堆的定义

若有 n 个元素的序列$(h_1, h_2, \cdots, h_n)$，将元素按顺序组成一棵完全二叉树，当且仅当满足下列条件时称为堆。

$$①\begin{cases} h_i \geqslant h_{2i} \\ h_i \geqslant h_{2i+1} \end{cases} \quad 或 \quad ②\begin{cases} h_i \leqslant h_{2i} \\ h_i \leqslant h_{2i+1} \end{cases}$$

其中，$i=1, 2, 3, \cdots, n/2$。

条件①称为大根堆，即所有节点的值大于或等于左、右子节点的值。条件②称为小根堆，即所有节点的值小于或等于左、右子节点的值。本小节只讨论大根堆的情况。

例如，序列(91，85，53，47，30，12，24，36)是一个堆，则它对应的完全二叉树如图3-31(c)所示。

2) 调整建堆

在调整建堆的过程中，总是将根节点值与左、右子树的根节点值进行比较，若不满足堆的条件，则将左、右子树根节点值中的大者与根节点值进行交换，这个调整过程从根节点开始一直延伸到所有叶子节点，直到所有子树均为堆为止。

假设图3-31(a)是某完全二叉树的一棵子树。在这棵子树中，根节点值47的左、右子树均为堆，为了将整个子树调整成堆，首先将根节点值47与其左、右子树的根节点值进行比较，此时由于左子树的根节点值91大于右子树的根节点值53，且它又大于根节点值47，因此，根据堆的条件，应将元素47与91交换，如图3-31(b)所示。经过一次交换后，破坏了原来左子树的堆结构，需要对左子树再进行调整，即将元素85与47进行交换，调整后的结果如图3-31(c)所示。

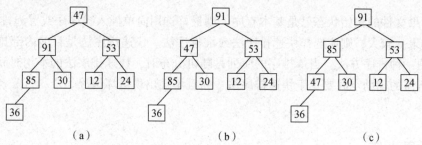

图3-31 堆顶元素为最大的建堆过程

(a)原子树；(b)元素47与91交换后的子树；(c)元素85与47交换后的子树

3) 堆排序

首先将一个无序序列建成堆，然后将堆顶元素与堆中的最后一个元素交换。不考虑已经交换到最后的那个元素，将剩下的 $n-1$ 个元素重新调整为堆，重复执行此操作，直到所有元素有序为止。

对于数据元素较少的线性表来说，堆排序的优越性并不明显，但对于大量的数据元素来说，堆排序是很有效的。堆排序最坏情况下需要 $O(n\log_2 n)$ 次比较。堆排序法的时间复杂度：最坏情况下的时间复杂度为 $O(n\log_2 n)$，平均时间复杂度为 $O(n\log_2 n)$。

3.8.4 排序方法的比较

综合比较本节介绍的 3 类共 6 种排序方法的时间和空间复杂度，结果如表 3-4 所示。

表 3-4　常用排序方法的时间和空间复杂度比较

类型	方法	时间复杂度			空间复杂度	稳定性	复杂性
		平均时间	最坏情况	最好情况			
交换类排序	冒泡排序	$O(n^2)$	$O(n^2)$	$O(n)$	$O(1)$	稳定	简单
	快速排序	$O(n\log_2 n)$	$O(n^2)$	$O(n\log_2 n)$	$O(\log_2 n)$	不稳定	较复杂
插入类排序	简单插入排序	$O(n^2)$	$O(n^2)$	$O(n)$	$O(1)$	稳定	简单
	希尔排序	$O(n^{1.3})$	与所取增量序列有关		$O(1)$	不稳定	较复杂
选择类排序	简单选择排序	$O(n^2)$	$O(n^2)$	$O(n^2)$	$O(1)$	不稳定	简单
	堆排序	$O(n\log_2 n)$	$O(n\log_2 n)$	$O(n\log_2 n)$	$O(1)$	不稳定	较复杂

不同的排序方法各有优缺点，人们可根据需要将其运用到不同的场合。

选取排序方法时需要考虑的因素有：待排序的序列长度 n；数据元素本身的大小；关键字的分布情况；对排序的稳定性的要求；语言工具的条件；辅助空间的大小等。根据这些因素，可以得出以下几个结论。

（1）如果 n 较小，则可采用插入类排序法和选择类排序法，由于简单插入排序法所需数据元素的移动操作比简单选择排序法多，因而当数据元素本身信息量较大时，用简单选择排序法较好。

（2）如果文件的初始状态已是基本有序，则最好选用简单插入排序法或冒泡排序法。

（3）如果 n 较大，则应选择快速排序法或堆排序法。快速排序法是目前内部排序方法中性能最好的一种排序方法，当待排序的序列是随机分布时，快速排序法的平均时间最少，但堆排序法所需的辅助空间要少于快速排序法，并且不会出现最坏情况。

 本章小结

本章介绍了算法与数据结构的基本概念，数据结构是指相互有关联的数据元素的集合。数据结构又分为数据的逻辑结构和数据的存储结构。线性表是最简单、最常用的一种数据结构，栈和队列是运算受限的线性表。树是一类重要的非线性结构。查找与排序是数据处理中经常使用的重要算法。

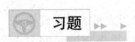 **习题** ▶▶ ▶

一、填空题

1. 常用的数据类型有_____、_____、_____等。

2. 在数据结构中，从逻辑上可以把数据结构分为_____和_____两种。

3. 算法的复杂度主要包括时间复杂度和_____。

4. 数据结构包括 3 个方面的内容：数据的逻辑结构、数据的_____、数据的运算。

5. 对 n 个元素的序列进行冒泡排序时，最坏情况下，需要比较的次数是_____，其时间复杂度为_____。

6. 对长度为 n 的线性表进行顺序查找，在最坏情况下需要比较的次数为_____。

7. 在长度为 n 的有序线性表中进行二分查找，需要比较的次数为_____。

8. 设一棵完全二叉树共有 700 个节点，则在该二叉树中有_____个叶子节点。

9. 在一个容量为 15 的循环队列中，若头指针 front＝6，尾指针 rear＝9，则该循环队列中共有_____个元素。

10. _____是先进先出的线性表，_____是先进后出的线性表。

二、选择题

1. 算法的时间复杂度是指(　　)。

A. 执行算法程序所需要的时间

B. 算法程序的长度

C. 算法执行过程中所需要的基本运算次数

D. 算法程序中的指令条数

2. 算法的空间复杂度是指(　　)。

A. 算法程序的长度　　　　　　　　　B. 算法程序中的指令条数

C. 算法程序所占的存储空间　　　　　D. 算法执行过程中所需要的存储空间

3. 下列描述中正确的是(　　)。

A. 线性表是线性结构　　　　　　　　B. 栈与队列是非线性结构

C. 线性链表是非线性结构　　　　　　D. 二叉树是线性结构

4. 数据结构在计算机存储空间中的存放形式称为(　　)。

A. 数据的存储结构　　　　　　　　　B. 数据结构

C. 数据的逻辑结构　　　　　　　　　D. 数据元素之间的关系

5. 下列属于顺序存储方式的优点的是(　　)。

A. 插入运算方便　　　　　　　　　　B. 存储密度大

C. 删除运算方便　　　　　　　　　　D. 可方便地用于各种逻辑结构的存储表示

6. 栈和队列的共同点是(　　)。

A. 都是先进先出　　　　　　　　　　B. 都是先进后出

C. 只允许在端点处插入和删除元素　　D. 没有共同点

7. 一个队列的入队序列是 1，2，3，4，则该队列的输出序列是(　　)。

A. 1，4，3，2　　　B. 3，2，4，1　　　C. 4，3，2，1　　　D. 1，2，3，4

8. 一个栈的入栈序列是 a，b，c，d，e，则下列不可能的出栈序列是(　　)。

A. edcba　　　　　B. decba　　　　　C. dceab　　　　　D. abcde

9. 若进栈序列为 1，2，3，4，假设进栈和出栈可以穿插进行，则可能的出栈序列是(　　)。

A. 2，4，1，3　　　B. 3，1，4，2　　　C. 3，4，1，2　　　D. 1，2，3，4

10. 链表不具备的特点是(　　)。

A. 可随机访问任意一个节点　　　　　B. 插入和删除不需要移动任何元素

C. 不必事先估计存储空间　　　　　　　D. 所需空间与其长度成正比

11. 深度为 5 的二叉树至多有(　　)个节点。

A. 16　　　　　　　B. 32　　　　　　　C. 31　　　　　　　D. 10

12. 设树 T 的度为 4，其中度为 1，2，3，4 的节点个数分别为 4，2，1，1。则 T 中的叶子节点数为(　　)。

A. 8　　　　　　　B. 7　　　　　　　C. 6　　　　　　　D. 5

13. 某二叉树有 5 个度为 2 的节点，则该二叉树中的叶子节点数是(　　)。

A. 10　　　　　　　B. 8　　　　　　　C. 6　　　　　　　D. 4

14. 下列关于二叉树的描述中，正确的是(　　)。

A. 叶子节点总是比度为 2 的节点少一个

B. 叶子节点总是比度为 2 的节点多一个

C. 叶子节点数是度为 2 的节点数的两倍

D. 度为 2 的节点数是度为 1 的节点数的两倍

15. 一棵二叉树共有 25 个节点，其中 5 个是叶子节点，则度为 1 的节点数为(　　)。

A. 16　　　　　　　B. 10　　　　　　　C. 6　　　　　　　D. 4

16. 某二叉树共有 7 个节点，其中叶子节点有 1 个，则该二叉树的深度为(假设根节点在第 1 层)(　　)。

A. 3　　　　　　　B. 4　　　　　　　C. 6　　　　　　　D. 7

17. 一棵二叉树的前序遍历序列为 ABDGCFK，中序遍历序列为 DGBAFCK，则后序遍历序列是(　　)。

A. AFCKDGB　　　　B. GDBFKCA　　　　C. KCFAGDB　　　　D. ABCDFKG

18. 对线性表进行二分查找时，要求线性表必须(　　)。

A. 以顺序方式存储

B. 以链接方式存储

C. 以顺序方式存储，且节点按关键字有序排列

D. 以链接方式存储，且节点按关键字有序排列

习题答案

第4章 程序设计基础

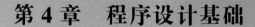

1. 程序设计的基本知识；
2. 结构化和面向对象程序设计方法；
3. 常见的编程语言。

学习目标

1. 理解计算机程序的构成及其执行过程；
2. 掌握结构化程序设计方法；
3. 理解面向对象程序设计的基本概念；
4. 了解计算机语言的发展历史。

素养目标

通过学习计算机处理问题的思路和方法，培养学生的计算思维及分析问题和解决问题的能力。通过学习程序设计的过程，培养学生与程序开发人员沟通合作的能力，并适应人工智能对社会、文化、知识系统造成的冲击和重构。

计算机程序就是指为解决某个问题或完成某项任务而编写的指令序列。程序只有经过编译和执行后才能最终实现其所要完成的功能。用计算机高级语言编制的程序可以用来解决实际工作中遇到的各种问题。

4.1 程序设计方法

程序是计算机的一组指令，用计算机语言来实现，是程序设计的最终结果。程序的设计要经过设计、编制、编译和执行等步骤，所以程序设计是一门技术，需要相应的理论、技术、方法和工具来实现。程序设计方法主要经历了结构化程序设计和面向对象程序设计两个发展阶段。

4.1.1 计算机程序概述

1. 程序的组成

计算机的程序是指为解决某个问题或为完成某项任务而编写的指令序列。程序一般由说明部分和程序体两个部分组成。

1）说明部分

说明部分，又称注释，包括程序名、类型、参数及参数类型的说明。如 Pascal 语言程序将常量和变量的定义划分到说明部分，而 C 语言则将其放在程序体中。

2）程序体

程序体为程序的执行部分，一般由若干条语句构成。

2. 程序中的数据描述

高级语言中的数据一般需要区分数据类型，不同类型的数据在数据表示形式、合法的取值范围、占用存储空间的大小等方面是不同的。而计算机在运算时也需要针对不同类型的数据采用不同的运算方式。不同的高级语言中使用的数据类型是不完全相同的，通常使用的基本数据类型有整型、浮点型、字符型和布尔型。对于整数类型的数据，计算机可以使用加、减、乘、除等基本算术运算；而对于其他类型的数据，计算机则需要使用更复杂的运算方式。此外，数据类型的区分还可以帮助程序员避免出现一些常见的编程错误，例如将一个整数量赋值给一个字符串类型的量，这样的赋值操作在编译时就会被计算机识别为错误，避免了程序运行时错误的发生。

高级语言程序中的数据有两种：一种是在程序运行中不变的数据，称为常量；另一种是在程序运行中可以改变的数据，称为变量。程序根据不同的变量名来区分每一个变量，变量名通常由字母、下划线、数字组成，其有长度要求且不能具有二义性。给变量命名时最好做到见名知意，下面介绍几种常用的变量命名法。

1）匈牙利命名法

微软公司程序员查尔斯·西蒙尼（Charles Simonyi）是 Microsoft Office 的首席设计师，发明了匈牙利命名法。该命名法的基本原则：变量名=属性+类型+对象描述。标识符的名称以一个或多个小写字母开头作为前缀，前缀之后是首字母大写的一个单词或多个单词的组合，用于指明变量的用途，以使程序员对变量的类型和其他属性有直观的了解。例如 iMyAge 变量，"i"是 int 型的缩写；cMyName[10]数组，"c"是 char 型的缩写；fManHeight 变量，"f"是 float 型的缩写。

匈牙利命名法被广泛应用于应用程序和系统软件的开发中，Windows 应用程序采用匈牙利命名法定义变量名。举例来说，如果表单的名称为 form，那么在匈牙利命名法中可以简写为 frm，当表单变量名为 Switchboard 时，变量全称应该为 frmSwitchboard。这样可以很容易地从变量名看出 Switchboard 是一个表单；同样，如果此变量类型为标签，那么就应命名为 lblSwitchboard。可以看出，匈牙利命名法非常便于记忆，而且使变量名非常清晰易懂，这样增强了代码的可读性，方便各程序员之间相互交流代码。

2) 帕斯卡命名法

帕斯卡命名法即 pascal 命名法，其做法是所有单词的首字母大写，如 UserName、MyAge，常用在类的变量命名中。

3) 骆驼命名法

正如它的名称所表示的那样，骆驼命名法是指混合使用大小写字母来构成变量和函数的名称。骆驼命名法跟帕斯卡命名法相似，只是其首字母为小写，如 userName、myAge。

3. 计算机程序的执行

计算机程序的执行过程可分为编辑、编译、连接和运行 4 个过程，如图 4-1 所示。

图 4-1　计算机程序的执行过程

1) 编辑

编辑是指将写好的源程序输入计算机，并以文件形式存盘。不同的计算机语言，其源程序文件的类型是不同的。例如，C 语言的源程序文件的扩展名为 .c，BASIC 语言的源程序文件的扩展名为 .bas 等。目前计算机语言的编译系统一般都提供程序编辑环境。

2) 编译

在计算机语言中，用除机器语言之外的其他语言编写的程序都必须经过"翻译"或"解释"变成机器指令后才能在计算机上执行。因此，必须为计算机提供的各种语言配备相应的"编译程序"或"解释程序"。通过"编译程序"或"解释程序"使人们编写的程序能够最终得到执行的工作方式分别称为编译方式和解释方式。

(1) 编译方式：指将用高级语言编写好的程序(源程序)，经编译程序"翻译"后，形成可由计算机执行的机器指令(目标程序)的过程。程序没有通过编译说明有语法错误，可根据系统的提示对其进行修改，然后重新编译。因此，编译的过程是一个对源程序进行语法分析和程序优化的过程。通过编译的源程序将生成扩展名为 .obj 的目标代码文件。

编译方式具有以下 2 个优点：

① 目标程序可以脱离编译程序而独立运行；

② 目标程序在编译过程中可以通过代码优化等手段提高执行效率。

编译方式存在以下 3 个缺点：

① 目标程序的调试相对困难；

② 目标程序的调试必须借助其他工具软件；

③ 源程序被修改后必须重新编译连接，生成目标程序。

典型的编译型语言是 C、C++、Pascal、FORTRAN 等。

(2) 解释方式：指将用高级语言编写好的程序逐条解释，翻译成机器指令并执行的过程。它不像编译方式那样把源程序全部翻译成目标程序后再运行，而是将源程序解释一句就立即执行一句。

解释方式具有以下 3 个优点：

① 可以随时对源程序进行调试，有的解释语言即使程序有错也能运行，执行到错的语句再报告；

②调试程序手段方便；

③可以逐条调试源程序代码。

解释方式存在以下 3 个缺点：

①被执行程序不能脱离解释环境；

②程序执行进度慢；

③程序未经代码优化，工作效率低。

典型的解释语言是 BASIC、Java，但它们现在也都有了编译方式。

需要事先把源程序送入计算机内存，才能对源程序进行编译或解释。目前，许多编译软件都提供了集成开发环境(Integrated Development Environment，IDE)以方便程序设计者使用。所谓集成开发环境，实质上就是将程序编辑、编译、运行、调试集成在同一环境下，使程序设计者既能高效地执行程序，又能方便地调试程序，甚至是逐条调试和执行源程序。

3）连接

连接是指将目标文件与系统提供的函数等连接起来生成最终的可执行文件。一般可执行文件的扩展名为 .exe，该文件可以被计算机直接运行。

4）运行

运行可执行文件产生计算结果，此时如果有交互数据，那么就要根据需要输入实际数值。

4.1.2 结构化程序设计方法

结构化程序设计的概念最早是由埃德斯加·迪杰斯特拉(E. W. Dijikstra)提出来的，其强调从程序结构和风格上来研究程序设计，注重程序结构的清晰性、可理解性和可修改性。编写规模比较大的程序不可能不犯错误，关键的问题是在编写程序时就应该考虑如何较快地找到程序中的错误并较容易地改正错误。经过几年的探索和实践，结构化程序设计方法的应用取得了成效，遵循结构化程序设计方法编写出来的程序不仅结构良好，容易理解和阅读，而且容易发现错误和纠正错误。

后来，结构化程序设计方法进一步发展，将整个程序划分成若干个可以单独命名和编制的部分，即模块。模块化实际上是把一个复杂的大程序分解为若干个既相互关联又相对独立的小程序，使程序易于编写、理解和修改。好的程序设计方法要有相应的程序设计语言支持，1971 年，尼克莱斯·沃斯(Niklaus Wirth)研发了第一个结构化程序设计语言 Pascal，后来出现的 C 语言也属于结构化程序设计语言。

结构化程序一般具有的基本特征：一个入口、一个出口、程序中无死语句并且没有死循环。为此，在进行结构化程序设计时应遵循以下基本原则。

1. 采用自顶向下、逐步求精的模块化方法设计程序

自顶向下对应于自底向上。用自底向上的程序设计方法编写出的程序往往局部结构较好，而整体结构不佳，有时会导致程序设计不理想或失败。而自顶向下、逐步求精是在编写一个程序时，首先考虑程序的整体结构而忽视一些细节问题，然后一层一层逐步地细化，直至用程序设计语言完全描述每一个细节，即得到所期望的程序为止。这种方法符合人们解决

复杂问题的普遍规律，即先全局后局部，从而使设计出来的软件可读性好，整体结构清晰、合理，提高了软件的可靠性与可理解性。

例如，在设计学生成绩管理系统时，首先将程序分解成 5 个大的功能模块，包括学生成绩录入、学生成绩查询、学生成绩维护、排序与统计及文件存取模块，如图 4-2 所示。再进一步将学生成绩录入模块分解成没有记录时的新建操作，以及已有记录时的添加操作；将学生成绩查询模块分解成查看所有学生记录和查看某一个学生的记录；将学生成绩维护模块分解成删除记录和修改记录；将排序与统计模块分解成按照学号、姓名、语文成绩、数学成绩、英语成绩或平均成绩进行排序，以及对每门课程的通过人数、不及格人数、最低分、最高分、平均分和所有课程的最低分、最高分、平均分进行详细的统计分析等。

图 4-2 学生成绩管理系统功能模块示意图

在详细设计学生成绩查询模块查看某一个学生的记录时，可以进一步细化，通过输入学号或姓名信息进行查找，一旦找到对应记录，则显示该记录的所有信息；如果找不到，则提示用户。这一过程可以采用流程图或伪代码的形式描述，最后写出相应的程序代码。

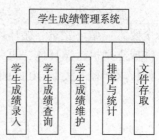

学生成绩管理系统代码1

在此过程中使用的结构化程序设计技术及描述如表 4-1 所示。

表 4-1 学生成绩查询模块的结构化程序设计技术及描述

技术	描述
自顶向下设计	确定主要的处理步骤
程序流程图	解决问题所需步骤的图形描述
伪代码	程序的逻辑描述

2. 尽量使用顺序、分支和循环 3 种基本控制结构编程

1）顺序结构

顺序结构的程序设计是最简单的，只要按照解决问题的顺序写出相应的语句即可，它的执行顺序是自上而下依次执行。顺序结构可以独立使用构成一个简单的完整程序，常见的输入、计算、输出"三部曲"的程序就是顺序结构。例如，计算圆的面积时，其程序的语句顺序先就是输入圆的半径 r，然后计算 $s = 3.14159 \times r \times r$，最后输出圆的面积 s，流程如图 4-3 所示。

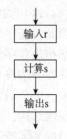

图 4-3 顺序结构流程图

大多数情况下，顺序结构都是作为程序的一部分，与其他结构一起构成一个复杂的程序，如分支结构中的复合语句、循环结构中的循环体等。

2）分支结构

顺序结构的程序虽然能解决计算、输出等问题，但不能先判断再选择。对于要先判断再选择的问题就要使用分支结构。分支结构（又称选择结构）的执行是依据一定的条件选择执行路径，而不是严格按照语句出现的物理顺序执行。分支结构的程序设计方法的关键在于构造合适的分支条件和分析程序流程，根据不同的程序流程选择适当的分支语句。例如，计算圆的面积时，输入圆的半径 r，r 的取值会有 r>=0 和 r<0 两种不同的情况，当 r>=0 时，计算 $s = 3.14159 \times r \times r$，输出圆的面积 s；当 r<0 时，输出提示信息"输入值无效，请重新输入"，

流程如图 4-4 所示。

3）循环结构

循环结构（又称重复结构）是由某个条件来控制某些语句是否重复执行。循环结构有 3 个要素：循环变量、循环体和循环条件。循环结构首先要判断循环条件是否成立，若循环条件成立则执行循环体，再判断循环条件是否成立……直到循环条件不成立，循环结束。例如，求半径 r 从 1~10 的圆的面积，可以使用循环语句完成，流程如图 4-5 所示。

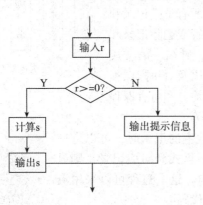

图 4-4　分支结构流程图

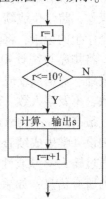

图 4-5　循环结构流程图

顺序结构、分支结构和循环结构彼此并不孤立，在循环中可以有分支、顺序结构，分支结构中也可以有循环、顺序结构。在实际编程过程中常将这 3 种结构相互结合以实现各种算法，设计出相应程序。

3. 限制转向语句的使用

在许多非结构化程序设计语言中，转向语句即 goto 语句往往是构造 3 种控制结构的元素，并且在解决程序设计语言循环体内的出口问题上，goto 语句起着重要作用，所以结构化程序设计并没有从根本上取消 goto 语句。但是大量的资料数据表明：软件产品的质量与软件中 goto 语句的数量成反比；转向语句跨度越大，可能引起的错误越多，错误的性质越严重。因此，程序设计必须限制 goto 语句的使用，避免滥用 goto 语句。

结构化程序设计和之前的程序设计方法相比，有很多优点。由于自顶向下、逐步求精的软件开发方法符合人们解决复杂问题的普遍规律，因此其可以提高软件开发工程的成功率和生产率。由全局到局部、由整体到细节、由抽象到具体的逐步求精过程开发出的软件具有良好的层次结构，更易于人们的阅读和理解。由于限制或不使用 goto 语句，只使用单入口、单出口的基本控制结构，使程序的静态结构和它的动态执行情况较为接近，程序的逻辑结构清晰，有利于程序的正确性证明，对于错误的诊断和纠正比较容易。另外，软件在修改或重新设计时，代码的再用量也很大。当然，结构化程序设计也有缺点，通常需要的存储容量和运行时间都有一定的增量，增量为 10%~20%。

4.1.3　面向对象程序设计方法

结构化程序设计方法强调将一个较为复杂的任务分解成许多易于控制和处理的子任务，按自顶向下的顺序完成软件开发各阶段的任务。然而，人类认识客观世界、解决现实问题的过程实际上是一个渐进的过程。人类的认识是在继承的基础上，经过多次反复才能逐步深化。面向对象方法学就是尽量模拟人类习惯的思维方式，使软件开发的方法与过程尽可能接近人类认识世界、解决问题的方法与过程，从而使描述的问题空间(问题域)与实现解法的解空间(求解域)在结构上尽可能一致。

下面以学生信息管理系统为例说明结构化程序设计方法和面向对象程序设计方法的区别。

结构化程序设计是将要处理的问题转变为数据和过程两个相互独立的实体来对待，强调的是过程。当存储数据的数据结构变化时，必须修改与之有关的所有模块。例如，学生信息管理系统处理的学生类型是研究生，允许用户进行输入学生信息、输出学生信息、插入(学生)、删除(学生)、查找(学生)等操作。这时如果要再增加一种学生类型——在职研究生，则不能直接用原来的程序。因为学生类型不同，而不同类型的学生就要对应不同的处理过程，因此需要重新编写程序代码。由此可见，面向过程的开发是基于功能分析和功能分解的，可重用性较低，维护代价高。

面向对象程序设计方法是将客观事物看作具有属性和行为的对象，通过对客观事物的抽象找出同一类对象的共同属性(静态属性)和行为(动态特征)，并形成类。每个对象都有自己的数据、操作、功能和目的，通过对类的继承与派生、多态等技术提高代码的可重用性。例如，用面向对象程序设计的思想设计学生信息管理系统时，可以先定义一个学生类，包括学生的姓名、年龄、班级等信息和对学生信息进行处理的相应操作，当需要再增加一种学生类型时，可以采用继承和派生的方式，在学生类的基础上派生出一个新类，该新类不仅能继承学生类的所有特性，而且可以根据需要增加必要的程序代码，从而避免公用代码的重复开发，实现代码重用。由此可见，面向对象程序设计的思想更接近人类的思维活动。

为了实现上述操作，需要先理解抽象的概念。抽象就是从众多的事物中抽取出共同的、本质的特征，舍弃其非本质的特征。例如，苹果、香蕉、葡萄等，它们共同的特征是水果。这个得出水果概念的过程，就是一个抽象的过程。共同特征是指那些能够把一类事物与其他类事物区分开的特征，这些具有区分作用的特征又称本质特征。而共同特征又是相对的，指从某一个片面来看是共同的。例如，汽车和大米从买卖的角度来看都是商品，这是它们的共同特征，但从其他方面比较时，它们则是不同的。因此，在抽象时，哪些是共同特征取决于从什么角度进行抽象。抽象的角度取决于分析问题的目的。抽象的目的主要是降低复杂度，以得到问题域中较简单的概念，使人们能够控制其过程或以宏观的角度了解许多特定的事态。

抽象包含两个方面：一方面是过程抽象；另一方面是数据抽象。过程抽象针对对象的行为特征，如鸟会飞、会跳等，这些方面可以抽象为过程即方法，写成类时都是鸟的方法。数据抽象针对对象的属性，如建立一个鸟这样的类，鸟具有以下特征，即两个翅膀、两只脚、羽毛等，写成类时都应是鸟的属性。

当用面向对象程序设计方法设计学生信息管理系统时，由于管理的对象是学生，所以分析的重点就应该是学生，通过分析学生信息管理系统的各种功能、操作和学生的主要属性(学号、姓名、班级、年龄、性别、成绩等)，找出其共性，将学生作为一个整体，并将其抽象成一个类(Student)，将学生群体抽象为一个类的过程如图 4-6 所示。在该抽象过程中，首先有高低、胖瘦、学习好坏等各不相同的学生 1、学生 2……但他们都属于学生，都具有学号、姓名、班级、年龄、性别、成绩等属性(数据)，还有输入学号、输出姓名、修改班级、打印各科成绩等行为(方法)。因此，可以把这些属性和方法封装起来从而形成类。有了类后，就可以建立类的实例，即类所对应的对象。在此基础上还可以派生出其他类，从而实现代码的重用。

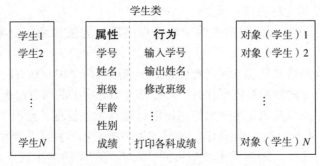

图 4-6 将学生群体抽象为一个类的过程

进行面向对象程序设计时，应该采用面向对象程序设计。C++和 Java 均属于面向对象程序设计语言。一般而言，面向对象程序设计语言应该具有以下的特征。

（1）支持对象（Object）的有关概念。

（2）将对象抽象为类（Class）。

（3）类通过继承（Inheritance）形成类层次。

（4）对象间通过传递消息（Message）而相互联系。

学生成绩管理系统代码2

1. 面向对象程序设计的基本特性

面向对象程序设计具有以下 3 个基本特征。

1）封装

封装是面向对象方法的一个重要特点，即将对象的属性和行为封装在对象的内部，形成一个独立的单位，并尽可能隐蔽对象的内部细节。对数据的访问只允许通过已经定义好的接口，即通过预先定义的、关联到某一对象的服务和数据的接口，而无须知道这些服务是如何实现的。例如一台洗衣机，使用者无须关心其内部结构，也无法（当然也没必要）操作洗衣机的内部电路，因为它们被封装在洗衣机内部，这对于用户而言是隐蔽的、不可见的。用户只需要掌握如何使用机器上的按键即可，如启动/暂停按键、功能选择按键等。这些按键安装在洗衣机的表面，人们通过它们与洗衣机交流，告诉洗衣机应该做什么。面向对象就是基于这个概念，将现实世界描述为一系列完全自治、封装的对象，这些对象通过固定受保护的接口访问其他对象。在上例的学生对象中，其他对象可通过直接调用方法"打印各科成绩"来实现学生成绩的打印，而不必关心打印的具体实现细节。

2）继承

继承是子类自动共享父类数据结构和方法的机制，这是类之间的一种关系。在定义和实现一个类时，可以在一个已经存在的类的基础上进行，把这个已经存在的类所定义的内容作为自己的内容，并加入若干新的内容。对象的一个新类可以从现有的类中派生，这称为类的继承。新类继承了原始类的特性，新类称为原始类的派生类或子类，原始类称为新类的基类或父类。子类不仅可以继承父类的数据成员和方法，还可以增加新的数据成员和方法，或者修改已有的方法使之满足需求。如图 4-7 所示为人、学生、大学生之间的继承关系，箭头的方向指向其父类。在此例中"学生"也是"人"，具有身高、体重、性别、年龄等人类的共同属性，除此之外，学生还有自己所特有的属性，如班级、成绩等。同样，大学生除继承学生的全部属性外，还有所学专业、所修学分等特有属性。

继承是面向对象程序设计语言不同于其他语言最重要的特性，是其他语言所没有的。在类层次中，子类只继承一个父类的数据结构和方法，称为单重继承或单继承，如图4-8所示。子类继承了多个父类的数据结构和方法，称为多重继承或多继承，如图4-9所示。通过类的继承关系，公共的特性能够实现共享，提高代码的可重用性。

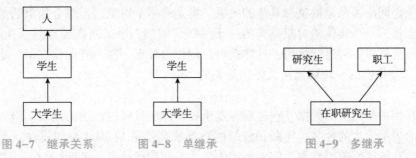

图4-7 继承关系　　　图4-8 单继承　　　图4-9 多继承

3）多态

多态是面向对象方法的重要特性。不同的对象收到同一消息可以产生不同的结果，这种现象称为多态。多态允许每个对象以适合自身的方式去响应共同的消息。例如，一个学生拿着象棋对另一个学生说："咱们玩棋吧。"另一个学生听到请求后就明白是玩象棋；一个小朋友拿着跳棋对另一个小朋友说："咱们玩棋吧。"另一个小朋友听到请求后就明白是玩跳棋。在这两件事情中，学生和小朋友都是在"玩棋"，但他们听到请求以后的行为是不同的，这就是多态。多态使同一个属性或行为在父类及其各派生类中具有不同的语义。在学生信息管理系统中，父类是"学生"，它具有"输入学生信息"和"输出学生信息"的行为。派生类"大学生""研究生"和"在职研究生"等都继承了父类"学生"的输入学生信息、输出学生信息的功能，但具体输入、输出的信息却各不相同。当发出"输入学生信息"或"输出学生信息"的消息，"大学生""研究生"和"在职研究生"等类的对象接收到这个消息后，将执行不同的功能，这就是面向对象方法中的多态。多态丰富了对象的内容，扩大了对象的适应性，改变了对象单一继承的关系，增强了软件的灵活性和可重用性。

2. 面向对象程序设计的术语

下面介绍几个面向对象程序设计的常用术语。

1）类

类是对一组具有共同属性特征和行为特征对象的抽象。例如学生张三、学生王明，虽然是不同的学生，但他们的基本特征是相似的，都有姓名、年龄、班级、成绩等，因此将他们统称为学生（Student）类。

2）对象

对象是封装数据结构，并可以施加这些数据结构操作的封装体。对象中的数据表示对象的状态，对象中的操作可以改变对象的状态。在现实世界中，对象是认识世界的基本单元，既可以是人、物，也可以是一件事。对象既可以是一个有形的、具体存在的事物，如一个球、一个学生、一辆车，也可以是无形的、抽象的事件，如一节课、一场球赛等。对象既可以简单对象，也可以是由多个对象构成的复杂对象。术语"对象"既可以是指一个具体的对象，也可以泛指一般的对象。

3）实例

实例是一个类所描述的一个具体的对象。例如，通过 Student 类定义的一个具体对象学生王明就是 Student 类的一个实例，即一个对象。王明（姓名）、20（年龄）、网络 021（班级）、网络工程（专业）、80（高等数学成绩）、90（大学物理成绩），这些就是对象中的数据。输入学生信息、输出学生信息等操作就是对象中的操作。

类和对象之间的关系是抽象和具体的关系。类是对多个对象进行综合抽象的结果，对象是类的个体实物，一个具体的对象是类的一个实例。例如，手工制作糕点时，先制作模具，然后将面塞进模具里，再进行烘烤，这样就可以制作出外形一模一样的糕点了。这个模具就类似于"类"，制作出的一块块糕点就好比是类的"实例"。

4）属性

属性是在类中所定义的数据。它是对客观世界实体所具有的性质的抽象。例如，Student 类中所定义的表示学生的姓名、年龄和成绩的数据成员就是 Student 类的属性。类的每个实例都有自己特有的属性值。例如，前面所述的学生王明的属性值：王明（姓名）、20（年龄）、网络 021（班级）、网络工程（专业）、80（高等数学成绩）、90（大学物理成绩），就是该实例特有的属性值。

5）消息

消息就是要求某个对象执行定义该对象类中某个操作的规格说明。消息具有以下 3 个性质：

（1）同一个对象可以接收不同形式的多个消息，做出不同的响应；

（2）相同形式的消息可以传递给不同的对象，所做出的响应可以是不同的；

（3）接收对象对消息的响应并不是必需的，对象可以响应消息，也可以不响应。

在面向对象程序设计中，消息分为公有消息和私有消息，其中公有消息是由其他对象直接向它发送的，私有消息则是它向自己发送的。

6）方法

方法是对象所执行的操作，也是类中所定义的服务。方法描述了对象执行操作的算法、响应消息的方法。

7）重载

在解决问题时经常会遇到一些函数，虽然它们的功能相同，但其参数类型或参数个数并不相同。例如，求最大值问题，其参数类型可能是整型，也可能是实型；可能是求两个参数的最大值，也可能是求 3 个参数的最大值。但很多程序设计语言要求函数名必须唯一，因此就需要定义不同的函数名，还需要记忆很多不同的名字。针对这类问题，可以采用重载机制，即允许具有相同或相似功能的函数使用同一个函数名，使用时根据参数类型或参数个数由系统自行选择，从而减轻了记忆多个函数名的负担。

3. 面向对象方法的优点

面向对象方法具有以下 5 个优点。

1）符合人类的思维习惯

面向对象的基本原理：使用现实世界的概念，抽象地思考问题，从而自然而然地解决问题。其强调模拟现实世界中的概念而不强调算法。

2）稳定性好

面向对象方法基于构造问题领域的对象模型，以对象为中心构造软件系统。它的基本做法是用对象模拟问题域中的实体，以对象间的联系刻画实体间的联系。因此，当对系统的功能需求变化时仅需要做一些局部性的修改。

3）可重用性好

软件重用是指在不同的软件开发过程中重复使用相同或相似软件元素的过程。重用是提高软件生产率最主要的方法，有两种方法可以重复使用一个对象类：一种是创建该类的实例，从而直接使用它；另一种是从它派生出一个满足当前需要的新类。

4）易于开发大型软件产品

用面向对象模型开发软件时，可以把一个大型产品看作一系列本质上相互独立的小产品来处理，这不仅降低了开发的技术难度，而且也使对开发工作的管理变得容易。

5）可维护性好

由于用面向对象方法开发的软件具有较好的稳定性，比较容易修改和理解，易于测试和调试，因此该软件易于维护。

4.1.4　程序设计风格

程序设计风格指一个人编制程序时所表现出来的特点、习惯、逻辑思路等。随着计算机技术的发展，软件的规模逐渐增大，软件的复杂性也提高了。这就要求程序员编写的程序不仅自己能看懂，而且要让别人能看懂。因此，程序首先要结构合理、清晰，具有较高的可阅读性，其次要便于调试和维护，这就需要建立良好的程序设计风格。

良好的程序设计风格是一种好的程序设计规范，包括良好的代码设计、函数模块、接口功能以及可扩展性等，更重要的是程序设计过程中代码的风格，包括缩进、注释、变量及函数的命名等。下面是程序设计时应该遵循的基本原则。

1. 源程序文档化

（1）标识符应按意取名，见名知义。

（2）程序应加注释。注释是程序员与日后读者之间通信的重要工具，用自然语言或伪代码描述。它说明了程序的功能，特别是在维护阶段，为读者理解程序提供了明确指导。注释分序言性注释和功能性注释。序言性注释应置于每个模块的起始部分，主要内容如下。

①说明每个模块的用途、功能；

②说明模块的接口：调用形式、参数描述及从属模块的清单；

③数据描述：重要数据的名称、用途、限制、约束及其他信息；

④开发历史：设计者、审阅者姓名及日期、修改说明及日期。

功能性注释嵌入源程序内部，说明程序段或语句的功能以及数据的状态。在程序中添加注释时应注意以下 3 点。

①注释用来说明程序段，而不是每一行程序都要加注释。

②使用空行、缩格或括号，以便很容易区分注释和程序。

③修改程序也应修改注释。

2. 数据说明原则

（1）数据说明顺序应规范，使数据的属性更易于查找，从而有利于测试、纠错与维护。

（2）当一条语句说明多个变量时，各变量名应按字典顺序排列。

（3）对于复杂的数据结构，要加注释，说明在程序实现时的特点。

3. 语句构造原则

语句构造的原则是简单直接，不能为了追求效率而使代码复杂化。为了便于阅读和理解，不要一行多条语句。不同层次的语句采用缩进形式，使程序的逻辑结构和功能特征更加清晰。要避免复杂的判定条件，避免多重的循环嵌套。表达式中使用括号以提高运算次序的清晰度等。

4. 输入、输出原则

（1）输入操作步骤和输入格式尽量简单。

（2）应检查输入数据的合法性、有效性，报告必要的输入状态信息及错误信息。

（3）输入一批数据时，使用数据或文件结束标志，而不要用计数来控制。

（4）交互式输入时，提供可用的选择和边界值。

（5）当程序设计语言有严格的格式要求时，应保持输入格式的一致性。

（6）输出数据表格化、图形化。

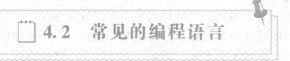

4.2 常见的编程语言

4.2.1 计算机语言的发展史

计算机需要执行人们事先编制好的程序，书写程序所用到的语言称为程序设计语言，即计算机语言。程序设计语言可分为机器语言、汇编语言和高级语言 3 类。

1. 机器语言

机器语言是第一代计算机语言。机器语言是用二进制代码表示的、计算机能直接识别和执行的一批机器指令的集合，它是计算机的设计者通过计算机的硬件结构赋予计算机的操作功能。

使用机器语言是十分痛苦的，特别是在程序有错误需要修改时更是如此。而且，不同型号的计算机，其机器语言是不相通的，按一种计算机的机器指令编制的程序，不能在另一种计算机上执行，因此机器语言的程序没有通用性，是面向机器的语言。由于使用的是针对特定型号计算机编制的语言，因此机器语言的运算效率是所有语言中最高的。

2. 汇编语言

为了减轻使用机器语言编程带来的痛苦，人们对机器语言进行了一些有益的改进，用一些简洁的英文字母、符号串来替代一个特定指令的二进制串。例如，用"ADD"代表加法，"MOV"代表数据传递等。这样，人们能很容易读懂并理解程序在完成什么功能，纠错及维护都变得更方便，这种程序设计语言称为汇编语言，即第二代计算机语言。

汇编语言的特点是用助记符代替机器指令代码，助记符与指令代码一一对应，基本保留了机器语言的灵活性，比直接用机器语言的二进制代码来编程更方便，在一定程度上简化了编程过程。汇编语言面向机器并能较好地发挥机器的特性，程序运行效率较高。

用汇编语言编制的源程序在输入计算机时不能直接被识别和执行，还必须通过预先存入计算机的"汇编程序"的加工和翻译，才能变成能够被计算机识别和处理的二进制代码程序。

用汇编语言编写的符号程序称为源程序，源程序经汇编程序翻译成目标程序。目标程序是机器语言程序，它一旦被安置在内存的预定位置上，就能被计算机的 CPU 处理和执行。

汇编语言像机器指令一样，是硬件操作的控制信息，因此仍然是面向机器的语言，使用起来比较烦琐费时，通用性也差。但汇编语言可以被用来编制系统软件和过程控制软件，其目标程序占用内存空间少，运行速度快，有着高级语言不可替代的用途。

3. 高级语言

无论是机器语言还是汇编语言，它们都是面向硬件具体操作的，对机器过分依赖，要求使用者必须对硬件结构及其工作原理都十分熟悉，这对非计算机专业人员来说是难以做到的，对于计算机的推广应用是不利的。

计算机技术的发展，促使人们去寻求一些与人类自然语言相接近且能为计算机所接受的语意确定、规则明确、自然直观和通用易学的计算机语言。这种与自然语言（英语）、数学语言相近并为计算机所接受和执行的计算机语言称为高级语言。高级语言是面向算法的语言，每一种高级（程序设计）语言都有自己规定的专用符号、英文单词、语法规则和语句结构（书写格式）。高级语言与自然语言（英语）更接近，而与硬件功能相分离（彻底脱离了具体的指令系统），便于掌握和使用。高级语言的通用性强，兼容性好，便于移植。

4.2.2　计算机高级语言

自从 1954 年第一个完全脱离机器硬件的高级语言 FORTRAN 问世以来，共有几百种高级语言出现，其中具有重要意义的有几十种。下面介绍 TIOBE 编程语言排行榜及上榜的前几种编程语言，并用流行度超过 10% 的编程语言实现 HelloWorld 程序的编写。

TIOBE 排行榜是根据互联网上有经验的程序员、课程和第三方厂商的数量，并使用搜索引擎（如 Google、Bing、Yahoo）以及 Wikipedia、Amazon、YouTube 和 Baidu 统计出的排名数据，只是反映某个编程语言的热门程度，并不能说明一门编程语言的好坏，或者一门语言所编写的代码数量的多少。

TIOBE 编程语言排行榜每月更新一次，依据的指数是基于世界范围内的资深软件工程师和第三方供应商提供，其结果作为当前业内程序开发语言的流行使用程度的有效指标。该指数可以用来检阅开发者的编程技能能否跟上趋势，或是否有必要做出战略改变，以及什么编程语言是人们应该及时掌握的。观察认为，该指数反应的虽并非当前最流行或应用最广的语言，但对世界范围内开发语言的走势仍具有重要参考意义。

2023 年 1 月，在 TOIBE 公布的编程语言排行榜中，Python 仍然稳居第一位，C 语言、C++分别占据第二位和第三位。C++在 2022 年的受欢迎程度同比增长了 4.62%，赢得 2022 年度编程语言称号，紧随其后的是 C 语言（+3.82%）和 Python（+2.78%），如图 4-10 所示。

HelloWorld 程序告诉计算机显示"Hello，World！"这几个词。传统上，它是程序开发人员用来测试系统的第一个程序。对于程序员来说，在屏幕上看到这几个词意味着他们的代码可以编译、加载、运行并且他们可以看到输出结果。编写 Hello World 程序一直都是每一门语言经典的第一课，1978 年，布莱恩·柯林汉（Brian Kernighan）编写了一本名叫《C 程序设计语言》的编程书，在程序员中广为流传。他在这本书中第一次引用的 Hello World 程序，源自他在 1973 年编写的一部讲授 B 语言的编程教程，该教程非常著名，所以后来程序员在学习编程或进行设备调试时延续了这一习惯。

2023年1月排名	2022年1月排名	排名变化	编程语言	流行度(%)	流行度变化(%)
1	1		Python	16.36	+2.78
2	2		C	16.26	+3.82
3	4	↑	C++	12.91	+4.62
4	3	↓	Java	12.21	+1.55
5	5		C#	5.73	+0.05
6	6		Visual Basic	4.64	−0.10
7	7		JavaScript	2.87	+0.78
8	9	↑	SQL	2.50	+0.70
9	8	↓	Assembly Language	1.60	−0.25
10	11	↑	PHP	1.39	0.00
11	10	↓	Swift	1.20	−0.21
12	13	↑	Go	1.14	+0.10
13	12	↓	R	1.04	−0.21
14	15	↑	Classic Visual Basic	0.98	+0.01
15	16	↑	MATLAB	0.91	−0.05
16	18	↑	Ruby	0.80	−0.08
17	14	↓	Delphi/Object Pascal	0.73	−0.27
18	26	↑	RUST	0.61	+0.11
19	20	↑	Perl	0.59	−0.12
20	23	↑	Scratch	0.58	−0.01

图 4-10　TIOBE 编程语言排行榜

1. Python

Python 由荷兰数学和计算机科学研究学会的吉多·范罗苏姆（Guido van Rossum）于 20 世纪 90 年代初设计，作为一门被称为 ABC 语言的替代品。Python 提供了高效的高级数据结构，还能简单有效地面向对象编程。Python 语法和动态类型，以及解释型语言的本质，使它成为多数平台上编写脚本和快速开发应用的编程语言，随着其版本的不断更新和语言新功能的添加，逐渐被用于独立的、大型项目的开发。

Python 解释器易于扩展，可以使用 C 语言或 C++（或者其他可以通过 C 语言调用的语言）扩展新的功能和数据类型。Python 也可用于可定制化软件中的扩展程序语言。Python 丰富的标准库，提供了适用于各个主要系统平台的源码或机器码。

2021 年 10 月，TIOBE 编程语言排行榜将 Python 加冕为最受欢迎的编程语言，20 年来首次将其置于 Java、C 语言和 JavaScript 之上。

下面是用 Python 编写的 Hello World 程序代码。

```python
print("Hello,world!")
```

2. C 语言

C 语言是一门面向过程的、抽象化的通用程序设计语言，广泛应用于底层开发。C 语言能以简易的方式编译、处理低级存储器。C 语言是仅产生少量的机器语言以及不需要任何运行环境支持便能运行的高效率程序设计语言。尽管 C 语言提供了许多低级处理的功能，但其仍然保持着跨平台的特性，以一个标准规格编写出的 C 语言程序可在包括类似嵌入式处理器以及超级计算机等作业平台的许多计算机平台上进行编译。

下面是用 C 语言编写的 Hello World 程序代码。

```
#include<stdio. h>
int main(    )
{
    printf("Hello,world!");
    return 0;
}
```

3. C++

C++是 C 语言的继承，它既可以进行 C 语言的过程化程序设计，又可以进行以抽象数据类型为特点的基于对象的程序设计，还可以进行以继承和多态为特点的面向对象的程序设计。C++擅长面向对象程序设计的同时，还可以进行基于过程的程序设计，因而其既适应编写大规模的程序，也方便解决小的问题。

C++不仅拥有计算机高效运行的实用性特征，同时致力于提高大规模程序的编程质量与程序设计语言的问题描述能力。

下面是用 C++编写的 Hello World 程序代码。

```
#include<iostream>
using namespace std;
int main(    )
{
    cout<<"Hello,world!"<<endl;
    return 0;
}
```

4. Java

Java 是一门面向对象编程语言，不仅吸收了 C++的各种优点，还摒弃了 C++里难以理解的多继承、指针等概念，因此 Java 具有功能强大和简单易用两个特征。Java 作为静态面向对象编程语言的代表，极好地实现了面向对象理论，允许程序员以优雅的思维方式进行复杂的编程。

Java 具有简单性、面向对象、分布式、健壮性、安全性、平台独立与可移植性、多线程、动态性等特点。Java 可以编写桌面应用程序、Web 应用程序、分布式系统和嵌入式系统应用程序等。

下面是用 Java 编写的 Hello World 程序代码。

```
public class Main{
    public static void main(String[] args){
        System. out. println("Hello,world!");
    }
}
```

5. C#

C#是微软公司发布的一种由 C 语言和 C++衍生出来的面向对象的、运行于 .NET Framework 和 .NET Core(完全开源，跨平台)之上的高级程序设计语言，并定于在微软职业开发者论坛上登台亮相。C#是微软公司研究员(安德斯·海尔斯伯格)Anders Hejlsberg 的最新成果。C#看起来与 Java 有着惊人的相似；它包括了诸如单一继承、接口、与 Java 几乎同样的语法和编译成中间代码再运行的过程。但是 C#与 Java 有着明显的不同，它借鉴了 Delphi 的一个特点，与 COM(组件对象模型)是直接集成的，而且它是微软公司 .NET Windows 网络框架的主角。

C#是由 C 语言和 C++衍生出来的一种安全的、稳定的、简单的、优雅的面向对象编程语言。它在继承 C 语言和 C++强大功能的同时去掉了一些它们的复杂特性(例如没有宏以及不允许多重继承)。C#综合了 Visual Basic 简单的可视化操作和 C++的高运行效率，以其强大的操作能力、优雅的语法风格、创新的语言特性和便捷的面向组件编程的支持成为 .NET 开发的首选语言。

C#是面向对象的编程语言。它使程序员可以快速地编写各种基于 .NET 平台的应用程序。

C#使 C++程序员可以高效地开发程序，因为其可调用由 C 语言或 C++ 编写的本机原生函数，所以也不损失 C 语言或 C++原有的强大的功能。因为这种继承关系，C#与 C 语言或 C++具有极大的相似性，熟悉类似语言的开发者可以很快地转向 C#。

6. Visual Basic

Visual Basic(简称 VB)是微软公司开发的一种通用的基于对象的程序设计语言，是一种结构化的、模块化的、面向对象的、包含协助开发环境的事件驱动为机制的可视化程序设计语言，也是一种可用于微软自家产品开发的语言。

"Visual" 指的是开发图形用户界面(Graphical User Interface，GUI)的方法——无须编写大量代码去描述界面元素的外观和位置，而只要把预先建立的对象添加到屏幕上的一点即可。"Basic"指的是 BASIC(Beginners All-Purpose Symbolic Instruction Code)语言，是一种在计算技术发展历史上应用得最为广泛的语言。

VB 源自 BASIC 编程语言。VB 拥有 GUI 和快速应用程序开发(Rapid Application Development，RAD)系统，可以轻易地使用数据访问对象(Data Access Objects，DAO)、远程数据对象(Remote Data Objects，RDO)、ActiveX 数据对象(ActiveX Data Objects，ADO)连接数据库，或者轻松地创建 ActiveX 控件，用于高效生成类型安全和面向对象的应用程序。程序员可以轻松地使用 VB 提供的组件快速建立一个应用程序。

7. JavaScript

JavaScript(简称 JS)是一种具有函数优先的轻量级、解释型或即时编译型编程语言。虽然它是作为开发 Web 页面的脚本语言而出名，但是它也被用到了很多非浏览器环境中。JavaScript 基于原型编程、多范式的动态脚本语言，并且支持面向对象、命令式、声明式、函数式编程范式。

JavaScript 是在 1995 年由网景(Netscape)公司的布兰登·艾奇(Brendan Eich)在网景导航者浏览器上首次设计实现而成。因为 Netscape 与 Sun 合作，Netscape 管理层希望其外观看起来像 Java，因此取名为 JavaScript。

8. SQL

结构化查询语言(Structured Query Language)简称 SQL，是一种特殊目的的编程语言，也是一种数据库查询和程序设计语言，用于存取数据以及查询、更新和管理关系数据库系统。

SQL 是高级的非过程化编程语言，允许用户在高层数据结构上工作。它不要求用户指定对数据的存放方法，也不需要用户了解具体的数据存放方式，所以具有完全不同底层结构的不同数据库系统，可以使用相同的 SQL 作为数据输入与管理的接口。SQL 语句可以嵌套，这使它具有极大的灵活性和强大的功能。

 本章小结

本章介绍了程序设计的基本过程，讲述了结构化和面向对象程序设计方法，以及计算机语言的发展史和计算机高级语言的相关知识；旨在帮助读者了解程序设计基础知识，掌握程序设计风格的基本要素，为今后学习程序设计语言和编写程序做好理论和知识准备。

习题　▶▶▶

一、填空题

1. 传统的计算机程序的执行过程可分为_____、_____、_____和_____4个过程。

2. 高级语言程序中的数据有常量和_____两种。

3. 程序设计语言可分为_____、_____和_____3 类。

4. 程序中的注释分为序言性注释和_____注释两种。

二、选择题

1. 结构化程序设计的 3 种基本结构是(　　)。

A. 顺序、分支、循环　　　　　　　　B. 递归、嵌套、调用

C. 过程、子过程、主程序　　　　　　D. 顺序、转移、调用

2. 面向对象的开发方法中，类与对象的关系是(　　)。

A. 抽象与具体　　　B. 具体与抽象　　　C. 部分与整体　　　D. 整体与部分

3. 信息隐蔽是通过(　　)实现的。

A. 抽象　　　　　　B. 封装　　　　　　C. 继承　　　　　　D. 传递

4. (　　)不是面向对象的特征。

A. 封装　　　　　　B. 继承　　　　　　C. 多态　　　　　　D. 过程调用

5. 在面向对象方法中，对象之间进行通信的结构称为(　　)。

A. 口令　　　　　　B. 消息　　　　　　C. 调用语句　　　　D. 命令

6. 一个程序一般由(　　)两部分组成。

A. 说明部分和执行部分

B. 可执行部分和不可执行部分

C. 软件本身和软件存储介质

D. 说明部分和程序体

习题答案

第5章 软件工程基础

典型的软件有操作系统软件、办公软件、图像浏览与处理软件、杀毒软件及防火墙、解压缩软件、下载软件、即时通信软件等。这些软件的广泛应用使人们的工作更加高效，生活更加丰富多彩。

软件工程(Software Engineering，SE)是一门研究用工程化的方法构建和维护有效的、实用的和高质量的软件的学科，涉及程序设计语言、数据库、软件开发工具、系统平台、标准、设计模式等多方面。

5.1 软件工程基础知识

随着计算机应用领域的不断扩大，软件需求量和规模迅速增加，软件的开发及维护成本不断上升，问题日益严重；同时，微电子技术不断进步，计算机硬件成本逐步下降。相比之下，软件成了限制计算机系统发展的关键因素，在研究如何解决软件问题的过程中，逐渐形成了软件工程这门学科。

5.1.1　软件工程的基本概念

要深入理解软件工程，需要从软件、软件危机、软件生命周期、软件工程目标和研究内容、软件工程的原则等方面进行了解。

1. 软件定义

中华人民共和国国家标准(简称国标)中对计算机软件的定义：与计算机系统的操作有关的计算机程序、规程、规则，以及可能有的文件、文档及数据。

软件是指计算机系统中与硬件相互依存的另一部分，是包括程序、数据和相关文档的完整集合。程序是软件开发人员根据用户需求开发的、用程序设计语言描述的、适合计算机执行的指令序列。数据是使程序能正常操纵信息的数据结构。文档是与程序的开发、维护和使用有关的图文资料。

深入理解软件的定义需要了解软件的特点，具体如下。

(1)软件是一种逻辑实体，而不是物理实体，具有抽象性。

我们可以把软件存储在存储介质上，但不能也无法看到软件本身的具体形态，必须通过观察、分析、思考、判断，才能了解它的功能、性能等特性。

(2)软件没有明显的制作过程。软件一旦研制开发成功，可以大量进行复制。因此，我们必须在软件的开发方面下功夫。

(3)软件的运行和使用不能使其磨损、老化。软件的退化主要是由失效引起的，多数情况是软件为了适应硬件及环境因素，需要进行修改与升级，而这些修改或升级不可避免地引入一些错误，从而导致软件失效率升高。

(4)软件的开发、运行对计算机系统具有很强的依赖性，这导致了软件移植的问题。

(5)软件复杂性高，成本昂贵。软件是人类有史以来生产的复杂度最高的工业产品，涉及人类社会的各行各业。软件开发常常涉及其他领域的专门知识，需要投入大量、高强度的脑力劳动，成本高，风险大。

例如，Taligent 是一套操作系统，是苹果公司于 20 世纪 80 年代末开始实施的构想，它应该是性能卓越、面向未来的新一代的 PC 操作平台。Taligent 的名称由"天才"(Talent)和"智力"(Intelligence)组合而成。就是这么一个充满智慧的项目，却是我们从未见到的，因为它在 1995 年便无疾而终了。

事实上，软件产品的立项、开发团队的构建、需求分析的制订、软件的架构设计、具体实施的步骤等因素都可能导致软件开发的失败，有时甚至过于追求完美也是导致软件开发失败的主要因素。

(6)软件开发涉及诸多社会因素。许多软件的开发和运行涉及软件用户的机构设置、体制问题以及管理方式等，甚至涉及人们的观念和心理、软件知识产权及法律等问题。

软件根据应用目标的不同，其分类是多种多样的。软件按功能可以分为应用软件、系统软件、支撑软件(或工具软件)。

应用软件是为解决特定领域的应用而开发的软件。例如，事务处理软件、工程与科学计算软件、实时处理软件、嵌入式软件、人工智能软件等应用性质不同的各种软件。

系统软件是计算机管理自身资源，提高计算机使用效率并为计算机用户提供各种服务的软件，如操作系统、编译程序、汇编程序、网络软件、数据库管理系统等。

支撑软件是介于系统软件和应用软件之间，协助用户开发软件的工具性软件，包括辅助开发和维护应用软件的工具软件，如需求分析工具软件、设计工具软件、编码工具软件、测试工具软件、维护工具软件等，也包括辅助管理人员控制开发进程和项目管理的工具软件。

2. 软件危机

软件危机（Software Crisis）是指计算机软件在它的开发和维护过程中所遇到的一系列严重问题，这些问题表现在以下 6 个方面。

（1）用户对系统不满意，软件需求的增长得不到满足。

（2）软件开发成本和进度无法控制。

（3）软件质量难以保证。

（4）软件不可维护，或者维护程度非常低。

（5）软件成本在计算机系统总成本中所占的比例逐年上升。

（6）软件开发生产率提高的速度远远跟不上硬件的发展和计算机应用迅速普及深入的趋势。

总之，可以将软件危机归结为成本、质量和生产率等问题。

以上仅列举了软件危机的明显表现，当然，与软件开发和维护有关的问题远远不止这些。造成软件危机的原因是多方面的，有属于开发人员方面的，也有软件本身的特点方面的。

软件是由程序以及开发、使用和维护程序需要的所有文档构成。因此，软件产品必须由一个完整的配置组成，我们应该摒弃主观盲目、草率编程及不考虑维护等错误观念。

3. 软件工程

为了摆脱软件危机，北大西洋公约组织的软件人员于 1968 年提出了软件工程的概念。软件工程就是采用工程的概念、原理、技术和方法来开发和维护软件。

国标中也指出，软件工程是应用于计算机软件的定义、开发和维护的一整套方法、工具、文档、实践标准和工序。

软件工程包括 3 个要素，即方法、工具和过程。方法是完成软件工程项目的技术手段；工具支持软件的开发、管理和文档的生成；过程支持软件开发各个环节的控制和管理。

软件工程的核心思想是把软件产品当作一个工程产品来处理，达到工程项目的 3 个基本要素：进度、经费和质量的指标。

4. 软件工程过程

ISO9000 质量体系标准定义：软件工程过程是把输入转化为输出的一组彼此相关的资源和活动。该定义支持了软件工程过程的两个方面内涵，具体如下。

（1）软件工程过程是指为获得软件产品，在软件工具支持下由软件工程师完成的一系列软件工程活动。基于这个方面，软件工程过程通常包含以下 4 种基本活动。

①P（Plan）——软件规格说明，规定软件的功能及其运行时的限制；

②D（Do）——软件开发，产生满足规格说明的软件；

③C（Check）——软件确认，确认软件能够满足客户提出的要求；

④A（Action）——软件演进，为满足客户的变更要求，软件必须在使用过程中演进。

（2）从软件开发的观点来看，它就是使用适当的资源（人员、软/硬件工具、时间等），为开发软件进行的一组开发活动，在其过程结束时将输入（用户要求）转化为输出（软件产品）。

5. 软件生命周期

软件生命周期（Software Life Cycle）就是把软件从产生、发展到成熟，直至衰亡分为若干个阶段，每个阶段的任务相对独立，而且比较简单，便于不同人员分工协作，从而降低整个软件开发工程的困难程度。软件生命周期一般包括可行性研究、需求分析、概要设计、详细设计、编码、测试、使用、维护以及退役等活动，如图 5-1 所示。

软件生命周期的主要活动阶段包括以下 6 个。

（1）可行性研究。此阶段的任务不是具体解决问题，而是研究问题的范围，探索这个问题是否值得去解决，是否有可行的解决办法。

（2）需求分析。这个阶段的任务主要是确定目标系统必须具备哪些功能并给出详细定义。因此，系统分析员在需求分析阶段必须和用户密切配合，充分交流信息，以得出经过用户确认的系统逻辑模型。该逻辑模型是以后设计和实现目标系统的基础，因此必须准确完整地体现用户的要求。

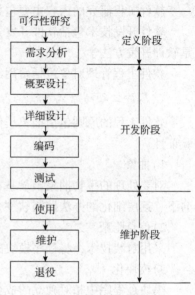

图 5-1 软件生命周期

（3）软件设计。软件设计包括概要设计（总体设计）和详细设计两个阶段，在这两个阶段中，系统设计人员和程序设计人员应该在反复理解软件需求的基础上，给出软件的结构、模块的划分、功能的分配以及处理流程。

（4）编码。这个阶段的任务是程序员根据目标系统的性质和实际环境，选取一种适当的程序设计语言（必要时用汇编语言），把详细设计的结果翻译成用选定的程序设计语言书写的程序，同时编写用户手册、操作手册等面向用户的文档，编写单元测试计划。

（5）测试。这个阶段的任务是通过各种类型的测试，使软件达到预定的要求。在设计测试用例的基础上，检验软件的各个组成部分，编写测试分析报告。

（6）使用与维护。这个阶段的任务是将已交付的软件投入运行，并在运行使用中对其不断地维护，根据新提出的需求进行必要而且可能的扩充和删改，每一项维护活动都应该准确地记录下来，作为正式的文档资料加以保存。

6. 软件工程的目标和研究内容

软件工程作为一门学科，对其进行研究，目的是提高软件产品的质量和开发效率，减少维护的难度。

1）软件工程的目标

软件工程的目标是在给定成本、进度的前提下，开发出具有有效性、可靠性、可理解性、可维护性、可重用性、可适应性、可移植性、可追踪性和可操作性且满足用户需求的产品。

2）软件工程要求

（1）付出较低的开发成本。

（2）软件功能达到要求。

（3）软件性能较好。

（4）软件易于移植。

（5）维护费用低。

3）软件工程研究的内容

软件工程研究的内容主要包括软件开发技术和软件工程管理。

软件开发技术包括软件开发方法学、开发过程、开发工具和软件工程环境。其主体内容是软件开发方法学。

软件工程管理对象包括费用、质量、配置与项目等。

7. 软件工程的原则

软件工程的原则包括抽象、信息隐蔽、模块化、局部化、确定性、一致性、完备性和可验证性。

1）抽象

对要处理的事物抽象出最基本的特性和行为，忽略非本质细节，采用分层次抽象、自顶向下、逐层细化的办法控制软件开发过程的复杂性。

2）信息隐蔽

采用封装技术，将程序模块的实现细节隐藏起来，使模块接口尽量简单。

3）模块化

模块是程序中相对独立的成分，是一个独立的编程单位，应有良好的接口定义。

4）局部化

要求在一个物理模块内集中逻辑上相互关联的计算资源，保证模块间具有松散的耦合关系，模块内部有较强的内聚性，这有助于控制系统的复杂性。

5）确定性

软件开发过程中所有概念的表达应是确定的、无歧义且规范的。

6）一致性

一致性是指程序、数据和文档的整个软件系统的各模块应使用已知的概念、符号和术语，程序内、外部接口应保持一致，系统规格说明与系统行为应保持一致。

7）完备性

软件系统不丢失任何重要成分，完全实现系统所需的功能。

8）可验证性

开发大型软件系统需要对系统自顶向下、逐层分解。系统分解应遵循容易检查、测评、评审的原则，以确保系统的正确性。

8. 软件开发工具与软件开发环境

1）软件开发工具

软件开发工具的发展是从单项工具的开发逐步向集成工具发展的，软件开发工具为软件工程方法提供了自动或半自动的软件支撑环境。

2）软件开发环境

软件开发环境是指支持软件产品开发的软件工具集合。计算机辅助软件工程（Computer Aided Software Engineering，CASE）是当前软件开发环境中富有特色的研究工作和发展方向。CASE 将各种软件工具、开发机器和一个存放开发过程信息的中心数据库组合起来，形成软件开发环境。

5.1.2　结构化分析方法

结构化方法（Structured Method，SM）是强调开发方法的结构合理性以及所开发软件的结构合理性的软件开发方法。结构是指系统内各个组成要素之间的相互联系、相互作用的框架。结构化开发方法提出了一组提高软件结构合理性的准则，如分解与抽象、模块独立性、信息隐蔽等。

针对软件生命周期各个不同的阶段，它有结构化分析、结构化设计和结构化程序设计等方法。

拓展阅读1

1. 结构化分析

结构化分析给出一组帮助系统分析员产生功能规约的原理和技术，主要应用在软件的需求分析阶段。结构化分析方法将软件系统抽象为一系列的逻辑加工单元，各单元间以数据流发生关联。按照数据流分析的观点，系统模型的功能是数据变换，逻辑加工单元接受输入数据流，使之变换成输出数据流。

1）结构化分析步骤

结构化分析有以下 5 个主要步骤。

（1）通过对用户的调查，以软件的需求为线索，获得当前系统的具体模型。

（2）去掉具体模型中的非本质因素，抽象出当前系统的逻辑模型。

（3）根据计算机的特点分析当前系统与目标系统的差别，建立目标系统的逻辑模型。

（4）完善目标系统并补充细节，写出目标系统的软件需求规格说明。

（5）评审直到确认完全符合用户对软件的需求。

2）结构化分析手段

结构化分析手段主要有数据流图、数据词典、判定表以及判定树等。

（1）数据流图。

通过对实际系统的了解和分析后，使用数据流图为系统建立逻辑模型。数据流图（Data Flow Diagram，DFD）。是描述系统中数据流程的一种图形工具，它标志了一个系统的逻辑输入和逻辑输出，以及把逻辑输入转换为逻辑输出所需的加工处理。建立数据流图的原则：先外后内；自顶向下；逐层分解。数据流图中的图形工具如表 5-1 所示。

表 5-1　数据流图中的图形工具

图形符号	说明
⟶	数据流。沿箭头方向传输数据的通道，一般在旁边标数据流名称
○ 或 ▭	加工。输入数据经加工变换产生输出
▭ 或 ▭	存储文件（数据源）。表示处理过程中存放各种数据的文件
▭ 或 ⬛	数据的源点/终点。表示系统和环境接口

为保证数据流图的完整、准确和规范，要对加工处理建立唯一、层次性的编号，且每个加工处理通常要求既有输入又有输出；数据存储之间不应该有数据流；要保证数据流图的一致性；要遵循父图、子图关系与平衡规则。

（2）数据词典。

数据词典（Data Dictionary，DD）是用来描述数据流图中数据信息的集合，它与数据流图密切配合，能清楚地表达数据处理的要求。数据词典要对数据流图出现的所有名称（数据流、加工、文件）进行定义，如同查词典一样。

数据词典由3个部分组成，它包括数据流描述、文件的描述和加工的描述。

数据词典是结构化分析方法的核心。它是对所有与系统相关的数据元素精确的、严格的定义，使用户和系统分析员对于输入、输出、存储成分和中间计算结果有共同的理解。

在数据词典的编制过程中，常使用定义式描述数据结构，如表5-2所示。

表5-2　数据词典定义式中出现的符号

符号	含义
=	表示"等于""定义为""由什么构成"
[… | …]	表示"或"，即选择方括号中用"|"分隔的各项中的某一项
+	表示"与""和"
$n\{\ \}m$	表示"重复"，即花括号中的项要重复若干次，n 和 m 是重复次数的上下限
(…)	表示"可选"，即圆括号中的项可以没有
* *	表示"注释"
..	表示连接符

（3）判定表。

判定表（Decision Table）用来描述一些不易用语言表达清楚的加工。例如，旅游预订票系统中，在旅游旺季（5~10月），如果订票数超过100张，则优惠票价的20%；100张及100张以下，优惠10%。在旅游淡季（11、12月，1~4月），如果订票数超过100张，则优惠票价的30%；100张及100张以下，优惠20%。

语言不易清楚表达的问题，用如表5-3表示便一目了然。判定表的一般结构如表5-4所示。

表5-3　旅游预订票系统判定表

旅游时间	5~10月	11、12月，1~4月
订票量	≤100，>100	≤100，>100
折扣量	10%，20%	20%，30%

表5-4　判定表一般结构

Ⅰ 条件类别	Ⅱ 条件组合

（4）判定树。

判定树（Decision Tree）是用树形（层次）图方式来表示多个条件、多个取值所应采取的动作。例如对上述旅游预订票系统折扣量的描述，可以用判定树表示，如图5-2所示。

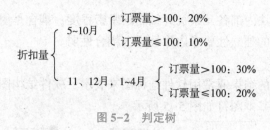

图 5-2　判定树

2. 结构化设计

结构化设计是给出一组帮助设计人员在模块层次上区分设计质量的原理与技术。它通常与结构化分析方法衔接起来使用，以数据流图为基础得到软件的模块结构。

结构化设计尤其适用于事务型结构的目标系统。在设计过程中，它从整个程序的结构出发，利用模块结构图表述程序模块之间的关系。

1）模块化设计

（1）模块化。

模块化是指把一个待解决的复杂问题"自顶向下"逐层划分成若干个模块的过程。模块化最重要的特点是抽象性和信息隐蔽性，抽象的层次从概要设计到详细设计逐步降低。

例如，某网络教学平台软件的整体功能模块及部分子模块的层次划分如图 5-3 所示。

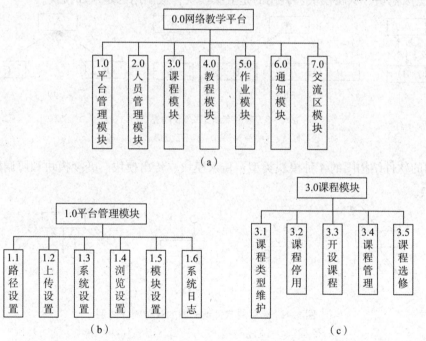

图 5-3　某网络教学平台模块层次划分图
（a）平台总体功能模块划分；（b）平台管理子模块划分；（c）课程子模块划分

（2）模块独立性。

模块独立性是指每个模块只完成系统要求的独立的子功能，并且与其他模块的联系最少且接口简单。模块的独立程度是评价软件设计好坏的重要标准，是软件系统质量的关键。衡量软件的模块独立性，可以使用两个定性的标准度量：内聚和耦合。

内聚是衡量一个模块内部各元素彼此结合的紧密程度；耦合是衡量模块间彼此相互依赖的程度。很显然，模块的独立性要求内聚性强，耦合性弱。

2）软件结构图

软件系统结构设计的结果通常用软件结构图来表示。软件结构图中的基本图符如图 5-4 所示。软件结构图中的基本图符如图 5-5 所示。

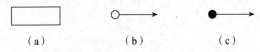

（a）　　　　　　　（b）　　　　　　　（c）

图 5-4　软件结构图中的基本图符

(a)一般模块；(b)数据信息；(c)控制信息

软件结构图使用的有关术语如下。

（1）深度：系统控制的模块层数。

（2）宽度：整体控制跨度，即模块数最多的层。

（3）扇出：一个模块直接调用的其他模块数。

（4）扇入：调用一个给定模块的模块数。

（5）原子模块：软件结构图像一棵倒置的树，树中位于叶子节点的模块。

（6）上级模块、从属模块：调用的是上级模块，被调用的是从属模块。

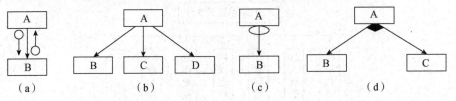

（a）　　　　　　　（b）　　　　　　　（c）　　　　　　　（d）

图 5-5　软件结构图构成的基本形式

(a)基本形式；(b)顺序形式；(c)重复形式；(d)选择形式

常用的软件结构图的 4 种模块类型：传入模块、传出模块、变换模块和协调模块，如图 5-6 所示。

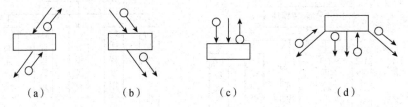

（a）　　　　　（b）　　　　　（c）　　　　　（d）

图 5-6　常用的软件结构图的 4 种模块类型

(a)传入模块；(b)传出模块；(c)变换模块；(d)协调模块

3）结构化设计步骤

（1）评审和细化数据流图；

（2）确定数据流图的类型；

（3）把数据流图映射到软件模块结构，设计出模块结构的上层；

（4）基于数据流图逐步分解高层模块，设计中、下层模块；

（5）对模块结构进行优化，得到更为合理的软件结构；

(6)描述模块接口。

4)结构化设计原则

(1)每个模块执行一个功能；

(2)每个模块用过程语句(或函数)调用其他模块；

(3)模块间传送的参数作数据用；

(4)模块间共用的信息(如参数)尽量要少。

3. 结构化程序设计

结构化程序设计在 1969 年被提出。它以模块化设计为中心，将待开发的软件系统划分为若干个相互独立的模块，这样完成每一个模块的工作变得单纯而明确，为设计一些较大的软件打下了良好的基础。

1)结构化程序设计原则

(1)自顶向下：程序设计时，应先考虑总体，后考虑细节；先考虑全局目标，后考虑局部目标。先从最上层总目标开始设计，逐步使问题具体化。

(2)逐步细化：对复杂问题，应设计一些子目标作为过渡，逐步细化。

(3)模块化设计：把程序要解决的总目标分解为分目标，再分解为小目标。每一个小目标作为一个模块。

(4)限制使用 goto 语句：限制使用 goto 语句可以不造成结构上的人为混乱。

2)结构化程序设计要点

(1)逐步求精；

(2)使用顺序、选择、循环 3 种基本控制结构构造程序。

3)程序设计人员的组成

程序设计人员的组成应采用"3 员核心制"，即以主程序员(负责全部技术活动)、后备程序员(协调、支持主程序员)和程序管理员(负责事务性工作，如收集、记录数据，资料管理等)3 人为核心，再加上一些其他(如通信、数据、专有技术)人员组成。

5.1.3　软件设计

软件设计是系统开发阶段的开始，该过程是要决定"怎么做"，是把软件需求转换为软件表示的过程。

1. 模块设计准则

模块设计准则包括以下几点。

1)提高模块独立性

可以通过模块的分解与合并来提高模块的独立性。

2)模块调用适当

模块调用的个数最好不要超过 5 个。模块调用过多，说明其功能过大，应该尽量避免这种情况发生。

3)模块的作用域与控制域

模块的作用域，是受该模块内一个判定影响的所有模块的集合；模块的控制域，是包括它自己及其所有下属模块的集合。

控制域是从结构方面考虑的，而作用域是从功能方面考虑的。模块的作用域应该在模块的控制域之内。

4）降低接口复杂性

模块接口复杂性是软件发生错误的一个重要原因，因此模块接口传递的信息应该简单，并且要与模块的功能相一致。

5）单入口和单出口形式

模块应该设计为单入口和单出口形式，这样的模块较容易理解与维护。

6）模块大小要适中

模块的大小取决于程序语句的多少，一个程序应该控制在 50 条语句左右。当模块语句超过 30 条时，其可理解性便迅速下降。可以通过模块分解的方法减小模块的大小。

2. 概要设计

概要设计的基本任务：设计软件系统结构、设计数据结构和数据库、编写概要设计文档和评审概要设计文档。

1）设计软件系统结构

在概要设计阶段，要设计出软件的结构，确定系统的模块及它们之间的关系。具体的过程是：

（1）采用某种设计方法将一个复杂的系统按功能划分成模块；

（2）确定每个模块的功能；

（3）确定各个模块之间的调用关系；

（4）确定模块之间的接口，从而进行模块间信息的传递；

（5）评价模块结构的质量。

2）设计数据结构和数据库

（1）确定输入、输出文件的详细数据结构；

（2）结合算法设计，确定算法所必需的逻辑数据结构及其操作；

（3）确定逻辑数据结构所必需的程序模块，限制和确定各个数据设计决策的影响范围；

（4）当需要与操作系统或调度程序接口所必需的控制表进行数据交换时，确定其详细的数据结构和使用规则；

（5）进行数据的保护性、防卫性、一致性、冗余性设计。

3）编写概要设计文档

编写概要设计说明书、数据库设计说明书、用户手册和修订测试计划。

4）评审概要设计文档

针对设计方案的可行性、正确性、有效性、一致性等进行严格的技术审查。

5）设计软件结构

在概要设计阶段，要把数据流图变换成用结构图表示的软件结构。

数据流图有两种类型：变换型和事务型。

变换型数据流图所描述的工作可表示为输入、变换（加工）和输出 3 个部分，其中变换部分是系统的主要工作。变换型数据流图呈一种线性状态，其形式如图 5-7 所示。

图 5-7　变换型数据流图

事务型数据流图的特征是数据流图中有一个加工，将它的输入分离成若干种发散的数据流，从而形成若干条活动路径，并根据输入值选择其中的一条路径处理，这个加工称为事务中心，具体形式如图 5-8 所示。

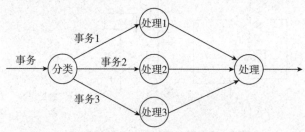

图 5-8　事务型数据流图

3. 详细设计

详细设计阶段的目标是给出软件模块结构中各个模块的内部过程描述，从而在编码阶段可以把这个描述直接翻译成用某种程序设计语言书写的程序。

在详细设计阶段，要对每个模块规定的功能给出适当的算法描述，即确定模块内部的详细执行过程，包括局部数据组织、控制流、每一步具体处理要求及各种实现细节等。

详细设计阶段的常用工具有以下几种。

(1)图形工具：程序流程图、N-S 图、PAD。

(2)表格工具：判定表和判定树。

(3)语言工具：PDL(伪码)。

拓展阅读2

1)程序流程图

程序流程图(Process Flow Diagram，PFD)又称程序框图。程序流程图中的基本图符如图 5-9 所示。

（a）　　　　（b）　　　　（c）

图 5-9　程序流程图中的基本图符

(a)控制流；(b)处理步骤；(c)判断

程序流程图有以下 5 种控制结构，如图 5-10 所示。

(1)顺序结构：几个连续的处理步骤依次排列构成。

(2)选择结构：由某个逻辑判断式的取值决定选择两个处理中的一个。

(3)多分支选择结构：列举多种处理情况，根据控制变量的取值，选择执行其中之一。

(4)先判断循环结构：先判断循环控制条件是否成立，若成立则执行循环体语句。

(5)后判断循环结构：先执行循环体语句，后判断循环控制条件是否成立。

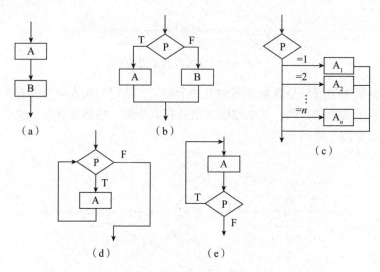

图 5-10　程序流程图的 5 种控制结构

（a）顺序结构；（b）选择结构；（c）多分支选择结构；（d）先判断循环结构；（e）后判断循环结构

2）N-S 图

N-S 图（又称方框图）中仅含 5 种控制结构，即顺序型、选择型、多分支选择型、While 循环型和 Until 循环型，如图 5-11 所示。

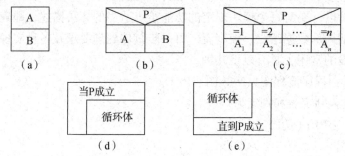

图 5-11　N-S 图的 5 种控制结构

（a）顺序型；（b）选择型；（c）多分支选择型；（d）While 循环型；（e）Until 循环型

N-S 图具有以下 4 个特点。

（1）每个构件具有明确的功能域。

（2）控制转移必须遵守结构化设计要求。

（3）易于确定局部数据和全局数据的作用域。

（4）易于表达嵌套关系和模块的层次结构。

3）PAD

PAD 是问题分析图（Problem Analysis Diagram）的英文缩写。PAD 的基本图符及表示的 5 种控制结构如图 5-12 所示。

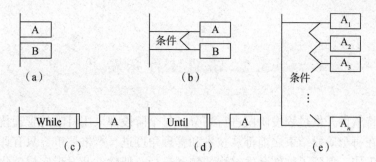

图 5-12　PAD 的基本图符及表示的 5 种控制结构

(a)顺序型；(b)选择型；(c)While 循环型；(d)Until 循环型；(e)多分支选择型

PAD 具有以下 4 个特点。

(1)结构清晰，结构化程度高。

(2)易于阅读。

(3)最左端的纵线是程序主干线，对应程序的第 1 层结构，每增加一层，PAD 则向右扩展一条纵线，因此，程序的纵线条数等于程序的层次数。

(4)程序执行从 PAD 最左端的主干线上端的节点开始，自上而下、自左向右依次执行，程序终止于最右端的主干线。

例如：求 s = 1+2+3+…+n 的值，通过循环累加的方式完成求解，其算法分别利用上述 3 种图形工具描述，如图 5-13 所示。

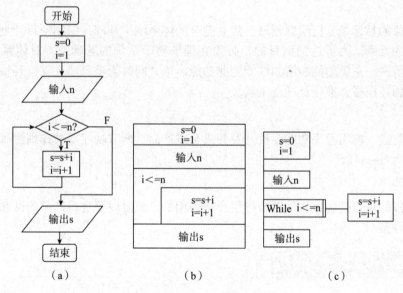

图 5-13　图形工具算法描述

(a)程序流程图；(b)N-S 图；(c)PAD

4)PDL

过程设计语言(Process Design Language，PDL)也称为结构化的语言或伪码，它是一种混合语言，采用英语的词汇和结构化程序设计语言，是一种类似编程语言的语言。

PDL 只是一种描述程序执行过程的工具，是面向读者的，不能直接用于计算机，实际使用时还需转换成某种计算机语言来表示。

5.2 软件工程开发

软件工程将软件开发过程按阶段进行划分，每个阶段都采用科学的管理技术和合适的技术方法，而且在每个阶段结束之前都从技术和管理角度进行严格评审，只有评审合格才能开始下一阶段的工作，保障了软件开发过程的顺利进行，使软件开发走向规范化、科学化和工程化的轨道。

5.2.1 软件开发阶段的划分

软件开发阶段可划分为初始阶段、细化阶段、构建阶段和交付阶段。

1. 初始阶段

初始阶段的目标是为系统建立案例并确定项目的边界。为了达到该目的，必须识别所有与系统交互的外部实体，在较高层次上定义交互的特性。

本阶段具有非常重要的意义，在这个阶段中所关注的是整个项目进行中的业务和需求方面的主要风险。对于建立在原有系统基础上的开发项目来讲，初始阶段可能很短。

2. 细化阶段

细化阶段的目标是分析问题领域，建立健全的体系结构基础，编制项目计划，淘汰项目中最高风险的元素。为了达到该目的，必须在理解整个系统的基础上，对体系结构做出决策，包括其范围、主要功能和诸如性能等非功能需求。同时为项目建立支持环境，包括创建开发案例，创建模板、准则及准备工具。

3. 构建阶段

在构建阶段，应用程序功能要被开发并集合成产品，所有功能要被详细测试，此时的产品版本被称为"beta"版。

4. 交付阶段

交付阶段的重点是确保软件对最终用户是可用的。该阶段要进行产品测试和根据用户反馈做出少量调整。

5.2.2 软件开发成本的分析

软件解决方案不同，成本不同。因此，软件的开发应该先考虑几种可能的解决方案。例如，软件的主要功能是采用计算机完成还是人工完成？如果选择采用计算机完成，那么是使用批处理方式还是人机交互方式？信息存储如何进行？

1. 方案种类

从成本角度被考虑的方案应该有下列几类。

1）低成本的解决方案

低成本的解决方案：系统只能完成最必要的工作，不能多做一点额外的工作。

2)中等成本的解决方案

中等成本的解决方案要求系统不仅能够很好地完成预定的任务，使用起来很方便，而且可能具有用户没有具体指定的某些功能和特点。虽然用户没有提出这些具体要求，但是系统分析员根据自己的知识和经验断定，这些附加的能力在实践中将被证明是很有价值的。

3)高成本的"十全十美"的系统

高成本的"十全十美"的系统具有用户可能希望有的所有功能和特点。

2. 方案选择

系统分析员应该使用系统流程图或其他工具描述每种可能的系统，估计每种方案的成本和效益，还应该在充分权衡各种方案的利弊的基础上，推荐一个较好的系统(较优方案)，并且制订实现所推荐的系统的详细计划。如果用户接受系统分析员推荐的系统，则可以着手完成下一项工作。

3. 设计软件结构

在确定了解决问题的策略以及目标系统需要的程序后，结构设计的一条基本原理就是程序应该模块化。模块化是将一个大程序设计成若干规模适中的模块并按合理的层次结构组织而成。因此，需要进行软件结构的设计，确定程序的模块组成关系。这项工作通常需要用层次图或结构图来描绘。

5.2.3 软件规格说明

这个工作的任务不是编写程序，而是设计出程序的详细规格说明。这种规格说明的作用类似于工程的蓝图，它们应该包含必要的细节，程序员可以根据它们写出实际的程序代码。

1. 软件需求规格说明书

软件需求规格说明书是需求分析阶段的最后成果，是软件开发的重要文档之一。

1)软件需求规格说明书的作用

(1)便于用户、开发人员进行理解和交流；

(2)反映出用户问题的结构，可以作为软件开发工作的基础和依据；

(3)作为确认测试和验收的依据。

2)软件需求规格说明书的书写框架

(1)概述：从系统的角度描述软件的目标和任务。

(2)数据描述：对软件系统所必须解决的问题做出的详细说明，内容包括数据流图、数据词典、系统接口说明和内部接口。

(3)功能描述：根据每一项功能的过程细节，对每一项功能要给出处理说明和在设计时需要考虑的限制条件，内容包括功能、处理说明和设计的限制。

(4)性能描述：说明系统应达到的性能和应该满足的限制条件，内容包括性能参数、测试种类、预期的软件响应和应考虑的特殊问题。

(5)参考文献：应包括有关的全部参考文献，其中包括前期的其他文档、技术参考资料、产品目录手册以及标准等。

(6)附录：包括一些补充资料，如数据与算法的详细说明、框图、图表和其他资料。

2. 软件需求规格标准

软件需求规格说明书是确保软件质量的有力措施。衡量软件需求规格说明书质量好坏的标准有以下几个。

1）正确性

正确性体现待开发系统的真实要求。

2）无歧义性

无歧义性是指对每一个需求只有一种解释，其陈述具有唯一性。

3）完整性

完整性包括全部有意义的需求，如功能的、性能的、设计的、约束的、属性或外部接口等方面的需求。

4）可验证性

可验证性是指描述的每一个需求都是可以验证的，即存在有限代价的有效过程验证确认。

5）一致性

一致性是指各个需求的描述不矛盾。

6）可理解性

可理解性是指软件需求规格说明书必须简明易懂，尽量避免计算机的概念和术语，以便用户和软件人员都能接受。

7）可修改性

可修改性是指在需求有必要改变时是易于实现的。

8）可追踪性

可追踪性是指每一个需求的来源、流向是清晰的，当产生和改变文件编制时可以方便地引证每一个需求。

5.2.4　程序编码

编码俗称编程序。程序包含了软件开发全过程中设计人员所付出的劳动。

为了保证编码的质量，程序员必须深刻地理解、熟练地掌握并正确地运用程序设计语言。然而，软件工程项目对代码编写的要求，绝不仅仅是源程序语法的正确性，也不只是源程序中没有错误，它还要求源程序具有良好的结构性和良好的程序设计风格。

1. 程序设计风格

程序设计风格是指程序员编写程序时所表现出的特点、习惯和逻辑思路，它会深刻影响软件的质量和可维护性。

良好的程序设计风格可以使程序结构清晰合理，代码便于维护。因此，程序设计风格对保证程序的质量非常重要。

2. 编码原则

在保证程序正确性的基础上，衡量软件好坏的一个重要标准是源程序代码在逻辑上是否简明清晰，是否易读易懂。这需要遵循一些体现风格的编码原则。

1）源程序文档化

源程序文档化是指在源程序中可包含一些内部文档，以帮助读者阅读和理解源程序。

源程序的文档化需要注意以下 3 点。

(1)符号名的命名。

符号名的命名应具有一定的实际含义，以便理解程序功能。

(2)程序注释。

正确的注释能够帮助读者理解程序。注释一般分为序言性注释和功能性注释。序言性注释常位于程序开头部分，它包括程序标题、程序功能说明、主要算法、接口说明、程序位置、开发简历等。功能注释一般嵌在源程序体之中，用于描述其后的语句或程序应该做什么。

(3)视觉组织。

代码的视觉组织是指书写上要突出结构的层次感，多利用空格、空行、缩进等技巧使程序层次清晰。

2)数据的说明

在编写程序时，需要注意数据说明的风格，以便使数据说明更易于理解和维护。

数据说明应注意以下3点：

(1)数据说明的次序规范化，如先简单类型后复杂类型；

(2)说明语句中的变量安排有序化，如按字母的顺序排列这些变量；

(3)使用注释来说明复杂数据的结构。

3)语句的结构

应该在保证程序正确的前提下，再提高程序速度。因此，程序的语句应该简单直接。下述规则有助于使语句简单明了：

(1)在一行内只写一条语句；

(2)程序编写应优先考虑清晰性；

(3)避免使用临时变量而使程序的可读性下降；

(4)避免不必要的转移；

(5)避免采用复杂的条件语句，也要减少使用"否定"条件的条件语句；

(6)尽可能使用库函数；

(7)要采用模块化，模块功能要单一，要确保模块的独立性；

(8)避免大量使用循环嵌套和条件嵌套。

(9)重复使用的表达式采用调用公共函数代替；

(10)使用括号以避免二义性。

总之，编写程序要遵循"清晰第一，效率第二"原则；要从数据出发去构造程序。修补一个不好的程序，还不如重新编写它。

4)输入和输出

输入和输出是用户直接关心的事情，其方式和格式应尽可能方便用户使用。

输入/输出风格应注意以下几点：

(1)输入数据要进行合法性检验；

(2)检查输入项的各种组合的合理性；

(3)输入格式与操作要尽可能简单；

(4)输入数据时应允许使用自由格式，并允许默认值；

(5)输入/输出要进行屏幕提示，提示符明确提示输入的请求，输入过程中应给出状态信息；

(6)设计良好的输出格式。

5.2.5　软件测试

软件测试(Software Testing)是在规定的条件下对程序进行操作，以发现程序错误，衡量软件质量，并对其是否能满足设计要求进行评估的过程。它是保证软件质量的关键，也是对需求分析、设计和编码的最后审核，其工作量、成本占总工作量、总成本的40%以上，而且具有较高的组织管理和技术难度。

软件测试的目的是发现软件中的错误，而软件工程的目标是开发出高质量的完全符合用户需求的软件。因此，发现错误必须要改正错误，这是调试的目的。调试是测试阶段最困难的工作。

软件测试过程涵盖了整个软件生命周期的过程，包括需求分析阶段的需求测试，编码阶段的单元测试、集成测试以及后期的确认测试、系统测试，验证软件是否合格、能否交付用户使用等。

1. 软件测试的准则

在测试阶段，应遵从以下准则。

1）所有测试都应追溯到用户的需求

软件测试的目的是发现错误，而最严重的错误就是程序无法满足用户的需求。

2）严格执行制订好的测试计划，测试不可随意

软件测试应当制订明确的测试计划并应该按照计划执行。测试计划应该包括：所测软件的功能、输入和输出、测试内容、各项测试的目的和进度安排、测试资料、测试工具、测试用例的选择、资源要求、测试的控制方式和过程等。

3）充分注意测试中的群集现象

群集现象是指：软件测试中一个功能部件已发现的缺陷越多，找到它的更多未发现的缺陷的可能性就越大。因此，为了提高测试效率，测试人员应该集中对付那些错误群集的程序。

4）应避免由程序员进行测试

从心理学角度讲，程序员或设计方在测试自己的程序时，要采取客观的态度是存在障碍的。

5）穷举测试不可能

所谓穷举测试，是指把程序所有可能的执行路径都进行检查的测试。但是，即使规模再小的程序，其路径排列数也是很多的，在实际测试过程中不可能穷尽每一种组合。这说明，测试只能证明程序中有错误，不能证明程序中没有错误。

6）妥善保存测试内容，以方便程序的维护

测试内容包括：测试计划、测试用例、出错统计和分析报告。

综上所述，程序测试是"破坏性"的，应该由第三方人员进行。测试用例应能做到有的放矢。要注意，对程序的任何修改都有可能产生新的错误，所以使用以前的测试用例进行回归测试，有助于发现由于修改程序而引入的新错误。

2. 软件测试方法

按是否需要执行被测软件，软件测试方法可以分为静态测试和动态测试；按功能划分，

软件测试方法可以分为白盒测试方法和黑盒测试方法。

1）静态测试

静态测试包括代码检查、静态结构分析、代码质量度量等。

代码检查主要检查代码和设计的一致性，包括代码审查、代码走查、桌面检查、静态分析等具体方式。

（1）代码审查：小组集体阅读、讨论检查代码。

（2）代码走查：小组成员通过用"脑"研究、执行程序来检查代码。

（3）桌面检查：由程序员检查自己编写的程序。

（4）静态分析：对代码的机械性、程序化的特性分析，包括控制流分析、数据流分析、接口分析、表达式分析。

静态测试的优点是发现缺陷早，降低返工成本，覆盖重点和发现缺陷的概率高；缺点是耗时长，对测试小组人员的技术能力要求高。

2）动态测试

动态测试是基于计算机的测试，是为了发现错误而执行程序的过程。设计高效、合理的测试用例是动态测试的关键。目前，动态测试也是测试工作的主要方式。

3）白盒测试方法

白盒测试方法简称白盒法，也称结构测试、透明盒测试。如图5-14所示，测试人员将程序视为一个透明的盒子，即根据程序的内部结构和处理过程，对程序的所有逻辑路径进行测试，在不同点检查程序状态，确定实际状态与预期的状态是否一致，以确认每种内部操作是否符合设计规格要求。白盒法的基本原则：

（1）保证所测模块中每一独立路径至少被经历一次；

（2）保证所测模块中所有判断的每一分支至少被执行一次；

（3）保证所测模块中每一循环都在边界条件和一般条件下至少各被执行一次；

（4）验证所有内部数据结构的有效性。

白盒法主要有逻辑覆盖测试、基本路径测试等。逻辑覆盖测试是泛指一系列以程序内部的逻辑结构为基础的测试用例设计技术。通常所指的程序内部的逻辑结构有判断、分支、条件等几种表示方式。最常用的逻辑覆盖测试有以下5种。

（1）语句覆盖：选择足够的测试用例，使程序中的每一条语句至少被执行一次。

（2）路径覆盖：执行足够的测试用例，使程序中所有可能路径都至少被经历一次。

（3）判定覆盖：设计的测试用例保证程序中每个判定至少都能获得一次真值和假值，使程序的每个分支至少被执行一次。

（4）条件覆盖：设计的测试用例使程序中每个判定的每个条件都取到各种可能的值，使程序对不同的取值至少执行一次。

（5）判定条件覆盖：设计足够多的测试用例，使程序判定中的每个条件都取到所有可能的值，同时判定本身的所有可能取值分支至少被执行一次。

基本路径测试是根据软件过程性描述中的控制流程，确定程序的环路复杂性，由此定义基本路径集合，并导出一组测试用例对每一条独立执行路径进行测试。

4）黑盒测试方法

黑盒测试方法简称黑盒法，也称功能测试。它着眼于程序的外部特征，而不考虑程序的内部逻辑构造。如图5-15所示，测试人员将程序视为一个黑盒子，即不关心程序内部结构和内部特征，而只想检查程序是否符合它的功能说明。因此，测试人员在使用黑盒法时，手头只需要有程序功能说明就可以了。

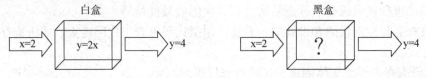

图 5-14　白盒测试方法示意图　　　　图 5-15　黑盒测试方法示意图

黑盒法是在程序的接口上进行测试，看它能否满足功能要求，输入能否被正确接收，能否输出正确的结果，以及外部信息（如数据文件）的完整性能否保持。因此，用黑盒法发现程序中的错误，必须用所有可能的输入数据来检查程序，看它能否都产生正确的结果。

黑盒法主要有等价类划分法、边界值分析法、错误推测法和因果图法等。

（1）等价类划分法。等价类划分法是将程序所有可能的输入数据（有效的和无效的）划分成若干等价类，可以合理地做出下述假定：每类中的一个典型值在测试中的作用与该类中所有其他值的作用相同。可以从每个等价类中只取一组数据作为测试数据，这样选取的数据最有代表性，最可能发现程序中的错误。

例如，在进行管理系统的登录模块开发时，针对用户名与密码的有效性测试，就可以使用等价类划分法。

（2）边界值分析法：对各种输入、输出范围的边界情况设计测试用例的方法。

测试人员使用刚好等于、小于和大于边界值的数据来进行测试，有较大的可能发现错误。因此，在设计测试用例时，常选择一些临界值进行测试。

（3）错误推测法：测试人员也可以通过经验或直觉推测程序中可能存在的各种错误，从而有针对性地编写检查这些错误的例子。

（4）因果图法：在测试中使用因果图，可提供对逻辑条件和相应动作的关系的简洁表示。

3. 软件测试过程

软件测试是保证软件质量的重要手段。软件测试是一个过程，其测试流程是该过程规定的程序，目的是使软件测试工作系统化。软件测试过程分 4 个步骤，即单元测试、集成测试、验收测试和系统测试。

1）单元测试

单元测试是对软件设计的最小单位——模块（程序单元）进行正确性检验测试，目的是发现各模块内部可能存在的各种错误。单元测试的依据是详细设计说明书和源程序。单元测试主要针对模块的以下 5 个基本特性进行。

（1）模块接口测试——测试通过模块的数据流。

（2）内部数据结构测试。

（3）重要的执行路径检查。

（4）出错处理测试。

（5）影响以上各点及其他相关点的边界条件测试。

单元测试可以采用静态分析和动态测试，这两种测试可以互相补充。

每一个被测试模块都不是一个独立的程序，模块自己不能运行，必须依靠其他模块来驱动，同时，每一个被测试模块在整个系统结构中的执行往往又调用一些下属模块（最底层的模块除外）。因此，在进行模块测试时，必须设计一个驱动模块和若干个桩模块。驱动模块的作用是模拟被测试模块的调用模块，它接收不同测试用例的数据，并把这些数据传送给测试模块，最后把结果打印或显示出来。桩模块的作用是模拟被测试模块的下属模块，即桩模块是用来代替被测试模块所调用的模块。驱动模块和桩模块在单元测试结束后就没有用了。但是为了单元测试，它们是必要的。因此，设计这些模块来进行单元测试是测试成本的一部分。

2) 集成测试

集成测试是在组装软件的过程中对组装的模块进行测试，主要目的是发现与接口有关的错误，主要依据是概要设计说明书。集成测试包括子系统测试和系统测试。集成测试所涉及的内容包括：软件单元的接口测试、全局数据结构测试、边界条件和非法输入的测试等。集成测试将模块组装成程序，通常采用两种方式：非增量方式组装和增量方式组装。非增量方式组装是将测试好的每一个软件单元一次组装在一起再进行整体测试；增量方式组装是将已经测试好的模块逐步组装成较大系统，在组装过程中边连接边测试，以发现连接过程中产生的问题。

3) 验收测试

验收测试的任务是验证软件的功能和性能，以及其他特性是否满足需求规格说明书中确定的各种需求，包括软件配置是否完全、正确。验收测试是指运用黑盒法，对软件进行有效性测试。

4) 系统测试

系统测试是指把通过测试确认的软件作为整个基于计算机系统的一个元素，与计算机硬件、外部设备、支撑软件、数据和人员等其他系统元素组合在一起，在实际运行(使用)环境下对计算机系统进行一系列集成测试的确认。系统测试的目的是在真实的系统工作环境下检验软件是否能与系统正确连接，以发现软件与系统需求不一致的地方。系统测试的具体实施一般包括功能测试、性能测试、操作测试、配置测试、外部接口测试、安全性测试等。

5.2.6　程序的调试

在对程序进行成功的测试之后将进入程序调试(通常称 Debug，即排错)阶段，任务是诊断和改正程序中的错误。

1. 程序调试的基本步骤

程序调试活动由两部分组成，一是根据错误的迹象确定程序中错误的确切性质、原因和位置；二是对程序进行修改，从而排除错误。程序调试的基本步骤如下。

(1) 错误定位。错误定位是指从错误的外部表现形式入手，研究有关部分的程序，确定程序中的出错位置，找出错误的内在原因。在进行错误定位时，需要注意以下 7 点：

①现象与原因所处的位置可能相距很远，高耦合的程序结构中这种情况更为明显；

②当纠正其他错误时，这一错误所表现出的现象可能会消失或暂时性消失；

③现象可能并不是由错误引起的(例如由输入数据的精度引起的误差)；

④现象可能是由人为因素引起的；

⑤现象还可能时有时无；

⑥现象可能是由一种难以再现的输入状态引起的；

⑦现象可能是周期性出现的，这在软件、硬件结合的嵌入式系统中多见。

（2）修改设计和代码，以排除错误。

（3）进行回归测试，防止引进新的错误。

2. 调试方法

调试的关键在于推断程序内部的错误位置及原因，从是否跟踪和执行程序的角度来说，其类似于软件调试，软件调试可以分为静态调试和动态调试。静态调试主要是指通过人的思维来分析源程序代码和排错，是主要的调试手段，而动态调试是辅助静态调试的。主要的调试方法有以下 3 种。

1）强行排错法

强行排错法过程：设置断点、程序暂停、观察程序状态、继续运行程序，涉及的调试技术主要是设置断点和监视表达式。

2）回溯法

该方法适合于小规模程序的排错。一旦发现错误先分析错误征兆，确定最先发现"症状"的位置，然后从发现"症状"的地方开始，沿程序的控制流程逆向跟踪源程序代码，直到找到错误根源或确定产生出错的范围。

3）原因排除法

原因排除法是通过演绎法、归纳法以及二分法来实现的。

（1）演绎法。

演绎法是指列出所有可能的原因和假设，然后排除一个个不可能的原因，直到剩下最后一个真正的原因。

（2）归纳法。

归纳法是一种从特殊推断出一般的系统化思考方法。其基本思想是从一些线索着手，通过分析寻找到潜在的原因，从而找出错误。

（3）二分法。

二分法是将程序一分为二，分别检查程序是否正确的方法。其基本做法是：已知每个变量在程序中若干个关键点的正确值，然后在这个关键点处给这些变量赋以正确值，然后运行程序。这样可以将出错范围缩小。多次应用二分法，可以将错误的范围极大缩小。

软件开发阶段完成后，系统投入使用，软件进入维护阶段，在此期间要不断完善和加强产品的功能与性能，以满足用户日益增长的需求，进而达到延长软件寿命的目的。软件维护一般包括纠错性维护、完善性维护、适应性维护、预防性维护 4 类，每一次维护活动都应该被准确地记录下来，形成文档资料保存。

 本章小结

计算机能够为人类服务的基础是具有功能完善的软件，只有掌握软件开发技术才能够编写出满足不同需要的软件。

本章介绍了软件工程的基本概念和知识，包括软件、软件危机、软件工程、软件生命周期等；介绍了软件开发过程及常用方法和工具，开发过程主要包括可行性研究、需求分析、概要设计、详细设计、编码、测试、使用、维护等；介绍了结构化分析和设计方法、常用测试和调试方法、常用的图形等工具，使读者对软件开发有一个基本的了解。

习题

一、填空题

1. 软件生命周期分为 3 个阶段，即定义阶段、_____阶段和_____阶段。

2. 软件是包括程序、数据和_____的集合。

3. 软件工程研究的内容主要包括：_____技术和软件工程管理。

4. 数据流图有两种类型：_____和_____。

5. 结构化程序设计原则有自顶向下、逐步细化、_____和限制使用 goto 语句。

6. 衡量软件的模块独立性使用两个定性的标准度量，即内聚和_____。

7. 软件测试过程分 4 个步骤，即单元测试、_____测试、验收测试和系统测试。

二、选择题

1. 以下不是软件危机问题的表现的是(　　)。

A. 开发成本不断提高，开发进度难以控制

B. 生产率的提高赶不上硬件发展和应用需求的增长

C. 软件质量难以保证，维护或可维护程度非常低

D. 软件生命周期短，需要定期更换

2. 软件生命周期中的软件开发阶段不包括(　　)。

A. 需求分析　　　　B. 概要设计　　　　C. 详细设计　　　　D. 软件测试

3. 需求分析阶段的任务是确定(　　)。

A. 软件开发方法　　B. 软件开发工具　　C. 软件开发费用　　D. 软件系统功能

4. 软件测试是在软件投入运行前对软件(　　)方面进行的最后审核。

A. 需求　　　　　　B. 设计　　　　　　C. 编码　　　　　　D. 以上 3 个都有

5. 以下是软件测试的目的的是(　　)。

A. 证明软件没有错误　　　　　　　　B. 演示软件的正确性

C. 发现软件中的错误　　　　　　　　D. 改正软件中的错误

6. 关于软件测试的准则，以下说法正确的是(　　)。

A. 测试可以随时进行，有一定的随机性

B. 所有测试都要追溯到用户的需求

C. 程序员应该首先测试自己编写的程序

D. 测试中应该采取穷举测试法

7. 软件工程原则不包括(　　)。

A. 有穷性　　　　　　　　　　　　　B. 可验证性

C. 一致性　　　　　　　　　　　　　D. 确定性

8. 黑盒测试方法主要着眼于程序的(　　)特征。

A. 内部　　　　　　　　　　　　　　B. 外部

C. 物理　　　　　　　　　　　　　　D. 逻辑

习题答案

第6章　数据库技术基础

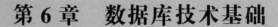

学习重点难点

1. 数据库系统的组成；
2. 数据库系统的结构；
3. 数据模型。

学习目标

1. 理解数据库的基本概念；
2. 掌握数据库系统的结构；
3. 掌握关系数据库的基本概念；
4. 掌握关系数据库的基本操作。

素养目标

通过本章的学习，学生能够初步认识到数据库的重要性，树立团队合作、参与奉献、互助互学精神。目前，数据库的建设规模、信息量的大小和使用频度已成为衡量一个国家信息化程度的重要标志，学生应该努力学好专业知识，承担国家建设发展的历史责任。

数据库技术是计算机领域的一个重要分支，它作为一门数据处理技术，在计算机应用的三大领域（科学计算、数据处理、过程控制）中约占70%。随着计算机应用的不断普及与深入，数据库技术变得越来越重要。了解、掌握数据库系统的基本概念和基本技术是应用数据库技术的前提。本章主要介绍数据管理技术的发展、数据库的基本概念、数据模型以及 SQL 的功能、特点及其应用，并对关系代数进行说明。

6.1　数据库概述

当今是信息技术飞速发展的时代，数据库技术作为信息技术主要支柱之一，在社会各个领域中都有着广泛的应用。

数据库是数据管理的最新技术，是计算机科学的重要分支。对数据库的概述主要包括数据与数据处理、数据库的基础概念、数据库系统的特点与应用示例和常用数据库管理系统。

6.1.1　数据与数据处理

数据是数据库中存储的基本对象。多媒体时代的数据类型有很多，文字、图形、图像、声音、动画等与数值数据一样都是数据。

数据的定义：描述事物的符号记录。描述事物的符号可以是数字、文字、图形、图像、声音等多种形式，它们经过转化以后可以被计算机处理。

人们需要对要交流的信息进行描述。在日常生活中，人们通过语言进行事物的描述；在计算机中，为了存储和处理这些事物，就要用由这些事物的典型特征值构成的记录来描述。

例如：2004 年，武大靖开始练习短道速滑；2010 年 11 月，进入国家队；2018 年 2 月，在平昌冬奥会短道速滑男子 500 米决赛中打破世界纪录并夺冠，为中国赢得平昌冬奥会首枚金牌；2019 年 1 月，担任中国奥林匹克委员会委员；2022 年 2 月 5 日，获得 2022 年北京冬奥会短道速滑男女 2 000 米混合接力金牌，也是中国代表团在该届冬奥会上的首枚金牌。对武大靖的个人信息的描述如下：

（武大靖，男，1994，182 cm，佳木斯，短道速滑，世界纪录保持者）

这条记录就是数据。从这条记录的语义可以读出：武大靖于 1994 年出生在黑龙江佳木斯市，是男子短道速滑世界纪录保持者。而不了解其语义的人则不能读出上述信息。可见，数据的形式还不能完全表达其内容，需要经过解释。数据的解释是指对数据含义的说明，数据的含义又称数据的语义，因此，数据与其语义是不可分的。

随着计算机技术的发展，数据处理已成为人类进行正常社会生活的一种需求，是人们对数据进行收集、组织、存储、加工、传播和利用的一系列活动的总和。

数据处理经过了手工记录的人工管理、以文件形式保存数据的文件系统和现在的数据库系统 3 个阶段，每个阶段各具特点。

1. 人工管理阶段

在计算机出现之前，人们运用常规的手段从事数据记录、存储和加工，也就是利用纸张来记录和利用计算工具（算盘、计算尺）来进行计算，并使用大脑来管理和利用数据。

早期的计算机主要用于科学计算，外部存储器只有磁带、卡片和纸带，没有专门软件对数据进行管理。程序员编写应用程序时要安排数据的物理存储，因为每个应用程序都需要包括数据的存储结构、存取方法、输入方式等，数据只能为本程序所使用。当多个应用程序涉及相同的数据时，也必须各自定义与输入。因此，程序之间存在大量冗余数据。

人工管理阶段的特点：计算机系统不提供对用户数据的管理功能。用户编写程序时，必须全面考虑相关的数据，包括数据的定义、存储结构以及存取方法等；所有程序的数据均不单独保存，数据与程序是一个整体，数据只为本程序所使用；数据只有与相应的程序一起保存才有价值，否则会导致程序间存在大量的重复数据，浪费了存储空间。

在人工管理阶段，程序与数据之间的关系如图6-1所示。

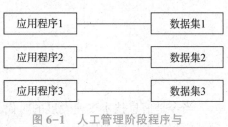

图6-1　人工管理阶段程序与数据之间的关系

2. 文件系统阶段

20世纪60年代，计算机进入信息管理时期。这时，随着数据量的增加，数据的存储、检索和维护成为亟待需要解决的问题，数据结构和数据管理技术也迅速发展起来。

随着计算机技术的迅速发展，硬件有了磁盘、磁鼓等直接存储设备，软件出现了高级语言和操作系统。操作系统中有了专门管理数据的软件，一般称为文件系统。这一时期的数据处理是把计算机中的数据组织成相互独立的、被命名的数据文件并长期保存在计算机外部存储器中，用户可按文件的名称对数据进行访问，可随时对文件进行查询、修改和增删等处理。

文件系统阶段的特点：数据以"文件"形式保存在磁盘上；程序与数据之间具有"设备独立性"，程序只需用文件名就可与数据打交道；操作系统的文件系统提供存取方法；文件组织多样化，有索引文件、链接文件和直接存取文件等；文件之间相互独立，数据之间的联系要通过程序去构造。

在文件系统阶段，程序与数据之间的关系如图6-2所示。

在文件系统阶段，一个文件基本上对应一个应用程序，数据不能共享。数据和程序相互依赖，一旦改变数据的逻辑结构，必须修改相应的应用程序。由于相同数据的重复存储、各自管理，所以在进行更新操作时，容易造成数据的不一致性。

3. 数据库系统阶段

20世纪60年代后期，计算机性能得到进一步提高，更重要的是出现了大容量磁盘，计算机的存储容量大大增加且价格下降。文件系统的数据管理方法已无法适应开发应用系统的需要，为解决多用户、多个应用程序共享数据的需求，出现了统一管理数据的专门软件系统，即数据库管理系统。

在数据库系统阶段，程序与数据之间的关系如图6-3所示。

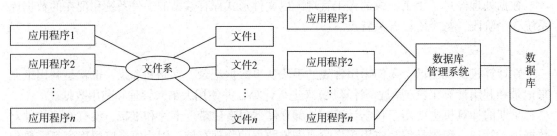

图6-2　文件系统阶段程序与数据之间的关系　　图6-3　数据库系统阶段

数据库系统阶段的数据管理特点：数据不再面向特定的某个应用，而是面向整个应用系统；数据冗余明显减少，实现了数据共享；具有较高的数据独立性；数据和外部存储器中的数据之间的转换由数据库管理系统实现。

数据库系统为用户提供了方便的用户接口。用户可以使用查询语言或终端命令操作数据库，也可以用程序方式操作数据库。对数据的操作不一定以记录为单位，这样可以以数据项为单位，增加了系统的灵活性。

此外，数据库系统提供了数据控制功能，其主要包括：数据库的并发控制、数据库的恢复、数据完整性和数据安全性。

从文件系统到数据库系统，标志着数据管理技术质的飞跃。20 世纪 80 年代后期，大、中型计算机上不仅实现并应用了数据管理的数据库技术，微型计算机上也可使用数据库管理软件，使数据库技术得到了普及。3 个阶段数据管理技术的特点如表 6-1 所示。

表 6-1　3 个阶段数据管理技术的特点

特征项	人工管理	文件管理	数据库管理
数据的管理者	用户(程序员)	文件系统	数据库系统
数据的针对者	特定应用程序	面向某一应用	面向整体应用
数据的共享性	无共享	共享差，冗余大	共享好，冗余小
数据的独立性	无独立性	独立性差	独立性好
数据的结构化	无结构	记录有结构，整体无结构	整体结构化

6.1.2　数据库的基础概念

在系统了解数据库知识之前，应先了解和熟悉数据库的一些最基本的术语和概念，主要包括数据、数据库、数据库管理系统、数据库管理员、数据库系统和数据库应用系统。

1. 数据

数据(Data)是对客观事物属性的描述与记载，是一些物理符号。

按通常传统与狭义的理解，数据的表现形式为数字形式，而按广义的理解，数据是数据库中存储的基本对象，它的表现形式有很多，数值、文字、图形、图像、声音等都是数据。这些数据经过数字化后都可以存入计算机，能为计算机所处理。

2. 数据库

数据库(DataBase，DB)是长期存储在计算机内、有组织的、可共享的大量数据的集合。数据库中的数据按一定的数据模型组织、描述和存储，具有较小的冗余度、较高的数据独立性和易扩展性，并可为用户共享。

数据库本身不是独立存在的，它是组成数据库系统的一部分，在实际应用中，人们面对的是数据库系统。

3. 数据库管理系统

数据库管理系统(DataBase Management System，DBMS)是位于用户和操作系统之间的一种系统软件，负责数据库中的数据组织、数据操作、数据维护及数据服务等。

DBMS 使用户能方便地定义数据和操纵数据，并能够保证数据的安全性、完整性，以及保证多用户对数据的并发使用及发生故障后的系统恢复。DBMS 是数据库系统的核心，主要有如下功能。

1）数据定义功能

DBMS 提供数据定义语言（Data Definition Language，DDL），用户通过它可以方便地对数据库中的相关内容进行定义，如对数据库、基本表、视图和索引进行定义。

2）数据操纵功能

DBMS 向用户提供数据操纵语言（Data Manipulation Language，DML），实现对数据库的基本操作，如对数据库中数据的查询、插入、删除和修改。

3）数据控制功能

这是 DBMS 的核心部分，它包括并发控制（即处理多个用户同时使用某些数据时可能产生的问题）、安全性检查、完整性约束条件的检查和执行、数据库的故障恢复等。所有数据库的操作都要在这些控制程序的统一管理下进行，以保证数据的安全性、完整性和多个用户对数据库的并发操作。DBMS 提供的数据控制语言（Data Control Language，DCL）负责实现这些功能。

4）数据库的建立和维护功能

数据库的建立和维护功能通常由一些实用程序完成，它是 DBMS 的一个重要组成部分，主要包括数据库初始数据的输入转换功能、数据库的转存与恢复功能、数据库的重新组织功能、系统的性能监测与分析功能等。

4. 数据库管理员

对数据库的规划、设计、维护、监视等应该要有专门的人负责，他们就是数据库管理员。其主要工作如下。

（1）数据库设计：具体就是进行数据模型的设计。

（2）数据库维护：要对数据库中的数据的安全性、完整性、并发控制及系统恢复、数据定期转存等实施与维护。

（3）改善系统性能，提高系统效率：要随时监视数据库的运行状态，不断调整内部结构，使系统保持最佳状态与最高效率。

5. 数据库系统

数据库系统（DataBase System，DBS）通常是指带有数据库的计算机应用系统，因此，它不仅包括数据库本身（即实际存储在计算机中的数据），还包括相应的硬件、软件和各类人员。数据库系统一般由数据库、数据库管理系统（及其应用开发工具）、应用系统、操作系统数据库管理员和用户构成。数据库系统组成示意图如图 6-4 所示。

6. 数据库应用系统

利用数据库系统进行应用开发可构成一个数据库应用系统，它由数据库系统、应用软件及应用界面组成，具体包括：数据库、数据库管理系统、数据库管理员、硬件平台、软件平台、应用软件、应用界面。

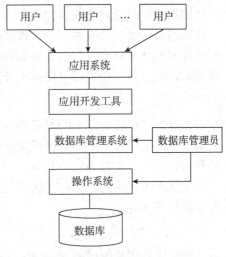

图 6-4　数据库系统组成示意图

其中应用软件是由数据库系统所提供的数据库管理系统（软件）及数据库系统开发工具书写而成，而应用界面大多由相关的可视化工具开发而成。

6.1.3 数据库系统的特点与应用示例

1. 数据库系统的特点

1）数据共享性高、冗余少

这是数据库系统阶段的最大改进，数据不再面向某个应用程序而是面向整个系统，当前所有用户可同时存取数据库中的数据。这样便减少了不必要的数据冗余，节约了存储空间，也避免了数据之间的不相容性与不一致性。

2）数据结构化

按照某种数据模型将各种数据组织到一个结构化的数据库中，整个组织的数据不是一盘散沙，可表示出数据之间的有机关联。

3）数据独立性高

数据的独立性分为逻辑独立性和物理独立性。

数据的逻辑独立性是指当数据的总体逻辑结构改变时，数据的局部逻辑结构不变，应用程序是依据数据的局部逻辑结构编写的，所以应用程序不必修改，从而保证了数据与程序间的逻辑独立性。

数据的物理独立性是指当数据的存储结构改变时，数据的逻辑结构不变，从而应用程序也不必修改。例如，改变数据的存储组织方式。

4）有统一的数据控制功能

数据库为多个用户和应用程序所共享，用户对数据的存取往往是并发的（即多个用户可以同时存取数据库中的数据，甚至可以同时存取数据库中的同一个数据）。为确保数据库数据的正确有效和数据库系统的有效运行，数据库管理系统提供以下4个方面的数据控制功能。

（1）数据的安全性（Security）控制：防止不合法使用数据造成数据的泄露和破坏，保证数据的安全和机密。例如，系统提供口令检查或对数据的存取权限进行限制。

（2）数据的完整性（Integrity）控制：对数据的精确性和可靠性的控制，防止数据库中存在不符合语义规定的数据和防止因错误信息的输入、输出造成无效操作或错误信息。

数据完整性又可以分为实体完整性、参照完整性、用户定义的完整性等。

（3）并发（Concurrency）控制：多用户同时存取或修改数据库时，防止相互干扰而提供给用户不正确的数据，使数据库受到破坏。

（4）数据恢复（Recovery）：当数据库被破坏或数据不可靠时，系统有能力将数据库从错误状态恢复到最近某一时刻的正确状态。

2. 数据库系统的应用示例

现在，数据库已经成为人们日常生活中不可缺少的一部分，下面列出常见的数据库系统的应用。

1）超市销售系统

我们在超市购物时，收银员通过使用条形码阅读器来扫描每件商品的条形码得到商品的品名、价格等信息。收银员的操作实际上链接了一个使用条形码阅读器从商品数据库中查询商品信息的应用程序，然后该

数据库的应用领域

程序将查询到的商品信息显示在收银机上，求得合计金额并打出清单。

完成商品的售出后，商品数据库中要进行商品出库信息的调整。超市销售系统如图6-5所示。

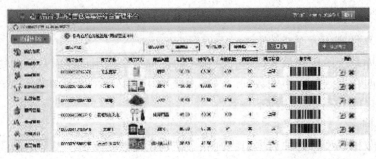

图6-5 超市销售系统

2）铁路售票系统

火车站售票人员将旅客提供的日期、车次、起始站名、到达站名、车票数量等信息输入铁路售票系统，如果存票量满足旅客要求，那么就可以打印出车票，同时将已售出的车票在存储车票信息的数据库中锁定，以防重复出售。铁路售票系统如图6-6所示。

列举一个与上面所介绍的并发控制相关的极端例子。早期的铁路售票系统，在多个售票终端"同时"锁定修改车票信息的数据库时，特别是锁定的信息相同时有可能发生并发控制不良，造成锁定失败，出现一张票被两次售出的现象。

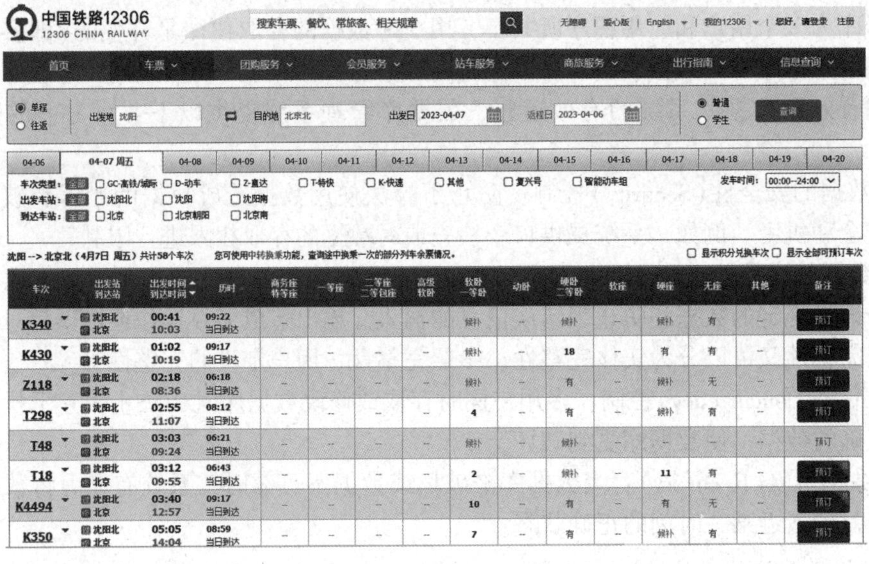

图6-6 铁路售票系统

3）图书管理系统

图书管理系统包含身份验证、借阅图书、归还图书、打印催还单、信息查询、系统维护等模块。用户登录时要进行身份验证，通过"借阅图书"模块输入要借阅图书的编码，系统自动判断该书的馆藏情况，如果尚有可借图书，则完成本次借阅。图书管理系统如图6-7所示。

"归还图书"模块的功能操作与"借阅图书"模块相反，系统从数据库中读出借阅信息并填入归还数据后，完成归还操作。

图 6-7　图书管理系统

6.1.4　常用数据库管理系统

目前有许多数据库产品，如 Oracle、MySQL、SQL Server、Sybase、DB2、Access 等，它们以各自特有的功能在数据库应用领域中占有一席之地。

1. Oracle

Oracle 是于 1983 年推出的世界上第一个开放式商品化关系数据库管理系统。它采用标准的 SQL，支持多种数据类型，提供面向对象存储的数据支持，具有第四代语言开发工具特点，支持 UNIX、Windows NT、OS/2、Novell 等多种平台。除此之外，它还具有很好的并行处理功能。Oracle 产品主要由 Oracle 服务器产品、Oracle 开发工具、Oracle 应用软件组成，也有基于微型计算机的数据库产品，主要满足银行、金融、保险等部门开发大型数据库的需求。

数据库排行榜

2. MySQL

MySQL 是一个关系数据库管理系统，由瑞典 MySQL AB 公司开发，属于 Oracle 旗下产品。1996 年，MySQL 1.0 发布。MySQL 是目前较为流行的关系数据库管理系统之一，在 Web 应用方面，MySQL 是目前较好的关系数据库管理系统应用软件之一。

MySQL 是一个关系数据库管理系统，关系数据库将数据保存在不同的表中，而不是将所有数据放在一个大仓库内，这样就增加了数据处理速度并提高了灵活性。

MySQL 所使用的 SQL 是用于访问数据库的最常用标准化语言。MySQL 软件采用了双授权政策，分为社区版和商业版，由于其体积小、速度快、总体拥有成本低，尤其是开放源码这一特点，所以一般中、小型和大型网站的开发都选择 MySQL 作为网站数据库。

3. SQL Server

SQL 即结构化查询语言(Structured Query Language，SQL)。SQL Server 最早出现在 1988 年，当时只能在 OS/2 操作系统上运行。2000 年 12 月，微软公司发布了 SQL Server 2000，该软件可以运行于 Windows NT/2000/XP/Vista 等多种版本的操作系统上，是支持客户机/服务器结构的数据库管理系统，可以帮助各种规模的企业管理数据。2019 年，SQL Server 2019 面世，在早期版本的基础上构建，旨在将 SQL Server 发展成一个平台，以提供开发语言、数据类型、本地或云环境以及操作系统选项。

随着用户群的不断增大，SQL Server 在易用性、可靠性、可收缩性、支持数据仓库、系统集成等方面日趋完美。特别是 SQL Server 的数据库搜索引擎，可以在绝大多数的操作系统上运行，并针对海量数据的查询进行了优化。目前 SQL Server 已经成为应用最广泛的数据库产品之一。SQL Server 数据库如图 6-8 所示。

4. Sybase

Sybase 是于 1987 年推出的大型关系数据库管理系统，能运行于 OS/2、UNIX、Windows 等多种平台之上。它支持标准 SQL，使用客户机/服务器模式，采用开放体系结构，能实现网络环境下各节点上服务器的数据库互访操作，是技术先进、性能优良的开发大、中型数据库的工具。Sybase 产品主要由服务器产品 Sybase SQL Server、客户产品 Sybase SQL Toolset 和接口软件 Sybase Client/Server Interface 组成，还有著名的数据库应用开发工具 PowerBuilder。

图 6-8　SQL Server 数据库

5. DB2

DB2 是基于 SQL 的关系数据库产品。20 世纪 80 年代初，DB2 的重点放在大型的主机平台上；到 90 年代初，DB2 发展到中型机、小型机以及微机平台。DB2 适用于各种硬件与软件平台，用户主要分布在金融、商业、铁路、航空、医院、旅游等各大领域，以金融系统的应用最为突出。

6. Access

Access 是在 Windows 操作系统下的 Office 组件之一，也是关系数据库管理系统。它采用了 Windows 程序设计理念，以 Windows 特有的技术设计查询、用户界面、报表等数据对象，内嵌了 VBA（Visual Basic Application）程序设计语言，具有集成的开发环境。Access 提供图形化的查询工具和屏幕、报表生成器，用户建立复杂的报表、界面无须编程和了解 SQL，它会自动生成 SQL 代码。Access 数据库如图 6-9 所示。

Access 具有 Microsoft Office 系列软件的一般特点，与其他数据库管理系统软件相比，更加简单易学。一个没有程序设计语言基础的普通计算机用户可以快速地掌握和使用它。最重要的一点是，Access 的功能比较强大，足以应付一般的数据管理及处理需要，满足中、小型企业数据管理的需求。当然，在数据定义、数据安全可靠、数据有效控制等方面，它比前面几种数据库产品要逊色不少。

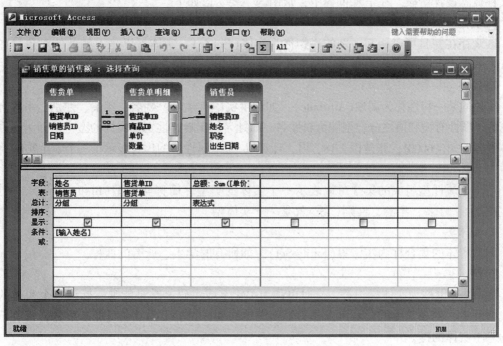

图 6-9　Access 数据库

6.2　数据库系统的结构

数据库系统的结构指数据库系统中数据的存储、管理和使用等形式，包括数据描述、数据模型和数据库系统的三级模式结构。

6.2.1 数据描述

在数据处理中，数据描述涉及不同的范畴。数据从现实世界到计算机数据库的具体表示要经历 3 个阶段，即现实世界、信息世界和计算机世界。这 3 个阶段的关系如图 6-10 所示。

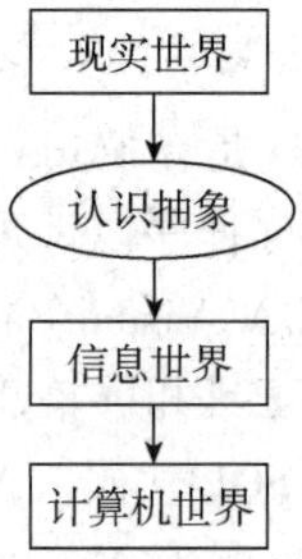

1. 现实世界

现实世界是指客观存在的世界中的事物及其联系。在这一阶段要对现实世界的信息进行收集、分类，并抽象成信息世界的描述形式。

2. 信息世界

图 6-10 数据处理的 3 个阶段

信息世界是现实世界在人脑中的反映，是对客观事物及其联系的一种抽象描述，一般采用实体-联系方法（Entity-Relationship Approach，E-R 方法）表示。在数据库设计中，这一阶段又称概念设计阶段。在信息世界中，常用的主要术语如下。

1）实体

客观存在并且可以相互区别的事物称为实体（Entity）。实体可以是可触及的对象，如一个人、一本书、一辆汽车；也可以是抽象的事件，如一堂课、一场比赛。

2）属性

实体的某一特性称为属性（Attribute），如学生实体有学号、姓名、年龄、性别、系等方面的属性。属性有型和值之分，型即为属性名，如姓名、年龄、性别是属性的型；值即为属性的具体内容，如（060001，张建国，18，男，计算机）这些属性值的集合表示了一个学生实体。

3）实体型

若干个属性型组成的集合可以表示一个实体的类型，简称实体型（Entity Type）。例如，学生（学号，姓名，年龄，性别，系）就是一个实体型。

4）实体集

同型实体的集合称为实体集（Entity Set），如所有的学生、所有的课程。

5）键

键（Key）也称为实体标识符，有时也称为关键字或主码。键是能唯一标识一个实体的属性或属性集，例如学生的学号可以作为学生实体的键，而学生的姓名可能有重名，所以不能作为学生实体的键。

6）域

属性值的取值范围称为该属性的域（Domain），如学号的域为 6 位整数，性别的域为（男，女）。

7）联系

在现实世界中，事物内部以及事物之间是有联系的，这些联系同样也要抽象和反映到信息世界中来，它们在信息世界中将被抽象为实体型内部的联系（Relationship）和实体型之间的联系。反映实体型及其联系的结构形式称为实体模型，也称为信息模型，它是现实世界及其联系的抽象表示。

两个实体型之间的联系有以下 3 种类型。

（1）一对一联系（1∶1）。实体集 A 中的一个实体至多与实体集 B 中的一个实体相对应，反之亦然，则称实体集 A 与实体集 B 为一对一联系，记作（1∶1），如班级与班长、观众与座位。

（2）一对多联系（1∶n）。实体集 A 中的一个实体与实体集 B 中的多个实体相对应，反之，实体集 B 中的一个实体至多与实体集 A 中的一个实体相对应，记作（1∶n），如班级与学生、省与市。

（3）多对多联系（m∶n）。实体集 A 中的一个实体与实体集 B 中的多个实体相对应，反之，实体集 B 中的一个实体与实体集 A 中的多个实体相对应，记作（m∶n），如教师与学生、学生与课程。

实际上，一对一联系是一对多联系的特例，而一对多联系又是多对多联系的特例。

8）实体–联系方法

实体–联系方法称为 E–R 方法，使用图形方式描述实体之间的联系的图形称为 E–R 图也称 E–R 模型，其基本图形元素如图 6–11 所示。图 6–12 所示为用 E–R 方法描述学校教学管理中学生选课系统的 E–R 图。

图 6–11 E–R 图的基本图形元素　　图 6–12 学校教学管理中学生选课系统的 E–R 图

E–R 图中的实体、属性与联系是 3 个有明显区别的不同概念。但是在分析客观世界的具体事物时，对于某个具体的数据对象，究竟它是实体，还是属性或联系，则是相对的，所做的分析设计与实际应用的背景以及设计人员的理解有关。这是工程实践中构造 E–R 模型的难点。

3. 计算机世界

在信息世界基础上致力于其在计算机物理结构上的描述，从而形成的物理模型称为计算机世界，即对信息世界做进一步抽象，使用的方法为数据模型的方法，这一阶段的数据处理在数据库的设计过程中也称为逻辑设计。在计算机世界中，常用的主要术语如下。

1）字段

对应于属性的数据称为字段（Field），也称为数据项。字段的命名往往和属性名相同。字段是数据库中可以命名的最小逻辑数据单位，例如学生有学号、姓名、年龄、性别、系等字段。

2）记录

对应于每个实体的数据称为记录（Record）。例如，一个学生（990001，张立，20，男，计算机）为一个记录。

3）关键字

能够唯一标识每个记录的字段或字段集，称为关键字（Key）或主码。例如，在学生实体中的学号可以作为关键字，因为每个学生有唯一的学号。

4）文件

对应于实体集的数据称为文件（File）。例如所有学生的记录组成了一个学生文件。

信息世界和计算机世界术语的对应关系如表6-2所示。

表6-2　信息世界和计算机世界术语的对应关系

信息世界	计算机世界
实体	记录
属性	字段
键	关键字
实体集	文件

6.2.2　数据模型

数据库是一个具有一定数据结构的数据集合，这个结构是根据现实世界中事物之间的联系确定的。在数据库系统中不仅要存储和管理数据本身，还要保存和处理数据之间的联系，这个数据之间的联系也就是实体之间的联系，反映在数据上则是记录之间的联系。研究如何表示和处理这种联系是数据库系统的核心问题，用以表示实体与实体之间联系的模型称为数据模型。数据模型的设计方法决定着数据库的设计方法，常见的数据模型有3种：层次模型、网状模型和关系模型。

1. 层次模型

层次模型（Hierarchical Model）是数据库系统最早使用的一种模型，若用图来表示，则层次模型是一棵倒置的树。在数据库中，满足以下两个条件的数据模型称为层次模型。

（1）有且仅有一个节点无双亲，这个节点称为根节点。

（2）根节点以外的其他节点有且仅有一个双亲。

例如，某高校的管理层次模型如图6-13所示。

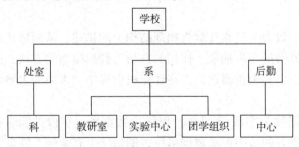

图6-13　某高校的管理层次模型

层次模型对具有一对多的层次关系的描述非常自然、直观且容易理解，这是层次模型数据库的突出优点。层次模型数据库系统的典型代表是 IBM 公司的 IMS（Information Management System）数据库管理系统，这是一个曾经被广泛使用的数据库管理系统。

层次模型支持的操作主要有查询、插入、删除和更新。在对层次模型进行插入、删除、更新操作时，要满足层次模型的完整性约束条件：进行插入操作时，如果没有相应的双亲节点值，则不能插入子女节点值；进行删除操作时，如果删除双亲节点值，则相应的子女节点值也被同时删除；进行更新操作时，应更新所有相应记录，以保证数据的一致性。

层次模型的优点：数据结构比较简单，操作简单；对于实体间联系是固定的；应用系统有较高的性能；可以提供良好的完整性支持。

层次模型的缺点：模型受限制多；物理成分复杂；适合于表示非层次性的联系；插入和删除操作限制多；查询子女节点必须通过双亲节点。

2. 网状模型

用网状结构表示实体及其之间联系的模型称为网状模型(Network Model)。在数据库中，满足以下两个条件的数据模型称为网状模型。

(1)允许一个以上的节点无双亲。

(2)一个节点可以有多于一个的双亲。

例如，工厂和零件关系的网状模型如图 6-14 所示。

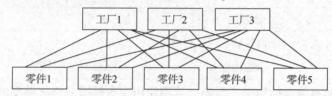

图 6-14　工厂和零件关系的网状模型

自然界中实体间的联系更多的是非层次关系，用层次关系表示非树形结构是很不直接的，网状模型则可以克服这一弊病。网状模型系统的典型代表是 DBTG 系统，也称CODASYL 系统，这是 20 世纪 70 年代数据系统语言研究会(Conference On Data System Language，CODASYL)下属的数据库任务组(DataBase Task Group，DBTG)提出的一个系统方案。

网状模型略晚于层次模型出现，它是一个不加任何条件限制的无向图。

网络结构可以进行分解，一般的分解方法是将一个网络分解成若干棵二级树，即只有两个层次的树。这种树由一个根及若干片叶子组成。一般规定根节点与任一叶子间的联系是一对多联系(包含一对一联系)。

在网状模型标准中，基本结构简单的二级树称为系(Set)，系的基本数据单位是记录，它相当于 E-R 模型中的实体(集)；记录又可由若干数据项(Data Item)组成，它相当于 E-R 模型中的属性。一个系由一个根和若干片叶子组成，它们之间的联系是一对多联系(可以是一对一联系)。

在网状数据库管理系统中，一般提供 DDL，它可以构造系。网状模型中的基本操作是简单的二级树操作，包括查询、增加、删除、修改等。

网状模型明显优于层次模型，无论是数据表示还是数据操纵均显示了更高的效率。

网状模型的缺点是在使用时涉及系统内部的物理因素较多，操作不方便。

3. 关系模型

关系模型(Relational Model)是目前数据库所讨论的模型中最重要的模型。美国 IBM 公司的研究员埃德加·考特(E. F. Codd)于 1970 年发表题为"大型共享数据库数据的关系模型"的论文，文中首次提出了数据库系统的关系模型。20 世纪 80 年代以来，计算机厂商新推出的数据库管理系统产品几乎都支持关系模型，非关系模型系统的产品也大都加上了关系接口。

数据库领域当前的研究工作都以关系方法为基础。

1）关系的数据结构

关系模型是用二维表来表示实体以及实体之间联系的数据模型。一个关系模型就是一张二维表，它由行和列组成。简单的关系模型如表 6-3 和表 6-4 所示，其中教师关系以及课程关系的关系框架如下：

教师（教师编号，姓名，性别，所在系名）

课程（课程号，课程名，教师编号，上课教室）

表 6-3　教师关系

教师编号	姓名	性别	所在系名
0010	赵晓宇	女	数学
0018	钱锋	男	物理

表 6-4　课程关系

课程号	课程名	教师编号	上课教室
00591	高等数学	0010	A-320
00203	普通物理	0018	C-218

关系模型中的基本数据结构是二维表，其不使用层次模型或网状模型的链接指针。记录之间的联系通过不同关系中的同名属性来体现。例如，查找"赵晓宇"老师所教课程，首先要在教师关系中找到该老师的编号"0010"，然后在课程关系中找到"0010"编号对应的课程名即可。在上述查询过程中，同名属性"教师编号"起到了连接两个关系的纽带作用。由此可见，关系模型中的各个关系模式不是孤立的，也不是随意拼凑的一堆二维表，它必须满足相应的需要。

关系模型中的一个重要概念是键（Key）或码。键对标识元组、建立元组间联系发挥着重要作用。

在二维表中凡能唯一标识元组的最小属性集称为该表的键或码。二维表中可能有若干个键，它们称为该表的候选码或候选键（Candidate Key）。从二维表的所有候选键中选取一个作为用户使用的键称为主键（Primary Key）或主码，一般主键也简称键或码。

例如，表 A 中的某属性集是表 B 的键，则称该属性集为 A 的外键（Foreign Key）或外码。

表中一定要有键，因为如果表中所有属性的子集均不是键，则表中属性的全集必为键（称为全键），因此也一定有主键。

在关系元组的分量中允许出现空值（Null Value）以表示信息的空缺。空值用于表示未知的值或不可能出现的值，一般用 NULL 表示。一般关系数据库系统都支持空值，但是有两个限制，即主键不能为空值，还要定义有关空值的运算。

关系模式支持子模式，关系子模式在用户数据库中称视图（View）。

2）关系操纵

关系操纵是建立在数据操纵上的。一般有数据查询、数据删除、数据插入和数据修改 4种操作。

（1）数据查询。用户可以查询关系数据库中的数据，它包括一个关系内的查询以及多个关系间的查询。

对一个关系内查询的基本单位是元组分量，基本操作是先定位后操作。定位又包括纵向定位与横向定位两部分。纵向定位即是指定关系中的一些属性(称列指定),横向定位即是选择满足某些逻辑条件的元组(称行选择)。通过纵向与横向定位后,一个关系中的元组分量就可以确定了。定位后即可以进行查询操作,就是将定位的数据从关系数据库中取出并放入指定的内存。

对多个关系间的数据查询可分为3步:第1步将多个关系合并成一个关系;第2步对合并后的一个关系做定位;第3步进行操作。其中第2步与第3步为对一个关系的查询。对多个关系的合并可分解成两个关系的逐步合并,例如有3个关系 R_1,R_2,R_3,先将 R_1 与 R_2 合并成 R_4,再将 R_4 与 R_3 合并成 R_5。

(2)数据删除。数据删除的基本单位是一个关系内的元组,它的功能是将指定关系内的指定元组删除。也就是先定位后删除。其中定位只需要横向定位而无须纵向定位。

(3)数据插入。数据插入仅对一个关系而言,即在指定关系中插入一个或多个元组。数据插入无须定位,仅需做关系中的元组插入操作。

(4)数据修改。数据修改是在一个关系中修改指定的元组与属性,它不是一个基本操作。

以上4种操作的对象都是关系,而操作结果也是关系,都是建立在关系上的操作。这4种操作可以分解成属性指定、元组选择、关系合并、一个或多个关系的查询、元组插入、元组删除6种关系模型的基本操作。

4. 数据模型的要素

数据模型通常由数据结构、数据操作和数据的完整性约束条件3个部分组成。

1)数据结构

数据结构用于描述系统的静态特性,其主要描述数据的模型、内容、性质以及数据间的联系等。数据结构是数据模型的基础,数据操作与约束均建立在数据结构上。不同数据结构有不同的数据操作与约束,所以数据模型的分类均以数据结构为依据来划分。

2)数据操作

数据操作用于描述系统的动态特性。它是指对数据库中各种对象(型)的实例(值)允许执行的操作的集合,包括操作及有关的操作规则。数据库中主要有检索和更新(包括插入、删除、修改)两类操作。数据模型要定义这些操作的确切含义、操作符号、操作规则、操作优先级以及实现操作的语言。

3)数据的完整性约束条件

数据的完整性约束条件是一组完整性规则的集合。完整性规则是给定的数据模型中数据及其联系所具有的约束和存储规则。这些规则用来限定基于数据模型的数据库的状态及状态变化,以保证数据库中数据的正确、有效和相容。

6.2.3 关系代数

关系数据库系统的特点之一是它建立在数学理论之上,有很多数学理论可以表示关系模型的数据操作,其中最著名的是关系代数与关系演算。两者功能是等价的,这里主要介绍关系代数。

1. 关系代数的基本运算

关系是由若干个不同的元组组成的,因此关系可视为元组的集合。n元关系是一个 n 元有序组的集合。

关系代数的运算对象是关系，运算结果亦为关系。关系代数用到的运算符包括 4 类：集合运算符、专门的关系运算符、算术比较符和逻辑运算符。关系代数的基本运算有以下 3 种。

1) 选择运算

从关系中找出满足给定条件的元组的操作称为选择。选择的条件以逻辑表达式给出。

选择是在二维表中选出符合条件的行，形成新的关系的过程。选择运算用公式表示为

$$\sigma_F(R)=\{t \mid t\in R \text{ 且 } F(t)\text{为真}\}$$

其中，F 表示选择条件，它是一个逻辑表达式，取逻辑值“真”或“假”；t 表示元组。

逻辑表达式 F 由逻辑运算符¬（非）、∧（与）、∨（或）连接各表达式组成。算术表达式的基本形式为

$$X\ \theta\ Y$$

其中，θ 表示比较运算符>、<、≤、≥、= 或≠；X、Y 等是属性名，或为常量，或为简单函数；属性名也可以用它的序号来代替。

例如，在关系 R 中选择出“系”为“能动”的学生，表示为 $\sigma_{\text{系=能动}}(R)$，得到新的关系 S，如图 6-15 所示。

关系R

姓名	性别	系
马明	男	自控
周州	男	机械
李晴	女	能动
赵娜	女	管理
刘天	男	能动
孙文	女	自控

⇨

选择运算后得到的新关系S

姓名	性别	系
李晴	女	能动
刘天	男	能动

图 6-15　选择运算示意图

2) 投影运算

从关系模型中指定若干属性组成新的关系称为投影。

对关系 R 进行投影运算的结果记为 $\pi_A(R)$，其形式定义如下：

$$\pi_A(R)=\{t[A] \mid t\in R\}$$

其中，A 为 R 中的属性列。

例如，对关系 R 中的“系”属性进行投影运算，记为 $\pi_{\text{系}}(R)$，得到无重复元组的新关系 S，如图 6-16 所示。

关系R

姓名	性别	系
马明	男	自控
周州	男	机械
李晴	女	能动
赵娜	女	管理
刘天	男	能动
孙文	女	自控

⇨

投影运算后得到的新关系S

系
自控
机械
能动
管理

图 6-16　投影运算示意图

3）笛卡儿积

设有 n 元关系 R 和 m 元关系 S，它们分别有 p 和 q 个元组，则 R 与 S 的笛卡儿积记为

$$R \times S$$

它是一个 m+n 元关系，元组个数是 p×q。

关系 R 和关系 S 的笛卡儿积运算的结果 T 如图 6-17 所示。

关系R

A	B	C
a	b	10
c	d	20

关系S

A	B	C
b	a	30
d	f	40
f	h	50

关系T=R×S

R.A	R.B	R.C	S.A	S.B	S.C
a	b	10	b	a	30
a	b	10	d	f	40
a	b	10	f	h	50
c	d	20	b	a	30
c	d	20	d	f	40
c	d	20	f	h	50

图 6-17　笛卡儿积运算示意图

(a)关系 R；(b)关系 S；(c)关系 T=R×S

这部分内容比较重要，将在 6.3 小节中作为 SQL 的前续知识，在 6.3.2 小节中从应用性的角度做进一步说明。

2. 关系代数的扩充运算

关系代数中除了上述几个最基本的运算外，为操纵方便还需要增添一些扩充运算，这些运算均可由基本运算导出。

常用的扩充运算有交、连接与自然连接、除等。

1）交

假设有 n 元关系 R 和 n 元关系 S，它们的交仍然是一个 n 元关系，它由属于关系 R 且属于关系 S 的元组组成，并记为 R∩S。交运算是传统的集合运算，但不是基本运算，它可由基本运算推导而得，表示为

$$R \cap S = R - (R - S)$$

2）连接与自然连接

连接运算也称 θ 连接，是对两个关系进行的运算，其意义是从两个关系的笛卡儿积中选择满足给定属性间一定条件的那些元组。

设 m 元关系 R 和 n 元关系 S，则 R 和 S 两个关系的连接运算用公式表示为

$$R \underset{A\theta B}{\infty} S$$

它的含义可用下式定义：

$$R \underset{A\theta B}{\infty} S = \sigma_{A\theta B}(R \times S)$$

其中，A 和 B 分别为 R 和 S 上列数相等且可比的属性组。连接运算从关系 R 和关系 S 的笛卡儿积 R×S 中，找出关系 R 在属性组 A 上的值与关系 S 在属性组 B 上的值满足 θ 关系的所有元组。

当 θ 为"="时，称为等值连接。

当θ为"<"时，称为小于连接。

当θ为">"时，称为大于连接。

需要注意的是，在θ连接中，属性组 A 和属性组 B 的属性名可以不同，但是域一定要相同，否则无法比较。

在实际应用中，最常用的连接自然连接。自然连接要求两个关系中进行比较的是相同的属性，并且进行等值连接，相当于θ恒为"="，在结果中还要把重复的属性列去掉。自然连接可记为

$$R \infty S$$

自然连接如图 6-18 所示。

关系R

A	B	C	D
a	b	b	20
b	a	d	30
c	d	f	12
c	d	h	40

（a）

关系S

D	E
10	d
20	f
30	h
20	d

（b）

R∞S

A	B	C	D	E
a	b	b	20	f
a	b	b	20	df
b	a	d	30	h

（c）

图 6-18　自然连接运算示意图
（a）关系 R；（b）关系 S；（c）R∞S

3）除

除运算可以近似地看作笛卡儿积的逆运算。如果 S×T=R，则必须有 R÷S=T，T 称为 R除以 S 的商。

除法运算不是基本运算，它可以由基本运算推导而得。设关系 R 有属性 M_1，M_2，…，M_n，关系 S 有属性 M_{n-s+1}，M_{n-s+2}，…，M_n，此时有

$$R÷S=\pi_{M_1,M_2,\cdots,M_{n-s}}(R)-\pi_{M_1,M_2,\cdots,M_{n-s}}(\pi_{M_1,M_2,\cdots,M_{n-s}}(R)×S)$$

设有关系 R、S，分别如图 6-19（a）、图 6-19（b）所示，则 T=R÷S，结果如 6-19（c）所示。

关系R

A	B	C	D
a	b	19	d
a	b	20	f
a	b	18	b
b	c	20	f
b	c	22	d
c	d	19	d
c	d	20	f

（a）

关系S

C	D
19	d
20	f

（b）

T=R÷S

A	B
a	b
c	d

（c）

图 6-19　除运算示意图
（a）关系 R；（b）关系 S；（c）T=R÷S

3. 关系代数的应用示例

关系代数虽然形式简单，但它已经足以表达对表的查询、插入、删除及修改等要求。下面通过一个例子来了解关系代数在查询方面的应用。

例如，假设学生课程数据库中有学生 S、课程 C 和学生选课 SC 三个关系，关系模式如下：

学生 S(Sno，Sname，Sex，SD，Age)

课程 C(Cno，Cname，Credit)

学生选课 SC(Sno，Cno，Grade)

属性说明：Sno—学号；Sname—姓名；Sex—性别；SD—所在系；Age—年龄；Cno—课程号；Cname—课程名；Credit—学分；Grade—成绩。

请用关系代数表达式表达以下检索问题。

(1)检索学生所有情况。

$$S$$

(2)检索年龄在 18~20(含 18 和 20)的学生的学号、姓名及年龄。

$$\pi_{Sno,Sname,Age}(\sigma_{Age \geq 18 \wedge Age \leq 20}(S))$$

(3)检索课程号为 M 且成绩为 80 的所有学生的学号和姓名。

$$\pi_{Sno,Sname}(\sigma_{Cno='M' \wedge Grade=80}(S \infty SC))$$

注意：这是一个涉及两个关系的检索，两个关系应该连接。涉及多个关系的检索也应该连接。

(4)检索选修了"数据结构"或"数据库"课程的学号和姓名。

$$\pi_{Sno,Sname}(S \infty (\sigma_{Cname='数据结构' \vee Cname='数据库'}(SC \infty C)))$$

(5)检索选修了课程名为"数学"的学生的学号和姓名。

$$\pi_{Sno,Sname}(\sigma_{Cname='数学'}(S \infty C \infty SC))$$

(6)检索选修了"数据库"课程的学生的学号、姓名及成绩。

$$\pi_{Sno,Sname,Grade}(\sigma_{Cname='数据库'}(S \infty C \infty SC))$$

(7)检索选修了全部课程的学生的姓名及所在系。

$$\pi_{Sname,SD}(S \infty (\pi_{Sno,Cno}(SC) \div \pi_{Cno}(C)))$$

(8)检索选修了包括学号为"230101"学生所学课程的课程号和他的学号。

$$\pi_{Cno,Sno}(SC) \div \pi_{Cno}(\sigma_{Sno='230101'}(SC))$$

(9)检索至少学习了学号为"230101"学生所学课程中的一门课的学生的姓名。

本检索分为以下 3 步。

第 1 步：求出学号为"230101"学生所学课程的课程号：

$$R = \pi_{Cno}(\sigma_{Sno='230101'}(SC))$$

第 2 步：求出至少学习了"230101"学生所学课程中的一门课的学生学号：

$$W = \pi_{Sno}(SC \infty R)$$

第 3 步：求出至少学习了该学生所学课程中的一门课的学生学号：

$$\pi_{Sno}(S \infty W)$$

分别将 R、W 代入上式，可以得到最终表达式：

$$\pi_{Sno}(S \infty (\pi_{Sno}(SC \infty (\pi_{Cno}(\sigma_{Sno='230101'}(SC))))))$$

对于复杂查询，建议通过多步解决的方式，第 1 步都是产生一个中间关系，分步解决的方式可以简化检索过程(中间表比较小)。

以上面的学生 S、课程 C 和学生选课 SC 这 3 个关系为关系内容,留几个检索思考题,请用关系代数表达式表达以下检索问题。

(1)检索至少选修了课程号为"1"和"3"的学生的学号、姓名。

(2)检索年龄在 18~20(含 18 和 20)的女学生的学号、姓名及年龄。

(3)检索年龄大于 20 岁的学生的姓名。

(4)检索不选修课程号为"2"的学生的姓名。

6.2.4　数据库系统的三级模式结构

1. 三级模式结构

通常 DBMS 把数据库从逻辑上分为三级,即模式、外模式和内模式,它们分别反映了看待数据库的 3 个角度。数据库系统的三级模式结构如图 6-20 所示。

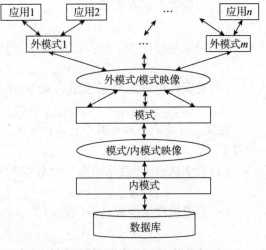

1)模式

模式又称逻辑模式或概念模式,它是数据库中全体数据的逻辑结构和特征的描述,是所有用户的公共数据视图。它处于数据库系统模式结构的中间层,既不涉及数据的物理存储细节和硬件环境,也与具体的应用程序、所使用的应用开发工具及高级语言无关。

模式实际上是数据库数据在逻辑级上的视图,一个数据库只有一个模式。数据库模式以

图 6-20　数据库系统的三级模式结构

某种数据模型为基础,统一综合地考虑了所有用户的需求,并将这些需求有机地结合成一个逻辑整体。定义模式时不仅要定义数据的逻辑结构,而且要定义数据之间的联系以及定义与数据有关的安全性、完整性要求。DBMS 提供模式描述语言(模式 DDL)来严格地定义模式。

2)外模式

外模式也称子模式或用户模式,它是数据库用户能够看见和使用的局部数据的逻辑结构和特征的描述,是数据库用户的数据视图,是与某一应用有关的数据的逻辑表示。

一个数据库可以有多个外模式,外模式通常是模式的子集。由于外模式是各个用户的数据视图,因此,如果不同的用户在应用需求、看待数据的方式、对数据保密的要求等方面存在差异,则其外模式的描述就是不同的。同时,同一外模式也可以为某一用户的多个应用系统所使用,但一个应用程序只能使用一个外模式。

外模式是保证数据库安全性的一个有力措施。每个用户只能看见和访问所对应的外模式中的数据,数据库中的其余数据是不可见的。

3)内模式

内模式又称存储模式,一个数据库只有一个内模式。它是对数据物理结构和存储方式的描述,是数据在数据库内部的表示方式,如可能涉及记录的存储方法、索引要求、数据是否需要加密、数据的存储结构有何要求等。

在数据库系统的三级模式结构中，模式即逻辑模式是数据库的中心与关键，它独立于数据库系统的其他层次。因此，设计数据库系统模式结构时，应首先确定数据库系统的逻辑模式。

2. 两级映像

数据库系统的三级模式是数据的 3 个抽象级别，它把数据的具体组织工作留给了 DBMS 管理，使用户能够从逻辑层面上处理数据，而不必关心数据在计算机中的具体表示方式和存储方式。

为了能够在内部实现这 3 个抽象级别的联系和转换，DBMS 在这个 3 级模式之间提供了两级映像：外模式/模式映像和模式/内模式映像。正是这两级映像保证了数据库系统中的数据能够具有较高的逻辑独立性和物理独立性。

1）外模式/模式映像

映像是存在的某种对应关系。模式描述的是数据的全局逻辑结构，外模式描述的是数据的局部逻辑结构。对应于同一个模式可以有任意多个外模式。对于每一个外模式，数据库系统都有一个外模式/模式映像，它定义了该外模式与模式之间的对应关系。

当模式改变时，由数据库管理员对各个外模式/模式映像做相应的改变，这样就可以使外模式保持不变。应用程序是依据数据的外模式编写的，从而不必修改，保证了数据与程序的逻辑独立性，简称数据的逻辑独立性。

2）模式/内模式映像

数据库中只有一个模式，也只有一个内模式，所以模式/内模式的映像是唯一的。它定义了数据库全局逻辑结构与物理存储结构之间的对应关系。

当数据库的物理存储结构改变时，由数据库管理员对模式/内模式映像做相应的改变，这样就可以使模式保持不变，从而应用程序也不必修改，保证了程序与数据的物理独立性，简称数据的物理独立性。

两级映像使数据库管理中的数据具有两个层次的独立性：一个是数据的物理独立性，另一个是数据的逻辑独立性。数据的独立性是数据库系统最基本的特征之一，采用数据库技术使维护应用程序的工作量大大减轻了。

6.3　关系数据库

关系数据库是采用关系模型作为数据的组织方式的数据库。关系模型建立在严格的数学概念基础上，1970 年 IBM 公司圣何赛（San Jose）研究室的研究员埃德加·考特提出了数据库的关系模型，奠定了关系数据库的理论基础。20 世纪 70 年代末，关系方法的理论研究和软件系统的研制均取得了很大成果，IBM 公司的 San Jose 实验室在 IBM 370 系列机上研制出关系数据库实验系统 System R。1981 年，IBM 公司又宣布研制出具有 System R 全部特征的数据库软件新产品 SQL/DS。与 System R 同期，美国加州大学伯克利分校也研制了 Ingres 数据库实验系统，并由 Ingres 公司发展成为 Ingres 数据库产品，使关系方法从实验走向了市场。

关系数据库产品一问世，就以其简单清晰的概念和易懂易学的数据库语言，使用户无须了解复杂的存取路径细节，无须说明"怎么干"而只需指出"干什么"就能操作数据库，从而深受广大用户喜爱，并涌现出许多性能优良的商品化关系数据库管理系统（Relational DataBase Management System，RDBMS）。DB2、Oracle、Ingres、Sybase、Informix 等都是关系数据库管理系统。关系数据库产品也从单一的集中式系统发展到可在网络环境下运行的分布式系统，从联机事务处理到支持信息管理、辅助决策，系统的功能不断完善，使数据库的应用领域迅速扩大。

6.3.1 关系模型的设计

关系数据库模型是当今最流行的数据库模型，其流行源于结构的简单性。

1. 基本概念

在关系模型中，数据好像存放在一张张电子表格中，这些表格就称为关系。构建关系模型下的数据库，其核心是设计组成数据库的关系。为讨论关系数据库，先给出关系模型中的一些基本概念。

1）关系

一张二维表就称为一个关系，二维表名就是关系名。

关系模型采用二维表来表示，其中的行称为元组（或记录），列称为属性（或字段），属性的具体内容称为数据项。关系一般应满足以下性质：

（1）元组个数是有限的；

（2）元组是唯一的，不可重复；

（3）元组的次序可以任意；

（4）构成元组的数据项不可再分割；

（5）属性名不能相同；

（6）属性的次序可以任意。

2）元组

二维表中的一行称为一个元组（或记录）。一张表（关系）中可以有多个元组，没有元组的表称为"空表"。

3）属性

二维表中的一列称为一个属性（或字段），每一个属性有一个属性名。

同一属性中的数据项的数据类型应该相同。例如"年龄"只能填入年龄数据，而不能出现其他字符。

4）域

属性中数据项的取值范围称为"域"。不同的属性有不同的取值范围，即不同的"域"。例如，成绩的取值范围是 0~100，逻辑型属性的取值范围只能是逻辑"真"或逻辑"假"。

5）码

二维表中的某个属性的值若能唯一地标识一个元组，则称该属性为候选码，若一个关系有多个候选码，则选中其中一个为主码（也称关键字），这个属性称为主属性。

6）分量

元组中的一个属性值称为元组的一个分量。

7)关系模式

关系模式是对关系的描述,包括关系名、组成该关系的属性名、属性到域的映像。通常简记为:关系名(属性名 1,属性名 2,…,属性名 n)。属性到域的映像通常直接说明为属性的类型、长度等。

例如,教学数据库中共有 6 个关系,其关系模式分别如下:

系(系号,系名称,办公室)

学生(学号,姓名,性别,年龄,系号)

教师(教师号,姓名,性别,年龄,系号)

课程(课程号,课程名,课时)

选课(学号,课程号,成绩)

授课(教师号,课程号)

其中学生关系实例如表 6-5 所示,系关系实例如表 6-6 所示。

表 6-5　学生关系实例

学号	姓名	性别	年龄	系号
06231001	陈雪	女	18	01
06252008	赵强	男	20	03
06231030	郝刚	男	19	03

表 6-6　系关系实例

系号	系名称	办公室
01	管理	教 201
02	机械	教 401
03	信息	教 601

关系中的主关键字由不为空且值唯一的属性(或属性组合)承担。

这里也简单介绍外部关键字。当某个属性(或属性组合)不是本关系的关键字,但却是另一个关系的关键字时,就称这个属性(或属性组合)为本关系的外部关键字。

2. 关系模型的三级结构

关系模型基本遵循数据库的三级体系结构,在关系模型中,模式是关系模式的集合,外模式是关系子模式的集合,内模式是存储模式的集合。

1)关系模式

关系模式是对关系的描述,包括模式名,组成该关系的诸属性名、值域和模式的主键。具体的关系称为实例。

2)关系子模式

在数据库应用系统中,用户使用的数据常常不直接来自某个关系模式,而是从若干个关系模式中抽取满足一定条件的数据。这种数据不直接来自某个关系模式的结构,可用关系子模式实现,关系子模式是用户所需数据的结构描述。

3)存储模式

存储模式描述了关系是如何在物理存储设备上存储的。关系存储时的基本组织方式是记录。

3. 关系模型的完整性规则

关系模型的完整性规则是对数据的约束。关系模型提供了 3 类完整性约束：实体完整性约束、参照完整性约束和**用户定义完整性约束**。其中实体完整性约束和参照完整性约束是关系模型必须满足的完整性约束条件，由关系数据库系统自动支持。

1）实体完整性

实体完整性（Entity Integrity）规划的含义是：关系型数据库中，为保证实体完整性成立，要求关系的主关键字值不能为空。在表 6-5 所示的学生关系里，主关键字是学号，因此学号不能取空值。

在关系数据库中，关系与关系之间的联系是通过公共属性来实现的。这个公共属性是一个关系的主关键字和另一个关系的外部关键字。例如，表 6-5 所示的学生关系与表 6-6 所示的系关系之间的联系可以通过"系号"来实现。

2）参照完整性

参照完整性（Referential Integrity）规则的含义：如果表中存在外部关键字，则外部关键字的值必须与主表中相应的主关键字的值相同或为空值。

3）用户（自）定义完整性

用户（自）定义完整性（User-defined Integrity）是针对某一具体关系数据库的约束条件。它反映某一具体应用所涉及的数据必须满足的语义要求。例如，属性值根据实际需要有一些约束的条件，如成绩不能为负数，工龄应小于年龄；有些数据的输入格式要有一些限制等。关系模型应该提供定义和检验这类完整性的机制。

6.3.2 关系操作

关系数据库中的核心内容是关系即二维表，而对这样一张表的使用主要包括按照某些条件获取相应行、列的内容，或者通过表之间的联系获取两张表或多张表相应的行、列内容。概括起来关系操作包括选择、投影和连接操作。关系操作的操作对象是关系，操作结果亦为关系。

1. 选择操作

选择（Selection）操作是指在关系中选择满足某些条件的元组（行）。例如，要在表 6-5 所示的学生关系中找出年龄为 19 岁的所有学生数据，可以对学生关系做选择操作，条件是年龄为 19 岁，操作结果如表 6-7 所示。

表 6-7　对表 6-5 进行选择操作的结果

学号	姓名	性别	年龄	系号
06231030	郝刚	男	19	03

2. 投影操作

投影（Projection）操作是在关系中选择某些属性列。例如，要在表 6-6 所示的系关系中找出所有系的名称及办公室地址，可以对系关系做投影操作，选择"系名称"和"办公室"列，操作结果如表 6-8 所示。

表 6-8 对表 6-6 进行投影操作的结果

系名称	办公室
管理	教 201
机械	教 401
信息	教 601

3. 连接操作

连接(Join)操作是从两个关系的笛卡儿积中选取属性间满足一定条件的元组，组成一个新的关系。例如，表 6-5 所示的学生关系和表 6-6 所示的系关系的广义笛卡儿积为表 6-9 所示的关系 A。

表 6-9 关系 A

学号	姓名	性别	年龄	系号	系号	系名称	办公室
06231001	陈雪	女	18	01	01	管理	教 201
06231001	陈雪	女	18	01	02	机械	教 401
06231001	陈雪	女	18	01	03	信息	教 601
06252008	赵强	男	20	03	01	管理	教 201
06252008	赵强	男	20	03	02	机械	教 401
06252008	赵强	男	20	03	03	信息	教 601
06231030	郝刚	男	19	03	01	管理	教 201
06231030	郝刚	男	19	03	02	机械	教 401
06231030	郝刚	男	19	03	03	信息	教 601

连接条件中的属性称为连接属性，两个关系中的连接属性应该有相同的数据类型，以保证其是可比的。连接条件中的运算符为算术比较运算符，当此运算符取 "=" 时，为等值连接。如表 6-10 所示的关系 B 是学生关系和系关系在条件 "学生关系 . 系号 = 系关系 . 系号"下的等值连接。

表 6-10 关系 B

学号	姓名	性别	年龄	系号	系号	系名称	办公室
06231001	陈雪	女	18	01	01	管理	教 201
06252008	赵强	男	20	03	03	信息	教 601
06231030	郝刚	男	19	03	03	信息	教 601

若在等值连接的结果关系中去掉重复的属性，则此连接称为自然连接。如表 6-11 所示的关系 C 是学生关系和系关系在条件 "学生关系 . 系号 = 系关系 . 系号"下的自然连接。

表 6-11 关系 C

学号	姓名	性别	年龄	系号	系名称	办公室
06231001	陈雪	女	18	01	管理	教 201
06252008	赵强	男	20	03	信息	教 601
06231030	郝刚	男	19	03	信息	教 601

在对关系数据库的实际操作中，往往是以上几种操作的综合应用。例如，对关系 C 再进行投影操作，可以得到仅由属性"学号""姓名""性别""系名称"组成的新的关系 D，如表 6-12 所示。

表 6-12　关系 D

学号	姓名	性别	系名称
06231001	陈雪	女	管理
06252008	赵强	男	信息
06231030	郝刚	男	信息

上述基本操作在各种关系数据库管理系统中都有相应的操作命令。

6.3.3　SQL

SQL 是于 1974 年由博伊斯(Boyce)和钱伯林(Chamberlin)提出的，并在 IBM 公司的关系数据库实验系统 System R 上实现。由于 SQL 使用方便，功能丰富，语言简洁易学，因此备受用户欢迎，被众多计算机公司和软件公司所采用。经各公司的不断修改、扩充和完善，SQL 最终发展成为关系数据库的标准语言。

1986 年 10 月，美国国家标准局(American National Standards Institute，ANSI)颁布了 SQL 的美国标准；1987 年 6 月，国际标准化组织(International Organization for Standardization，ISO)也把这个标准采纳为国际标准，后经修订，在 1989 年 4 月颁布了增强完整性特征的 SQL89 版本，这就是目前所说的 SQL 标准。

1. SQL 数据库的结构

SQL 不只是一个查询语言，实际上其作为一种标准数据库语言，从对数据库的随机查询到数据库的管理和程序设计，几乎无所不能，功能十分丰富。SQL 支持关系数据库的三级模式结构。

SQL 数据库的结构如图 6-21 所示。

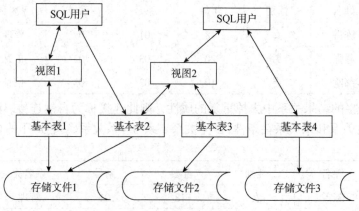

图 6-21　SQL 数据库的结构

SQL 数据库基本上是三级结构，但有些术语和传统的关系数据库术语不同。在 SQL 中，关系模式称为基本表，内模式称为存储文件，外模式称为视图，元组称为行，属性称为列。

2. SQL 的特点

如前所述，SQL 深受用户和业界欢迎，因为它是一个综合的、通用的、功能极强，同时又简洁易学的语言。SQL 具有以下 5 个特点。

1）综合统一

SQL 集数据定义语言（DDL）、数据操纵语言（DML）、数据控制语言（DCL）的功能于一体，语言风格统一。它可以独立完成数据生命周期中的全部活动，包括定义关系模式、录入数据以建立数据库、查询、更新、维护、数据库重构、数据库安全性控制等一系列操作，从而为数据库应用系统开发提供良好的环境。

2）高度的非过程化

用 SQL 进行数据操作，用户只需提出"做什么"，而不必指明"怎么做"，因此用户无须了解存取路径，路径的选择以及 SQL 语句的操作过程由系统自动完成。这不但大大减轻了用户的负担，而且有利于提高数据的独立性。

3）操作面向对象

SQL 克服了非关系数据模型的面向记录的操作方式，采用面向对象的集合操作方式。

4）自含式与嵌入式的统一

SQL 既是自含式语言，又是嵌入式语言。在这两种不同的使用方式下，SQL 的语法结构基本上是一致的。这种以统一的语法结构提供两种不同的使用方式的做法，为用户提供了极大的灵活性与方便性。

5）语言简洁、易学易用

SQL 功能极强，但由于结构巧妙，语言十分简洁，所以完成数据定义、数据查询、数据操纵、数据控制的核心功能只用了 CREATE、DROP、ALTER、SELECT、INSERT、DELETE、UPDATE、GRANT、REVOKE。此外，SQL 语法简单，接近英语口语，因此容易学习和使用。

3. SQL 的基本功能

SQL 包括数据定义、数据操纵、数据控制等功能。

（1）SQL 的数据定义功能包括 3 个部分：定义基本表、定义视图和定义索引。

（2）SQL 的数据操纵功能包括 SELECT、INSERT、DELETE 和 UPDATE 这 4 个语句，即查询和更新（包括增、删、改）两部分功能。

（3）SQL 数据控制功能是指控制用户对数据的存储权限。某个用户对某类数据具有何种操作权是由数据库管理员决定的，数据库管理系统的功能是保证这些决定的执行，为此它必须能把授权的信息告知系统，这是由 SQL 语句 GRANT 和 REVOKE 来完成的。把授权用户的结果存入数据字典，当用户提出操作请求时，根据授权情况进行检查，以决定是执行操作还是拒绝操作。

4. SQL 的查询功能

SQL 的核心语句是数据库查询语句 SELECT，它也是使用最频繁的语句，SELECT 语句的一般格式如下：

```
SELECT <列名>[{,<列名>}]
FROM <表名或视图名>[{,<表名或视图名>}]
[WHERE <检索条件>]
[GROUP BY <列名 1>[HAVING <条件表达式>]]
[ORDER BY <列名 2>[ASC|DESC]]
```

语句格式中，<>中的内容是必需的，是用户自定义语义；[ ]为任选项；{}或分隔符|表示必选项，即必须选择其中一项。SELECT 查询的结果仍是一张表。

SELECT 语句的执行过程：根据 WHERE 子句的检索条件，从 FROM 子句指定的基本表或视图中选取满足条件的元组，再按照 SELECT 子句中指定的列投影得到结果表。如果有GROUP 子句，则将查询结果按照<列名 1>相同的值进行分组。如果 GROUP 子句后有HAVING 短语，则只输出满足 HAVING 条件的元组。如果有 ORDER 子句，则查询结果还要按照<列名 2>的值进行排序。

SQL 语句对数据库的操作十分灵活方便，原因在于 SELECT 语句中的成分丰富多样，有许多可选形式，尤其是目标列和目标表达式。表 6-13～表 6-15 列出了在 SELECT 语句中可以使用的比较运算符、逻辑运算符和常用内部函数。一条 SELECT 语句可以写在多行上，此时非结束行的末尾用分号";"将下一行连接起来。

表 6-13　SQL 比较运算符

运算符	含义
=	等于
<>,! =	不等于
>	大于
>=	大于或等于
<	小于
<=	小于或等于
BETWEEN… AND	在两值之间
IN	在一组值的范围内
LIKE	与字符串匹配
IS NULL	为空值

表 6-14　SQL 逻辑运算符

运算符	含义
AND	逻辑与
OR	逻辑或
NOT	逻辑非

表 6-15　SQL 常用内部函数

函数名	功能
AVG(字段名)	求字段名所在列数值的平均值
COUNT(字段名)	求字段名所在列中非空数据的个数
COUNT(*)	求查询结果中总的行数
MIN(字段名)	求字段名所在列中的最小值
MAX(字段名)	求字段名所在列中的最大值
SUM(字段名)	求字段名所在列数据的总和

5. SQL 的查询功能应用示例

(1)查询出学生表中所有学生的信息。

SELECT * FROM 学生;

(2)查询出学生表中所有学生的学号和姓名。

SELECT 学号,姓名 FROM 学生;

(3)查询出选课表中成绩为 60~80 的所有记录。

SELECT * FROM 选课 WHERE 成绩 BETWEEN 60 AND 80;

(4)查询出选课表中成绩为 75、85、95 的记录。

SELECT * FROM 选课 WHERE 成绩 IN(75,85,95);

(5)按成绩降序、学号升序查询出选课表中所有的记录。

SELECT * FROM 选课 ORDER BY 成绩 DESC,学号;

(6)按课程号分组查询出选课表中成绩的平均分。

SELECT 课程号,AVG(成绩) AS 平均分 FROM 选课 GROUP BY 课程号;

6.4　数据库技术与其他技术的结合

数据库技术与其他技术的结合是当前数据库技术发展的重要特征。

计算机领域中其他新兴技术的发展对数据库技术产生了重大影响。面对传统数据库技术的不足和缺陷，人们自然而然地想到借鉴其他新兴技术，从中吸取新的思想、原理和方法，将其与传统的数据库技术相结合，以推出新的数据库模型，从而解决传统数据库技术存在的问题。通过这种方法，人们研制出了各种各样的新型数据库：数据库技术与分布处理技术相结合，出现了分布式数据库；数据库技术与多媒体技术相结合，出现了多媒体数据库。下面对这两种新型数据库加以简单介绍。

6.4.1 分布式数据库

近年来，分布式数据库已经成为信息处理中的一个重要领域，其数量还将迅速增加。

1. 集中式数据库系统和分布式数据库系统

目前介绍的数据库系统都是集中式数据库系统。所谓集中式数据库，就是集中在一个中心场地的电子计算机上，以统一处理方式所支持的数据库。这类数据库无论是逻辑上还是物理上都是集中存储在一个容量足够大的外部存储器上，其基本特点如下

(1) 集中控制处理效率高，可靠性好。

(2) 数据冗余少，数据独立性高。

(3) 易于支持复杂的物理结构，获得对数据的有效访问。

但是随着数据库应用的不断发展，人们逐渐感觉到过分集中化的系统在处理数据时有许多局限性。例如，不在同一地点的数据无法共享；系统过于庞大、复杂，显得不灵活且安全性较差；存储容量有限不能完全适应信息资源存储要求等。正是为了克服这种系统的缺点，人们采用数据分散的办法，即把数据库分成多个，并建立在多台计算机上。

由于计算机网络技术的发展，可以将分散在各处的数据库系统通过网络通信技术连接起来，这样形成的系统称为分布式数据库系统。

2. 分布式数据库

分布式数据库是一组结构化的数据集合，它们在逻辑上属于同一系统而在物理上分布在计算机网络的不同节点上。网络中的各个节点(也称为"场地")一般都是集中式数据库系统，由计算机、数据库和若干终端组成。分布式数据库系统的模式结构如图 6-22 所示。

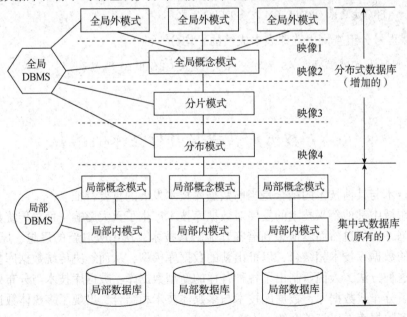

图 6-22 分布式数据库系统的模式结构

数据库中的数据没有存储在同一场地，这就是分布式数据库的"分布性"特点，也是与集中式数据库的最大区别。表面上看，分布式数据库的数据分散在各个场地，但这些数据在

逻辑上却是一个整体，如同一个集中式数据库。因而在分布式数据库中就有全局数据库和局部数据库这样两个概念。

全局数据库就是从系统的角度出发，指逻辑上一组结构化的数据集合或逻辑项集；而局部数据库是从各个场地的角度出发，指物理节点上的各个数据库，即子集或物理项集。这是分布式数据库的"逻辑整体性"特点，也是与分散式数据库的区别。

6.4.2 多媒体数据库

多媒体译自 20 世纪 80 年代初产生的英文词 Multimedia。多媒体是在计算机控制下把文字、声音、图形、图像、视频等多种类型数据有机集成，文字包括数字、字符、象形文字（象形文字属于非格式化数据）等，它们称为格式化数据，声音、图形、图像、视频等称为非格式化数据。

数据库从传统的企业管理扩展到 CAD、CAM 等多种非传统的应用领域，这些领域中要求处理的数据不仅包括一般的格式化数据，还包括大量不同媒体上的非格式化数据。在字符型媒体中，信息是由数字与字母组成的，要按照数字、字母的特征来处理；在图形媒体中，信息用有关图形描绘，其中包括几何信息与非几何信息，以及描述各几何体之间相互的拓扑信息。这些不同媒体上的信息具有不同的性质与特性，因此，要组织存于不同媒体上的信息，就要建立多媒体数据库系统。

多媒体数据库是指能够存储和管理相互关联的多媒体数据的集合。这些数据集合语义丰富、信息量大、管理过程复杂，因而要求多媒体数据库能够支持多种数据模型，能够存储多种类型的多媒体数据，并针对多媒体数据的特点采用数据压缩与解压缩等特殊存储技术；同时，要提供对多媒体数据进行处理的功能，包括查询、播放、编辑等功能，这些功能可以将物理存储的信息以多媒体方式向用户表现和支付。多媒体数据库管理系统如图 6-23 所示。

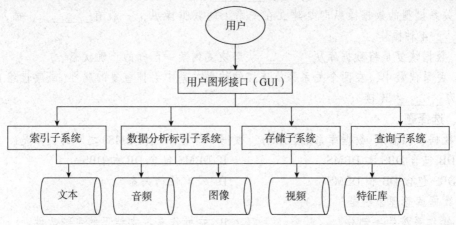

图 6-23 多媒体数据库管理系统

随着对多媒体数据库系统本身的进一步研究，以及不同介质集成的进一步实现，商用多媒体数据库管理系统必将蓬勃发展，多媒体数据库领域必将在高科技方面上有越来越重要的地位。

本章小结

本章首先介绍了数据库处理的人工管理、文件系统和数据库系统 3 个阶段的特点，以及数据库的基本概念和数据库系统的基本结构。数据模型是对现实世界进行抽象的工具，用于描述现实世界的数据和数据联系。

其次介绍了 DBMS，DBMS 是位于用户与操作系统之间的一种系统软件。数据库语言由数据定义语言、数据操纵语言和数据控制语言组成。DBS 是包含 DB 和 DBMS（及其开发工具）、应用系统、数据库管理员和用户的计算机系统。

最后介绍了数据库新技术的主要内容和发展方向。

习题 ▶▶ ▶

一、填空题

1. 数据库系统一般由数据库、_____、_____、_____和用户构成。

2. 数据的独立性分为_____独立性和_____独立性。

3. 属性值的取值范围称为该属性的_____。

4. 在关系数据库中，一张二维表就称为一个_____。

5. 常见的数据模型有 3 种，即_____模型、_____模型和_____模型。

6. 数据库从逻辑上分为三级，即_____、_____和_____。

7. 关系模型提供了 3 类完整性约束，即_____完整性约束、_____完整性约束和用户定义完整性约束。

8. 关系代数中专门的关系运算包括_____、投影和连接。

9. 关系模型的数据操纵即是建立在关系上的数据操纵，一般有_____、插入、删除和_____ 4 种操作。

10. 数据恢复是将数据库从_____状态恢复到某一已知的正确状态。

11. 关系代数中，在两个关系等值连接的结果关系中去掉重复的属性（或属性组），则此连接称为_____连接。

二、选择题

1. 数据库（DB）、数据库系统（DBS）、数据库管理系统（DBMS）之间的关系是（   ）。

A. DB 包含 DBS 和 DBMS   B. DBMS 包含 DB 和 DBS

C. DBS 包含 DB 和 DBMS   D. 没有任何关系

2. 数据库管理系统是（   ）。

A. 操作系统的一部分   B. 在操作系统支持下的系统软件

C. 一种编译系统   D. 一种操作系统

3. 在数据管理技术的发展过程中，经历了人工管理阶段、文件系统阶段和数据库系统阶段。其中数据独立性最高的是（   ）阶段。

A. 数据库系统   B. 文件系统   C. 人工管理   D. 数据项管理

4. 下列概念中，（   ）不是数据库管理系统必须提供的数据控制功能。

A. 数据安全性   B. 数据完整性   C. 移植性   D. 数据恢复

5. 在 E-R 图中，用来表示实体的图形是(　　)。

A. 矩形　　　　　　B. 椭圆形　　　　　C. 菱形　　　　　　D. 三角形

6. 在下面的两个关系中，学号和班级号分别为学生关系和班级关系的主键，则外键是(　　)。

学生(学号，姓名，班级号，成绩)

班级(班级号，班级名，班级人数，平均成绩)

A. 学生关系的"学号"　　　　　　　　B. 班级关系的"班级号"

C. 学生关系的"班级号"　　　　　　　D. 班级关系的"班级名"

7. "商品"与"顾客"两个实体集之间的联系一般是(　　)。

A. 一对一　　　　　B. 一对多　　　　　C. 多对一　　　　　D. 多对多

8. 设关系 R 和 S 的元组个数分别为 100 和 300，关系 T 是 R 与 S 的广义笛卡儿积，则 T 的元组个数是(　　)。

A. 400　　　　　　B. 10 000　　　　　C. 30 000　　　　　D. 90 000

9. 有一个关系：职工(工号，姓名，性别，职务，工资)，现要查询工资大于 2 000 元的所有职工信息，SQL 语句为"SELECT ＊ FROM 职工 _____ 工资>2000"，其中横线处应填的是(　　)。

A. IN　　　　　　　B. WHEREE　　　　C. LIKE　　　　　　D. AND

10. 有一个关系：学生(学号，姓名，性别，成绩)，现要显示所有学生信息并按成绩排序，SQL 语句为"SELECT ＊ FROM 学生 _____ 成绩"，其中横线处应填的是(　　)。

A. IN　　　　　　　B. WHERE　　　　　C. GROUP BY　　　D. ORDER BY

11. 有一个关系：选课(课程号，课程名，学号，成绩)，现要查询成绩为 80、90、100 的记录，SQL 语句为"SELECT ＊ FROM 选课 WHERE 成绩 _____(80, 90, 100)"，其中横线处应填的是(　　)。

A. IN

C. AND

B. LIKE

D. BETWEEN

习题答案

第7章 计算机网络基础

学习重点难点

1. 计算机网络的分类和组成；
2. 计算网络的体系结构；
3. 以太网协议和类型；
4. 网络安全的特征和保护措施。

学习目标

1. 了解计算机网络的发展历史、主要性能指标；
2. 理解计算机网络的基本概念、功能、组成、ISO/OSI 和 TCP/IP 参考模型；
3. 理解常用传输介质和网络设备、互联网的接入方式和基本服务；
4. 掌握计算机网络的体系结构、IP 地址、以太网协议和类型；
5. 掌握计算机网络安全的定义、特征和保护措施。

素养目标

通过对计算机网络基础的学习，学生可以提高通过恰当的方式获取信息并利用信息的能力，并能对信息来源的可靠性、内容的准确性、目的性做出合理分析和判断，提高利用数字化进行自我学习与创新的能力；不断提升网络安全意识，加强行为自律，提高社会责任心和正义感。同时，在信息活动中能运用互联网处理方式界定问题和解决问题，并能总结和迁移到与之相关的其他问题的解决之中。

　　计算机网络已经成为信息社会的命脉和发展知识经济的重要基础，对社会生活和经济发展的很多方面已经产生了不可估量的影响。计算机网络正在深刻改变着人们的学习、工作和生活。本章将围绕计算机网络的基础知识，在对不断发展的现代网络技术的基本形式进行描述的基础上，介绍计算机网络的基本原理和主要技术，重点介绍网络体系结构、网络组成、以太网和网络安全。

7.1　计算机网络基础知识

7.1.1　计算机网络概述

计算机网络已经成为人们不可或缺的工具，已经深刻影响和改变着人们的工作、学习和生活。

1. 计算机网络的定义

计算机网络是计算机技术与通信技术相结合的产物，它是将独立功能的多台计算机及其附属设备，通过通信设备和通信媒体连接起来，并在功能完善的网络软件支持下实现数据通信和资源共享的系统。计算机网络具有以下几个基本特征。

(1) 建立计算机网络的主要目的是实现计算机资源的共享。

(2) 联网计算机是多台独立的计算机系统，它们之间可以没有明确的主从关系，每台计算机可以联网工作，也可以脱网独立工作；可以为本地用户服务，也可以为远程网络用户服务。

(3) 联网计算机遵循统一的网络协议，并在网络协议的控制下协同工作。

2. 计算机网络的形成与发展

计算机网络经历了由简单到复杂、由低级到高级的发展过程。纵观计算机网络的发展历史，计算机网络的发展大致可以划分为以下 4 个阶段。

第一个阶段是远程终端联机阶段，时间可以追溯到 20 世纪 50 年代末。人们将地理位置分散的多个终端连接到一台中心计算机上，用户可以在自己办公室的终端上输入程序和数据，通过通信线路传送到中心计算机，通过分时访问技术使用资源进行信息处理，处理结果再通过通信线路回送到用户终端显示或打印。该阶段主要由主机、通信线路、终端组成，是计算机网络的雏形。

第二个阶段是以通信子网为中心的计算机网络，时间可以追溯到 20 世纪 60 年代。1968年 12 月，美国国防部高级研究计划署(Advanced Research Projects Agency, ARPA)的计算机分组交换网 ARPANET 投入运行。ARPANET 也使计算机网络的概念发生了根本性的变化，它将计算机网络分为通信子网和资源子网两部分。分组交换网是以通信子网为中心，主机和终端都处在网络的边缘，两者构成了用户资源子网。用户不但能共享通信子网的资源，而且可以共享资源子网丰富的硬件和软件资源。这个阶段采用分组交换技术实现计算机和计算机之间的通信。

第三个阶段是网络体系结构和网络协议的开放式标准化阶段。ISO 的计算机与信息处理标准化技术委员会成立了一个专门研究网络体系结构和网络协议国际标准化问题的分委员会。经过多年的工作，ISO 在 1984 年正式制定并颁布了"开放系统互联参考模型"(Open System Interconnection Reference Model, OSI/RM)国际标准。随之，各计算机厂商相继宣布支持OSI 标准，并积极研制开发符合 OSI 参考模型的产品，OSI 参考模型被国际社会接受，成为计算机网络体系结构的基础。

第四个阶段是互联网络与高速网络。从 20 世纪 80 年代末开始，计算机网络技术进入新的发展阶段。自 OSI 参考模型被推出后，计算机网络一直沿着标准化的方向在发展，网络技术快速发展，出现了光纤及高速网络技术，计算机网络向互连、高速、智能化和全球化方向发展，并且迅速得到普及，整个网络就像一个对用户透明的大的计算机系统，Internet（互联网，或因特网）是这一代网络的典型代表。

当前，各国正在研究发展更加快速、支持移动、以 AI 为核心驱动，深入产业的下一代互联网。下一代互联网在 AI 的驱动下将会持续推动计算机和网络的发展，也将被普及到更多的应用场景。

3. 计算机网络在我国的发展

最早着手建设专用计算机广域网的是铁道部，铁道部在 1980 年即开始进行计算机联网实验。1989 年 11 月，我国第一个公用分组交换网 China PAC 建成运行。20 世纪 80 年代后期，公安、银行、军队以及其他一些部门也相继建立了各自的专用计算机广域网，这对迅速传递重要的数据信息起着重要的作用。

电力企业信息化起步较早，从 20 世纪 60 年代起就开展了生产自动化的应用，20 世纪 80 年代后逐步开展了管理信息化的建设。1997 年召开国家电力公司第五次信息化工作会议，制定了国家电力公司"电力信息化九五规划暨 2010 年发展纲要"，将电力信息化工程列为电力战略目标。

我国互联网起步于 20 世纪 80 年代后期。1987 年 9 月 20 日，中国第一封电子邮件发出，如图 7-1 所示，揭开了中国使用 Internet 的序幕，正式实现了电子邮件的存储转发功能。

```
(Message # 50: 1532 bytes, KEEP, Forwarded)
Received: from unika1 by iraul1.germany.csnet id aa21216; 20 Sep 87 17:36 MET
Received: from Peking by unika1; Sun, 20 Sep 87 16:55 (MET dst)
Date:    Mon, 14 Sep 87 21:07 China Time
From:    Mail Administration for China <MAIL@ze1>
To:      Zorn@germany, Rotert@germany, Wacker@germany, Finken@unika1
CC:      lhl@parmesan.wisc.edu, farber@udel.edu,
         jennings%irlean.bitnet@germany, cic%relay.cs.net@germany, Wang@ze1,
         RZLI@ze1
Subject: First Electronic Mail from China to Germany

"Ueber die Grosse Mauer erreichen wie alle Ecken der Welt"
"Across the Great Wall we can reach every corner in the world"
Dies ist die erste ELECTRONIC MAIL, die von China aus ueber Rechnerkopplung
in die internationalen Wissenschaftsnetze geschickt wird.
This is the first ELECTRONIC MAIL supposed to be sent from China into the
international scientific networks via computer interconnection between
Beijing and Karlsruhe, West Germany (using CSNET/PMDF BS2000 Version).
  University of Karlsruhe          Institute for Computer Application of
  -Informatik Rechnerabteilung-    State Commission of Machine Industry
       (IRA)                            (ICA)
  Prof. Werner Zorn               Prof. Wang Yuen Fung
  Michael Finken                  Dr. Li Cheng Chiung
  Stefan Paulisch                 Qiu Lei Nan
  Michael Rotert                  Ruan Ren Cheng
  Gerhard Wacker                  Wei Bao Xian
  Hans Lackner                    Zhu Jiang
                                  Zhao Li Hua
```

图 7-1　中国第一封电子邮件

1994 年 4 月 20 日，中国国家计算机与网络设施（The National Computing and Networking Facility of China，NCFC）联合设计组通过美国 Sprint 公司 64 kbit/s 专线接入互联网，中国实现了与国际互联网的第一条 TCP/IP 全功能连接。同年 5 月，中国科学院高能物理研究所设立了我国第一个万维网服务器。始建于 1994 年的中国教育和科研计算机网(China Education and Research NETwork，CERNET)，是我国第一个 IPv4 互联网主干网。1995 年 1 月，中国电信集团有限公司(以下简称中国电信)通过电话网、DDN 专线、X.25 网等方式开始向社会提供 Internet 服务。2004 年 2 月，我国第一个下一代互联网(China's Next Generation Internet，CNGI)的主干网 CERNET2 试验网正式开通。

2008 年 4 月 1 日，中国移动通信集团有限公司(以下简称中国移动)启动了第三代移动通信"中国标准"时分同步码多分址(Time Division-Synchronous Code Division Multiple Access，TD-SCDMA)社会化业务测试和商用试验。2013 年 12 月 4 日，中华人民共和国工业和信息化部(简称工信部)正式向中国移动、中国电信、中国联合网络通信集团有限公司(以下简称中国联通)发放了 TD-LTE 制式的牌照，中国进入了 4G 时代。2019 年 6 月 6 日，工信部正式向中国电信、中国移动、中国联通、中国广播电视网络集团有限公司发放 5G 商用牌照，中国正式进入"5G 商用元年"。2023 年 2 月，我国移动网络 IPv6 占比达到 50.08%，首次实现移动网络 IPv6 流量超过 IPv4 流量的历史性突破。

近年来，在 4G 和 5G 通信技术的强力支撑下，智能化设备全面普及，接入互联网的门槛大幅降低，微信、移动支付、手机健身、网络租车、移动视频、移动阅读……海量应用覆盖了人们生活的方方面面。移动互联网以其泛在、连接、智能、普惠等突出优势，有力推动了互联网和实体经济深度融合，成为创新发展新领域、公共服务新平台、信息分享新渠道。

中国互联网络信息中心发布的第 51 次《中国互联网络发展状况统计报告》显示，截至 2022 年 12 月，我国网民规模达 10.67 亿，其中使用手机上网的比例为 99.8%。网络直播用户规模达 7.51 亿，网络游戏用户规模达 5.22 亿，2022 年全国网上零售额 137 853 亿元。

4. 计算机网络的主要功能

不同的计算机网络是根据不同的需求而设计和组建的，所以它们提供的服务和功能也不同。计算机网络可提供的基本功能如下。

(1)数据通信。终端与计算机、计算机与计算机之间能够进行通信，相互传送数据，利用这一功能可以进行信息收集、处理与交换。数据通信功能是计算机网络实现其他功能的基础。

(2)资源共享。用户可以共享计算机网络范围内的硬件、软件、数据和信息等各种资源，从而提高各种设备的利用率，减少重复劳动。实现资源共享是计算机网络建立的主要目的。

(3)集中控制与分布式处理。通过计算机网络可对地理位置分散的系统实行集中控制，对网络资源进行集中分配和管理，也可将大型的处理任务分解为多个小型任务，分配给网络中多台计算机分别处理，最后把处理结果合成。

(4)提高系统的可靠性。利用计算机网络地理分散的特点，借助冗余和备份的手段提高系统的可靠性，也可实现负载均衡。

7.1.2　计算机网络的分类

计算机网络类型的划分方法有许多种，可以从不同的角度对计算机网络进行分类，本章介绍常用的按地理范围划分、按网络拓扑结构划分和按网络的使用者划分 3 种方法。

1. 按地理范围划分

计算机网络按地理范围可划分为局域网、城域网和广域网3种。

（1）局域网（Local Area Network，LAN）。局域网指覆盖在较小的局部区域范围内，将区域内的计算机、外部设备互联构成的计算机网络，其覆盖范围一般在几千米以内。局域网具有较高的网络传输速率（10 Mbit/s～400 Gbit/s）、误码率较低、成本低、组网容易和维护方便等特点，是组成城域网和广域网的基础。

（2）城域网（Metropolitan Area Network，MAN）。城域网的规模局限在一个城市的范围内，一般是一个城市内部的计算机互联构成的城市地区网络，通常由多个局域网构成，覆盖范围一般在几千米至几十千米之间。

（3）广域网（Wide Area Network，WAN）。广域网覆盖的范围更广，一般是由不同城市和不同国家的局域网、城域网互联构成。其网络覆盖若干个城市、国家，甚至全球，覆盖范围一般从几十千米到几千千米，一般要用公用通信网络。广域网的典型代表是 Internet。

2. 按网络拓扑结构划分

网络中各站点相互连接的方法和形式称为网络拓扑结构。网络的拓扑结构是指抛开网络物理连接来讨论网络系统的连接形式，反映各节点之间的结构关系。它会影响整个网络设计、功能、可靠性和通信费用等重要方面，是计算机网络十分重要的要素。网络拓扑结构主要有总线型拓扑结构、环型拓扑结构、星型拓扑结构、树型拓扑结构、网状拓扑结构等。

1）总线型拓扑结构

总线型拓扑结构是所有设备连接到一条总线上的网络结构，如图7-2所示。其优点是结构简单，安装方便，需要铺设的线缆最短，成本低；缺点是总线会成为整个网络的瓶颈，实时性较差，总线的任何一点出现故障都会导致网络瘫痪，故障诊断较困难。

2）环型拓扑结构

环型拓扑结构是所有节点通过传输介质形成一个闭合环路，如图7-3所示。其优点是结构简单，信息单向流动，不会产生冲突，传输延时确定；缺点是节点出现故障，可能造成网络瘫痪，网络节点加入、退出以及环路的维护和管理比较复杂。

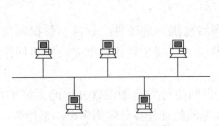

图7-2　总线型拓扑结构

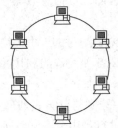

图7-3　环型拓扑结构

3）星型拓扑结构

星型拓扑结构有一个中心节点，其他所有节点都直接与这个中心节点连接的网络结构，如图7-4所示。其优点是结构简单，连接方便，扩展性强，管理和维护都相对容易；缺点是对中心节点的依赖性大，中心节点负担重，容易成为网络瓶颈，中心节点故障时会引起整个网络的瘫痪，通信线路利用率不高。

4）树型拓扑结构

树型拓扑结构从总线型拓扑结构演变而来，形状像一棵倒置的树，是一种分级结构，如

图 7-5 所示。其优点是扩展性强，分支多，容易诊断故障；缺点是高层节点的负荷重，要求高，顶端节点出现错误时会导致网络瘫痪。

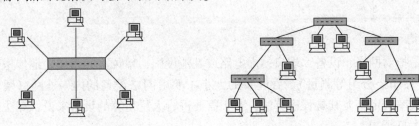

图 7-4　星型拓扑结构　　　　　　　　图 7-5　树型拓扑结构

5）网状拓扑结构

网状拓扑结构是所有的网络连接构成一个网状的网络结构，如图 7-6 所示。其优点是可靠性高；缺点是节点的路由和流量控制难度大、网络管理复杂、硬件成本高。网络拓扑结构一般用在广域网或网络核心区域。

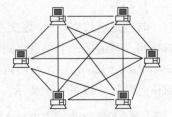

图 7-6　网状拓扑结构

3. 按网络的使用者划分

计算机网络按网络的使用者可划分为公用网和专用网。

（1）公用网（Public Network）是指网络运营商出资建造的大型网络，按规定交纳费用的人或单位都可以使用这种网络。

（2）专用网（Private Network）是某个部门为满足本单位的特殊业务工作的需要而建造的网络。这种网络一般不向本单位以外的人提供服务。

7.1.3　计算机网络的主要性能指标

计算机网络的性能指标从不同的方面来度量计算机网络的性能，主要有以下几个。

1. 速率

网络技术中的速率指的是数据的传送速率，也称为数据率（Data Rate）或比特率（bit Rate）。速率是计算机网络中最重要的一个性能指标，单位是 b/s 或 bit/s（比特每秒）。当数据率较高时，就可以用 kb/s、Mb/s、Gb/s 或 Tb/s。当提到网络的速率时，往往指的是额定速率或标称速率，而并非网络实际上运行的速率。现在人们在谈到网络速率时，常省略速率单位中应有的 bit/s。

2. 带宽

在计算机网络中，带宽表示在单位时间内从网络中的某一点到另一点所能通过的"最高数据率"，用来表示网络的通信线路传送数据的能力。数字信息流的基本单位是 bit（比特），时间按秒来算，即每秒传输多少比特（bit per second），所以带宽的单位可用 bit/s 来表示。描述带宽时常常把"比特/秒"省略。例如，带宽是 100 M，实际上是 100 Mbit/s，这里的 Mbit/s 是指兆位/s。

我们平时下载软件的速度的单位是 Byte/s（字节/秒）。这里涉及 Byte 和 bit 的换算，二进制数系统中每个 0 或 1 就是一个位（bit），位是数据存储的最小单位，其中 8 bit 就称为一个字节（Byte）。100 M 的带宽表示 100 Mbit/s，理论下载速度最大是 12.5 MB/s，实际可能还不足 10 MB/s，这是因为受用户计算机性能、网络设备质量、资源使用情况、网络高峰期、网站服务能力、线路衰耗，信号衰减等多因素的影响，实际网速是无法到达理论网速的。

3. 吞吐量

吞吐量是指对网络、设备、端口、虚电路或其他设施，单位时间内成功地传送数据的数量(以比特、字节、分组等测量)。吞吐量的大小主要由网络设备的内、外网口硬件，以及程序算法的效率决定，尤其是程序算法，对于需要进行大量运算的设备来说，算法的低效率会使吞吐量大打折扣。

4. 时延

时延是指数据(一个报文或分组，甚至比特)从网络(或链路)的一端传送到另一端所需的时间。时延是一个很重要的性能指标，有时也称为延迟或迟延。例如，在自己的计算机上 ping(Packet Internet Groper)腾讯服务器的地址，可以测得主机到腾讯服务器(www.qq.com)的往返时延，如图 7-7 所示。

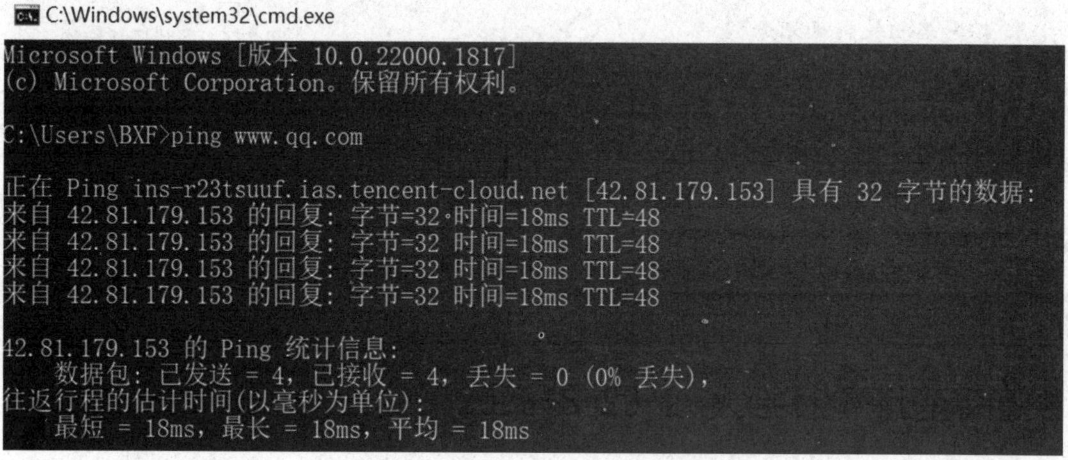

```
C:\Windows\system32\cmd.exe

Microsoft Windows [版本 10.0.22000.1817]
(c) Microsoft Corporation. 保留所有权利。

C:\Users\BXF>ping www.qq.com

正在 Ping ins-r23tsuuf.ias.tencent-cloud.net [42.81.179.153] 具有 32 字节的数据:
来自 42.81.179.153 的回复: 字节=32 时间=18ms TTL=48
来自 42.81.179.153 的回复: 字节=32 时间=18ms TTL=48
来自 42.81.179.153 的回复: 字节=32 时间=18ms TTL=48
来自 42.81.179.153 的回复: 字节=32 时间=18ms TTL=48

42.81.179.153 的 Ping 统计信息:
    数据包: 已发送 = 4，已接收 = 4，丢失 = 0 (0% 丢失)，
往返行程的估计时间(以毫秒为单位):
    最短 = 18ms，最长 = 18ms，平均 = 18ms
```

图 7-7　主机到腾讯服务器的往返时延

ping 指一个数据包从用户的设备发送到测速点，然后立即从测速点返回用户设备的来回时间，俗称网络延时，以毫秒(ms)计算。从图 7-7 可以看出，时延为 18 ms，这个时延就是指 Internet 控制报文协议(Internet Control Message Protocol, ICMP)报文从主机到腾讯服务器所需要的往返时延是 18 ms。

网络时延包括发送时延、传播时延、处理时延和排队时延这四大部分，在实际中我们主要考虑发送时延与传播时延。

1) 发送时延

发送时延是主机或路由器发送数据帧所需要的时间，也就是从发送数据帧的第一个比特，到该帧的最后一个比特发送完毕所需的时间。因此，发送时延也称为传输时延，计算公式是：发送时延=数据帧长度(bit)/发送速率(bit/s)。实际的发送时延通常在毫秒到微秒级。发送时延发生在机器内部的发送器中，与传输信道的长度没有任何关系。

2) 传播时延

传播时延是指报文在实际的物理链路中传播一定距离需要花费的时间。传播时延的计算

公式是：传播时延=信道长度（m）/电磁波在信道上大的传播速率（m/s）。电磁波在自由空间的传播速率是光速，即 $3.0×10^5$ km/s。实际的传播时延在毫秒级。

传播时延发生在机器外部的传输信道媒体上，而与信号的发送速率无关。信号传输的距离越远，传播时延就越大。

3）处理时延

主机或路由器在接收到报文时需要花费一定时间进行处理，如分析分组的首部，从分组中提取数据部分，进行差错检验或查找合适的路由等，这就产生了处理时延。一般高速路由器的处理时延通常是微秒或更低的数量级。

4）排队时延

数据包在进行网络传输时，要经过许多路由器。数据包在进入路由器后要先在输入队列中排队等待，在路由器确定了转发接口后，还要在输出队列中排队等待转发，这就产生了排队时延。排队时延的长短取决于网络当时的通信量，当网络的通信量很大时会发生队列溢出，使数据包丢失，这相当于排队时延无穷大。实际的排队时延通常在毫秒到微秒级。

这样数据在网络中经历的总时延就是以上 4 种时延之和：总时延=发送时延+传播时延+处理时延+排队时延。一般来说，小时延的网络要优于大时延的网络。

5）时延带宽积

把传播时延和带宽相乘，就可以得到时延带宽积，即时延带宽积=传播时延×带宽。因此，时延带宽积又称"以比特为单位的链路长度"。

6）抖动

网络抖动是指最大延迟与最小延迟的时间差。例如访问一个网站的最大延迟是 10 ms，最小延迟为 5 ms，那么网络抖动就是 5 ms。抖动可以用来评价网络的稳定性，抖动越小，网络越稳定。尤其是我们在打游戏的时候，需要网络具有较高的稳定性，否则会影响游戏体验。

网络抖动产生的原因：如果网络发生拥塞后，排队时延会影响端到端的延迟，可能造成从路由器 A 到路由器 B 的延迟忽大忽小，从而造成网络的抖动。

7）丢包

丢包就是指一个或多个数据包的数据无法通过网络到达目的地，接收端如果发现数据丢失，则会根据队列序号向发送端发出请求，进行丢包重传。丢包的原因比较多，最常见的可能是网络发生拥塞，数据流量太大，网络设备处理不过来自然而然就有一些数据包会丢失了。网络中一旦出现丢包，将会造成网络质量的明显下降。

丢包率就是丢失数据包总的数量占总发出的数据包数量的比率。例如，发送了 6 个数据包给腾讯服务器，4 个数据包被接收了，2 个数据包丢失了，那么丢包率就为 2/6=33%。

8）利用率

利用率有信道利用率和网络利用率等。信道利用率指出某信道有百分之几的时间是被利用的（有数据通过）。完全空闲的信道利用率是 0。网络利用率则是全网络的信道利用率的加权平均值。信道利用率并非越高越好。这是因为根据排队论，当某信道的利用率增大时，该信道引起的时延也就迅速增加。信道或网络的利用率过高会产生非常大的时延。

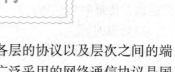

7.2 计算机网络的体系结构

计算机网络体系结构是指计算机网络层次结构模型，它是各层的协议以及层次之间的端口的集合。在计算机网络中实现通信必须依靠网络通信协议，广泛采用的网络通信协议是国际标准化组织（ISO）于 1997 年提出的开放系统互联（Open System Interconnection，OSI）参考模型，通常称为 ISO/OSI 参考模型。

7.2.1 计算机网络协议

在计算机网络中要做到有条不紊地交换数据，就必须遵守一些事先约定好的规则，这些规则明确规定了所交换的数据的格式以及有关的同步问题。这些为进行网络中的数据交换而建立的规则、标准或约定称为网络协议（Network Protocol）。网络协议也可简称为协议，主要由以下 3 个要素组成：

（1）语法，即数据与控制信息的结构或格式；

（2）语义，即要发出何种控制信息，完成何种动作以及做出何种响应；

（3）同步，即事件实现顺序的详细说明。

网络协议是计算机网络不可缺少的组成部分。

7.2.2 OSI 参考模型

OSI 参考模型是 ISO 为标准化网络体系结构而制订的开放式系统互联参考模型。遵照这个共同的开放模型，各个网络产品的生产厂商就可以开发兼容的网络产品。OSI 参考模型是国际标准。

OSI 参考模型将计算机网络划分为 7 层，由下至上依次是物理层、数据链路层、网络层、传输层、会话层、表示层和应用层。

（1）物理层。物理层是 OSI 参考模型的第一层，它是整个开放系统的基础。物理层为设备之间的数据通信提供传输媒体及互联设备，为数据传输提供可靠的环境。

（2）数据链路层。物理层要为终端设备间的数据通信提供传输媒体，在物理媒体上传输的数据难免受到各种不可靠因素的影响而产生差错，为了弥补物理层上数据通信的不足，为上层提供无差错的数据传输，就要能对数据进行检错和纠错。数据链路的建立、拆除以及对数据的检错、纠错是数据链路层的基本任务。数据链路层的数据传输单元是帧。

（3）网络层。网络层为网络上的不同主机提供通信服务，其最重要的一个功能是确定传输的分组由源端到达目的端的路由。网络层的数据传输单元是分组，也称为数据包。

（4）传输层。传输层是两台计算机经过网络进行数据通信时，第一个端到端的层次，它为上层用户提供端到端的、可靠的数据传输服务。同时，传输层还具备差错恢复、流量控制等功能，以提高网络的服务质量。传输层的数据传输单元是数据段。

（5）会话层。会话层用于建立和维持会话，并能使会话获得同步。其使用校验点可保证通信会话在失效时从校验点继续恢复通信。会话层同样要满足应用进程服务要求，实现对话管理、数据流同步和重新同步。

（6）表示层。表示层为上层用户提供数据或信息的语法及格式转换，实现对数据的压缩、恢复、加密和解密。同时，由于不同的计算机体系结构使用的数据编码并不相同，因此在这种情况下，不同体系结构的计算机之间的数据交换，需要表示层来完成数据格式转换。

（7）应用层。应用层是 OSI 参考模型的最高层，它是网络操作系统和网络应用程序之间的接口，向应用程序提供服务。

OSI 只是一个参考模型，而不是一个具体的网络协议，但是其中的每一层都定义了明确的功能，每一层都对它的上一层提供一套确定的服务。

7.2.3 TCP/IP 参考模型

在计算机网络中得到最广泛应用的不是国际标准 OSI 参考模型，而是非国际标准 TCP/IP 参考模型。因此，TCP/IP 常被称为是事实上的国际标准。TCP/IP 参考模型共有 4 层：应用层、传输层、网际层和网络接口层。与 OSI 参考模型相比，TCP/IP 参考模型没有表示层和会话层，相应的功能合并到应用层。网际层相当于 OSI 参考模型中的网络层，网络接口层相当于 OSI 参考模型中的物理层和数据链路层。TCP/IP 即传输控制协议（Transmission Control Protocol，TCP）和网际协议（Internet Protocol，IP），它是 Internet 采用的协议标准，也是目前应用最为广泛的网络协议。

OSI 参考模型和 TCP/IP 参考模型的对应关系如图 7-8 所示。

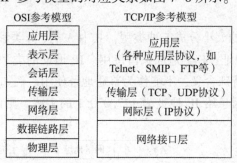

图 7-8 OSI 参考模型和 TCP/IP 参考模型的对应关系

（1）网络接口层。该层没有具体定义，只是指出主机必须使某种协议与网络连接，以便能在网络上传输分组。网络接口层负责接收分组，并把它们发送到指定的物理网络上。

（2）网际层。该层定义了 IP 标准的分组格式和传输过程。它是整个计算机体系结构的关键部分，该层的功能是实现路由选择，把 IP 报文从源端发送到目的端，IP 报文的发送采用非面向连接方式，且各报文独立发送到目标网络。TCP/IP 参考模型的网际层和 OSI 参考模型的网络层在功能上非常相似。

（3）传输层。传输层的功能是使源主机和目标主机上的对等实体可以进行进程间通信。在这一层上定义了两个端到端的协议，一个是 TCP，它是一个面向连接的协议。该协议提供了数据包的传输确认、丢失数据包重新请求传输机制，以保证从一台主机发出的字节流无差错地发送到另一台主机。TCP 还要进行流量控制，避免快速发送方向低速接收方发送过多的报文而使接收方无法处理。另一个协议是用户数据报协议（User Datagram Protocol，UDP），其传输的可靠性不如 TCP，但是它具有更好的传输效率。

（4）应用层。应用层是 TCP/IP 网络系统与用户网络应用程序的接口，包含所有的高层协议，如远程终端协议（Telnet）、文件传输协议（FTP）、简单邮件传输协议（Simple Mail Transfer Protocol，SMTP）、域名系统（DNS）服务以及超文本传输协议（HTTP）等。

通常所说的 TCP/IP 是指 Internet 协议簇，它包括了很多种协议，如电子邮件、远程登录、文件传输等。TCP/IP 既可以应用在局域网内部，也可以应用在广域网。

7.2.4　IP 地址

在 TCP/IP 体系中，IP 地址是一个最基本的概念。一个连接到互联网上的设备，必须要有 IP 地址，这样才能与网络中的其他设备进行通信。

1. IP 地址的格式

IP 地址采用分层结构，由网络地址和主机地址组成，用以标识特定主机的位置信息，其结构如图 7-9 所示。IP 地址的结构可以在网络中方便地寻址，先按 IP 地址中的网络地址找到物理网络，再按主机地址定位到这个网络中的一台主机。

TCP/IP 规定的 IP 地址长为 32 位，分为 4 字节，每字节对应一个 0~255 的十进制整数，数之间用点号分隔，形如：XXX. XXX. XXX. XXX。例如，202. 118. 116. 6，这种格式的地址被称为点分十进制地址。采用这种编址方法理论上可以有 42 亿个可用的 IP 地址。

2. IP 地址的类型

IP 地址根据网络规模的大小分成 5 种类型，其中 A 类、B 类和 C 类地址为基本地址，D 类地址为组播（Multicast）地址，E 类地址保留待用。IP 地址的类型格式如图 7-10 所示。地址数据中的全 0 或全 1 有特殊含义，不能作为普通地址使用。例如，网络地址 127 专用于做测试，如果某计算机发送信息给 IP 地址为 127. 0. 0. 1 的主机，则此信息将传送给该计算机自身。

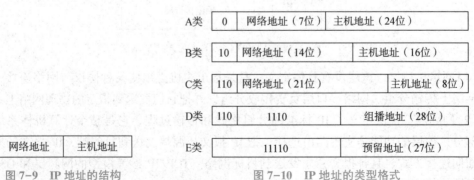

图 7-9　IP 地址的结构　　　　　　　图 7-10　IP 地址的类型格式

A 类地址中表示网络的地址有 8 位，最左边的一位是 0，主机地址有 24 位。第一字节对应的十进制数范围是 0~127，由于地址 0 或 127 有特殊用途，因此，有效的地址范围是 1~

126，即有 126 个 A 类地址，每个 A 类地址可含有 $2^{24}-2=16\ 777\ 214$ 台主机。

B 类地址中表示网络的地址有 16 位，最左边的两位是 10，第一字节地址范围为 128~191（10000000B~10111111B），主机地址是 16 位，B 类地址有 $2^{14}=16384$ 个，每个可含有 $2^{16}-2=65534$ 台主机。

C 类地址中表示网络的地址有 24 位，最左边的 3 位是 110，第一字节地址范围为 192~223（11000000B~11011111B），主机地址有 8 位，C 类地址有 $2^{21}=2097152$ 个，每个可含有 $2^8-2=254$ 台主机。

由于近些年人们已经广泛使用无分类 IP 地址进行路由选择，所以这种传统的 IP 地址分类已成为历史。

3. 子网掩码

在实际网络应用中，有时需要将多个子网组成一个网络，有时需要将一个网络划分为多个子网，为了更加灵活地使用 IP 地址，在 IP 地址中引入子网号，把两级的 IP 地址变为三级的 IP 地址，这样 IP 地址的结构就变为"网络地址+子网地址+主机地址"。

为识别子网，需要使用子网掩码。子网掩码也是 32 位，它的作用是识别子网和判别主机属于哪个网络。当主机之间通信时，通过子网掩码与 IP 地址进行"逻辑与"运算，可分离出网络地址。设置子网掩码的规则：IP 地址中表示网络地址部分的那些位，在子网掩码对应位上设置为 1；表示主机地址部分的那些位设置为 0。

4. 私网 IP 地址

私网 IP 地址不需要向互联网的管理机构申请，只能用于一个机构的内部通信，而不能用于和互联网上的主机的通信。换言之，私网 IP 地址只能用作本地地址而不能用作全球地址。在互联网中的所有路由器，对目的地址是私网 IP 地址的数据包一律不进行转发。私网地址如下。

网络地址计算

（1）A 类地址：10.0.0.0~10.255.255.255

（2）B 类地址：172.16.0.0~172.31.255.255

（3）C 类地址：192.168.0.0~192.168.255.255

使用私网 IP 地址的网络只能在内部进行通信，而不能直接与其他网络互联。这些私网 IP 地址在访问互联网时需要通过网络地址转换（Network Address Translation，NAT）技术转换为公网地址再访问互联网。

NAT 技术是在 1994 年提出的。具有 NAT 功能的路由器、防火墙等设备至少有一个有效的外部全球 IP 地址，这样，所有使用本地地址的主机在与外界通信时，都要在 NAT 设备上将其本地地址转换成全球 IP 地址后才能与互联网连接。

为了更加有效地利用 NAT 设备上的全球 IP 地址，现在常用的 NAT 转换表把传输层的端口号也利用上。这样，就可以使多个拥有本地地址的主机，共用 NAT 路由器上的一个全球 IP 地址，可以同时和互联网上的不同主机进行通信。使用端口号的 NAT 称为网络地址与端口号转换（Network Address and Port Translation，NAPT），而不使用端口号的 NAT 称为传统的 NAT。如图 7-11 所示为网络出口路由器上的 NATP 转换表。

Pro	Inside global	Inside local	Outside local	Outside global
tcp	118.202.1 .192:37	38 172.23.240.21:	938 123.184. 58:	443 123.184. .58:443
tcp	118.202.1 .201:52	74 172.23.240.30:5	074 49.79. 194:	443 49.79.227. 4:443
tcp	118.202.1 .216:46	90 172.23.240.45:4	890 111.13. .211:	5222 111.13.1 211:5222
udp	118.202.1 .202:45	33 172.23.240.31:4	633 123.184. 57:	8443 123.184. .57:8443
udp	118.202.1 .185:34	21 172.23.240.14:3	521 124.237. 231:	1942 124.237. .231:1942
tcp	118.202.1 .201:53	80 172.23.240.30:5	980 59.82. 25:4	3 59.82.33. .443
tcp	118.202.1 .195:49	69 172.22.152.204:4	9269 111.187 .27:	3843 111.187. .27:3843
tcp	118.202.1 .196:46	24 172.23.240.25:4	324 121.194 14:4	43 121.194 :443
tcp	118.202.1 .247:58	54 172.23.0.48:58	64 140.210 .68:4	43 140.210. .168:443
udp	118.202.1 33:81	33 172.22.75.196:81	3 218.192. 44:22	642 218.192. .44:22642
udp	118.202.1 .192:39	89 172.23.240.21:	889 43.137. .191:	443 43.137. .191:443
udp	118.202.1 .137:62	44 172.22.89.18:62	44 123.64.6. :53	497 123.64.6 :53497
udp	118.202.1 .201:54	02 172.23.240.30:5	802 123.184. 252:	443 123.184. .252:443
udp	118.202.1 .206:54	32 172.20.72.129:5	532 202.118. 30:1	23 202.118. 30:123
tcp	118.202.1 .186:58	08 172.23.240.15:5	208 220.181. 12:	443 220.181. 12:443
udp	118.202.1 .192:40	38 172.23.240.21:4	238 103.107 .1:8	443 103.107. .1:8443
tcp	118.202.1 18:38	3 7 172.23.248.85:38	17 106.11. 99:443	3 106.11. 99:443
tcp	118.202.1 .192:49	16 172.23.240.21:4	9016 101.91. .18:80	80 101.91. .18:8080
tcp	118.202.1 .192:40	98 172.23.240.21:4	698 220.181. 13:	443 220.181 13:443
udp	118.202.1 .192:38	97 172.23.240.21:	997 103.102. .1:8	443 103.102. .1:8443
	NAT转换后地址	私网IP地址	目的地址	

图 7-11   网络出口路由器上的 NATP 转换表

5. ICMP

为了更有效地转发 IP 数据报和提高交付成功的机会,在网际层使用了 ICMP。ICMP 允许主机或路由器报告差错情况和提供有关异常情况的报告。ICMP 是互联网的标准协议,但 ICMP 不是高层协议,而是 IP 层的协议。

ICMP 的一个重要应用就是分组网间探测 ping,用来测试两台主机之间的连通性。ping 使用了 ICMP 回送请求与回送回答报文。ping 是应用层直接使用网络层 ICMP 的一个例子。Windows 10 以上操作系统的用户可在接入互联网后,右击 Windows 桌面的"开始"图标,在弹出的菜单中选择"运行",然后在弹出的对话框中输入"cmd"并单击"确定"按钮。看到屏幕上出现的提示符后,输入"ping hostname"(这里的 hostname 是要测试连通性的主机名或其 IP 地址),按<Enter>键后就可看到结果。

图 7-7 中给出了主机到腾讯服务器(www.qq.com)的 ping 测试结果。从测试结果可以看出,域名 www.qq.com 解析出的 IP 地址为 42.81.179.153,主机共发送了 4 个到 www.qq.com 的 ICMP 回送请求报文,腾讯服务器收到 4 个,最短时间、最长时间、平均时间均为 18 ms,丢包率为 0,说明测试主机到 www.qq.com 的网络质量很好。

Windows 操作系统下另一个非常有用的网络测试命令是 tracert,用来跟踪一个分组从源点到终点的路径。在命令窗口中输入"tracert hostname"(这里的 hostname 是要测试的目的主机名或其 IP 地址),按⟨Enter⟩键后就可看到结果。

图 7-12 给出了一台 PC 到腾讯服务器(www.qq.com)的路由信息。从测试结果可以看出,从测试主机到 www.qq.com 共经过了 14 跳,出现" * "的节点,为对应节点设置有访问限制。

6. IPv6

IPv6(Internet Protocol Version6)是互联网协议第 6 版的缩写,是互联网工程任务组设计的用于替代 IPv4 的下一代 IP 协议,其地址数量号称"可以为全世界的每一粒沙子编上一个地址"。

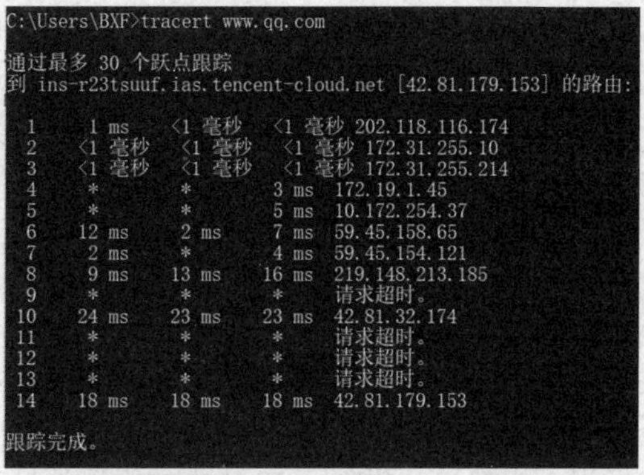

```
C:\Users\BXF>tracert www.qq.com

通过最多 30 个跃点跟踪
到 ins-r23tsuuf.ias.tencent-cloud.net [42.81.179.153] 的路由:

  1    1 ms     <1 毫秒    <1 毫秒  202.118.116.174
  2   <1 毫秒    <1 毫秒    <1 毫秒  172.31.255.10
  3   <1 毫秒    <1 毫秒    <1 毫秒  172.31.255.214
  4     *         *          3 ms   172.19.1.45
  5     *         *          5 ms   10.172.254.37
  6   12 ms      2 ms        7 ms   59.45.158.65
  7    2 ms      *           4 ms   59.45.154.121
  8    9 ms     13 ms       16 ms   219.148.213.185
  9     *         *        请求超时。
 10   24 ms     23 ms       23 ms   42.81.32.174
 11     *         *        请求超时。
 12     *         *        请求超时。
 13     *         *        请求超时。
 14   18 ms     18 ms       18 ms   42.81.179.153

跟踪完成。
```

图 7-12　用 tracert 命令获得到目的主机的路由信息

IPv4 是在 20 世纪 70 年代末设计的互联网协议。互联网经过几十年的飞速发展，IPv4 地址逐渐耗尽，在 2011 年 2 月 3 日互联网数字分配机构（The Internet Assigned Numbers Authority，IANA）开始停止向地区性互联网注册机构（Regional Internet Registry，RIR）分配 IPv4 地址。我国在 2014—2015 年也逐步停止向新用户和应用分配 IPv4 地址，同时全面开始商用部署 IPv6 地址。全球各国近年来不断推动 IPv6 部署进程，中国、美国、印度、巴西等国家不断出台举措加快 IPv6 部署，IPv6 用户数排名前五的国家如表 7-1 所示。

表 7-1　IPv6 用户数排名

排名	国家/地区	2021 年 IPv6 用户	2022 年 IPv6 用户	涨幅
1	中国	6.07 亿	7.18 亿	18%
2	印度	4.55 亿	4.95 亿	11%
3	美国	1.25 亿	1.55 亿	24%
4	巴西	0.61 亿	0.69 亿	11%
5	日本	0.48 亿	0.59 亿	23%

1）IPv6 地址的表示方法

IPv6 的地址长度为 128 位，用 16 进制表示，其中每 4 位为一组，用冒号分开，共 8 组。IPv6 地址有以下 3 种表示方法。

（1）冒分十六进制表示法。

该表示方法的格式为 X：X：X：X：X：X：X：X，其中每个"X"表示地址中的 16 位，以十六进制表示，例如，

ABCD：EF01：2345：6789：ABCD：EF01：2345：6789

这种表示法中，每个"X"的前导 0 是可以省略的。例如，2001：0DB8：9010：0025：0008：0800：200C：4170 可写为 2001：DB8：9010：25：8：800：200C：4170

（2）0 位压缩表示法。

IPv6 地址中间可能包含很长的一段"0"，可以把连续的一段"0"压缩为"::"。但为保证地址解析的唯一性，地址中的"::"只能出现一次。例如：FF01：0：0：0：0：0：0：1001 可写为 FF01::1001；0：0：0：0：0：0：0：1 可写为::1；0：0：0：0：0：0：0：0 可写为::。

（3）内嵌 IPv4 地址表示法。

为了实现 IPv4 和 IPv6 互通，IPv4 地址会嵌入 IPv6 地址中，此时地址常表示为 X：X：

X：X：X：X：d. d. d. d，前96位采用冒分十六进制表示法表示，而最后32位则使用IPv4的点分十进制表示法表示。例如，IPv6地址::172. 16. 0. 1与::FFFF：172. 16. 0. 1就是两个典型的例子，在前96位中，0位压缩表示法依旧适用。

2）IPv6地址类型

IPv6协议主要定义了3种地址类型：单播地址（Unicast Address）、组播地址（Multicast Address）和任播地址（Anycast Address）。其与原来的IPv4地址相比，新增了任播地址，取消了原来IPv4地址中的广播地址。

（1）单播地址：用来唯一标识一个接口，类似于IPv4中的单播地址。发送到单播地址的数据报文将被传送给此地址所标识的一个接口。

（2）组播地址：用来标识一组接口，类似于IPv4中的组播地址，发送到组播地址的数据报文将被传送给此地址所标识的所有接口。

（3）任播地址：用来标识一组接口，发送到任播地址的数据报文将被传送给此地址所标识的一组接口中距离源节点最近的一个接口。

3）IPv6过渡技术

由于IPv6与IPv4不兼容，因此在当前IPv4为主的网络环境下，IPv4向IPv6的平滑过渡就成为IPv6能否成功的关键。IPv4过渡到IPv6的技术主要分为以下三大类。

（1）双栈技术。

双栈节点同时配置IPv4和IPv6两种协议栈，双栈节点与IPv4节点通信时使用IPv4协议栈，与IPv6节点通信时使用IPv6协议栈。

（2）隧道技术。

IPv6不可能在一夜之间完全替代IPv4，在这之前，IPv6设备就成为IPv4网络中的IPv6"孤岛"。IPv6 over IPv4隧道技术的目的是利用现有的IPv4网络，使各个分散的IPv6"孤岛"可以跨越IPv4网络相互通信。IPv4 over IPv6隧道技术是解决具有IPv4协议栈的接入设备成为IPv6网络中的孤岛通信问题，使分散的IPv4"孤岛"可以跨越IPv6网络相互通信。

（3）翻译技术。

NAT64是一种有状态的网络地址与协议转换技术，一般只支持通过IPv6网络侧用户发起连接访问IPv4侧网络资源。NAT64也支持通过手工配置静态映射关系，实现IPv4网络主动发起连接访问IPv6网络。

IVI（在罗马数字中，IV是四，VI是六，因此IVI代表IPv4和IPv6过渡和互访）是IPv4翻译和IPv6翻译的无状态翻译互联互通技术。IVI方案由清华大学李星教授提出。IVI的主要思路是从全球IPv4地址空间中，取出一部分地址映射到全球IPv6地址空间中。IVI的地址映射规则是在IPv6地址中插入IPv4地址，地址的0~31位为ISP的/32位的IPv6前缀；32~39位设置为FF，表示这是一个IVI映射地址；40~71位表示插入的全局IPv4空间的地址格式，例如IPv4/24映射为IPv6/64，而IPv4/32映射为IPv6/72。

4）IPv6地址自动配置协议

IPv6使用两种地址自动配置协议，分别为无状态地址自动配置（Stateless Address Auto-configuration，SLAAC）协议和IPv6动态主机配置协议（Dynamic Host Configuration Protocol for IPv6，DHCPv6）。SLAAC协议不需要服务器对地址进行管理，主机直接根据网络中的路由器通告信息与本机MAC地址结合计算出本机IPv6地址，实现地址自动配置；DHCPv6由DHCPv6服务器管理地址池，用户主机从服务器请求并获取IPv6地址及其他信息，达到地址自动配置的目的。目前大部分安卓终端仅支持SLAAC协议。

7.3 计算机网络的基本组成

计算机网络通常分为网络硬件和网络软件两大部分。网络硬件用于实现物理连接,为计算机之间的通信提供物理通道。网络软件用来控制并具体实现通信双方的信息传递和网络资源的分配与共享。网络硬件和网络软件是计算机网络的两个相互依赖、缺一不可的组成部分,它们共同完成计算机网络的通信功能。

7.3.1 网络硬件

网络硬件主要由计算机系统、传输介质和网络连接设备组成。常见的局域网组成如图7-13所示。

1. 计算机系统

计算机系统是网络的基本单元,具有访问网络、数据处理和提供共享资源的能力。计算机系统包括服务器和工作站。

(1)服务器(Server)是网络系统的中心,它为网络用户提供服务并管理整个网络。服务器可以提供多种资源,包括计算资源、存储资源、软件资源、数据资源等。根据所提供网络服务的不同,服务器的 CPU、内存、硬盘、扩展能力等会有所不同。

(2)工作站(Workstation)是指连接到网络上的计算机。工作站接入网络后,可向服

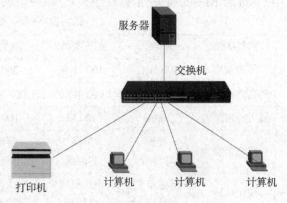

图7-13 常见的局域网组成

务器发送请求,要求访问其他计算机上的资源,获取资源后用自己的 CPU 和 RAM 进行运算处理,并将处理结果输出或存储到服务器中。

2. 传输介质

在计算机网络中,常用的传输介质有双绞线、光缆以及无线传输介质等。

1)双绞线

双绞线(Twisted Pair)是现在最常用的网络传输介质之一,它由 8 芯相互绝缘的铜线组成,每两芯线铰接在一起组成 4 对,以降低电磁感应在邻近线对中产生干扰信号。双绞线价格便宜,易于安装使用,具有较好的性价比,但是在传输速率和传输距离上有一定的限制,要求不超过 100 m。

双绞线可分为非屏蔽双绞线(Unshielded Twisted Pair,UTP)和屏蔽双绞线(Shielded Twisted Pair,STP)两种,非屏蔽双绞线实物如图7-14所示,屏蔽双绞线实物如图7-15所示。屏蔽双绞线在双绞线外层包有金属屏蔽层,对电磁干扰具有较强的抵抗能力,其价格比非屏蔽双绞线高,适用于高带宽应用、工业环境、环境干扰源复杂等场合。

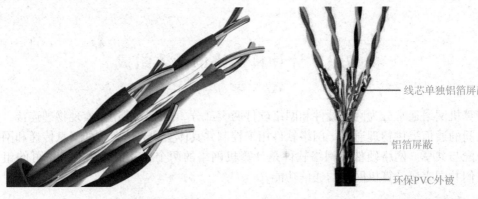

线芯单独铝箔屏蔽

铝箔屏蔽

环保PVC外被

图 7-14　非屏蔽双绞线实物图　　　　图 7-15　屏蔽双绞线实物图

双绞线分为三类、五类、六类、七类和八类，标准类型双绞线按 CAT×方式标注，例如常用的五类线和六类线，其在线的外表皮上标注为 CAT5、CAT6，而如果是改进版，则按 CATxe 方式标注，例如超五类线就标注为 CAT5e。不同类型双绞线的比较如表 7-2。双绞线常用于以太网(Ethernet)中，目前常用的双绞线为六类非屏蔽双绞线。双绞线接头为具有国际标准的 RJ-45 插头(俗称水晶头)，以便与网络设备连接，如图 7-16 所示。

表 7-2　不同类型双绞线的比较

网线类型	五类线	超五类线	六类线	超六类线	七类线	八类线
传输频率	100 MHz	100 MHz	1~250 MHz	200~500 MHz	600 MHz	2 000 MHz
最高传输速率	100 Mbit/s	1 000 Mbit/s	1 000 Mbit/s	10 Gbit/s	10 Gbit/s	40 Gbit/s
最大传输距离	100 m	100 m	100 m	100 m	100 m	30 m
线缆类型	屏蔽 非屏蔽	屏蔽 非屏蔽	屏蔽 非屏蔽	屏蔽 非屏蔽	双层屏蔽	双层屏蔽
应用环境	低速带宽 环境	小规模网 络环境	中大规模 网络环境	高速带宽 环境	高速带宽 环境	数据中心

（a）　　　　　　　　　（b）

图 7-16　RJ-45 插头

（a）RJ-45 连接器；（b）已经连接网线的 RJ-45 连接器

在双绞线标准中应用最广的是 EIA/ TIA-568A 和 EIA/TIA-568B。这两个标准最主要的不同就是芯线序列(简称线序)的不同。EIA/TIA-568A(简称 568A)标准规定的线序依次为绿白、绿、橙白、蓝、蓝白、橙、棕白、棕；EIA/TIA-568B(简称 568B)标准规定的线序依次为橙白、橙、绿白、蓝、蓝白、绿、棕白、棕。工程上一般使用 EIA/TIA-568B 标准，在实际使用中分直通线和交叉线。

（1）直通线：又称正线、标准线。线两端接头线序相同，即如果为 EIA/TIA-568A 标准，则两端接头线序都是 EIA/TIA-568A 标准；如果为 EIA/TIA-568B 标准，则两端插头线序也均为 EIA/TIA-568B 标准。直通线的应用场景：路由器和交换机，PC 和交换机等。

（2）交叉线：又称反线，即一端使用 EIA/TIA-568A 标准线序，另一端使用 EIA/TIA-568B 标准线序。交叉线的应用场景：用于相同设备间的互联，PC—PC，路由器—路由器等。

2）光缆

网线制作

光缆（Optical Fiber Cable）主要是由光纤（Optical Fiber）和塑料保护套管及塑料外皮构成，它是一定数量的光纤按照一定方式组成缆心，外包有护套，有的还包覆外护层，用以实现光信号传输的一种通信线路，用于远距离大容量信息传输。可以说光缆包含光纤，光纤是光缆的一部分。

光缆的种类有很多，其分类的方法较多，按照不同的标准有不同的分类。

（1）按敷设方式划分，光缆有：自承重架空光缆、管道光缆、铠装地埋光缆、海底光缆、皮线光缆。

（2）按光缆结构划分，光缆有：束管式光缆、层绞式光缆、紧抱式光缆、带式光缆、非金属光缆和可分支光缆。

（3）按用途划分，光缆有：长途通信用光缆、短途室外光缆、混合光缆和建筑物内用光缆。

（4）按光纤的种类划分，光缆有：单模光缆和多模光缆。

光缆的基本结构一般是由缆芯、加强钢丝、填充物和护套等几部分组成，另外根据需要还有防水层、缓冲层、绝缘金属导线等构件。管道光缆结构示意图如图 7-17 所示，皮线光缆结构示意图如图 7-18 所示。

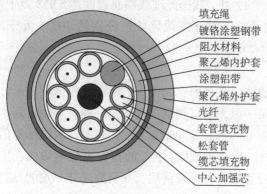

填充绳
镀铬涂塑钢带
阻水材料
聚乙烯内护套
涂塑铝带
聚乙烯外护套
光纤
套管填充物
松套管
缆芯填充物
中心加强芯

图 7-17　管道光缆结构示意图

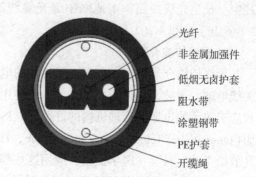

光纤
非金属加强件
低烟无卤护套
阻水带
涂塑钢带
PE 护套
开缆绳

图 7-18　皮线光缆结构示意图

光缆的核心是光纤。光纤是用光导纤维作为传输介质，由传送光波的超细玻璃纤维外包一层比玻璃折射率低的材料构成。进入光纤的光波在两种材料的界面上形成全反射，从而不断地向前传播。光纤由纤芯、包层和防护层构成，光纤的几何尺寸很小，纤芯直径一般为 $5 \sim 50 \ \mu m$，包层的外径为 $125 \ \mu m$，包括防护层，整个光纤的外径也只有 $250 \ \mu m$ 左右。光纤的基本结构如图 7-19 所示。

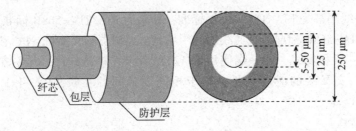

图 7-19　光纤的基本结构

光以一特定的入射角度射入光纤，在光纤和包层间发生全反射，从而可以在光纤中传播，即称为一个模式。当光纤直径较大时，可以允许光以多个入射角度射入并传播，此时的光纤就称为多模光纤（Multi Mode Fiber）；当光纤直径较小时，只允许一个方向的光通过，此时的光纤就称为单模光纤（Single Mode Fiber）。由于多模光纤会产生干扰、干涉等问题，因此在带宽、容量上均不如单模光纤。实际应用中的光纤大多数是单模光纤。

光纤具有通信容量大、传输距离远、重量轻、体积小、可靠性高、安全保密性好、抗电磁干扰能力强、误码率低等优点。用光纤传输时，在发送端，需要先经光纤发射机将电信号转换为光信号，然后送到光纤上传输，在接收端，由光接收机将收到的光信号还原为电信号，再送给网络设备或计算机进行处理。在光纤传输的整个过程中，光信号的能量沿着纤芯传播时会发生逐渐减小的现象，从而造成信号强度不断减弱，这种现象称为衰减。衰减度与波形的长度有关，波形越长，衰减越小，多模光纤一般使用 850 nm 处的波长，单模光纤一般使用 1310 nm 和 1550 nm 处的波长。

由于皮线光缆具有结构简单、抗压性能好、安装维护简单、施工效率高等特点，所以其在光纤入户工程中被大规模使用。截至 2022 年 12 月，我国光缆线路总长度达 5 958 万千米，其中，长途光缆线路、本地网中继光缆线路和接入网光缆线路长度分别达 109.5 万千米、2 146 万千米和 3 702 万千米。

3）无线传输介质

无线传输介质指能在自由空间传输的电磁波。在自由空间传输的电磁波根据频谱可分为无线电波、微波、红外线、激光等。要使用某一段无线电频谱进行通信，通常必须得到本国政府有关无线电频谱管理机构的许可证。ISM（Industrial Scientific Medical）频段为国际电信联盟（International Telecommunication Union，ITU）《无线电规则》定义的指定无线电频段，主要开放给工业、科学、医学使用，应用这些频段无须许可证或费用，只需要遵守一定的发射功率（一般低于 1 W），并且不要对其他频段造成干扰即可。ISM 频段在各国的规定并不统一。ISM 频段的日常用途为 Wi-Fi、蓝牙、ZigBee、无线电话、射频识别（Radio Frequency Identification，RFID）技术及近场通信（Near Field Communication，NFC）等低功耗及短距离通信。

3. 网络连接设备

在计算机网络中，除传输介质外，还需要各种网络连接设备才能将独立工作的计算机连接起来。常用的网络连接设备有网络接口卡、中继器、集线器、网桥、交换机、路由器、网关等。

1）网络接口卡

网络接口卡（Network Interface Card，NIC）也称网络适配器，也就是我们常说的网卡。网卡是计算机网络中最基本的部件之一，是连接计算机和传输介质之间的硬件设备，它工作在 OSI 参考模型的第二层，即数据链路层。每一个网卡都有一个被称为 MAC 地址的独一无二的 48 位串行号，它被写在网卡上的一块 ROM 中。无论是有线连接还是无线连接，都必须借助于网卡才能实现数据的发送和接收。目前，有线网卡的速率有 10 Mbit/s/100 Mbit/s/1 Gbit/s/10 Gbit/s，常见的有线网卡有两种，一种是安装在计算机内部的台式机网卡，如图 7-20 所示；另一种是通过 USB 口连接的网卡，如 USB 接口网卡，如图 7-21 所示，它一般用在无网卡的计算机上。

图 7-20　台式机网卡　　　　　　　图 7-21　USB 接口网卡

2）中继器

中继器是最简单的网络互联设备，负责在两个节点的物理层上按位传递信息，完成信号的复制、调整和放大功能，以此来延长网络的距离。由于存在损耗，在线路上传输的信号功率会逐渐衰减，衰减到一定程度时将造成信号失真，因此会导致接收错误。中继器就是为解决这一问题而设计的。

3）集线器

集线器也称 Hub，主要功能是对接收到的信号进行再生、整形、放大，以扩大网络的传输距离，同时将多个节点集中在以它为中心的节点上。集线器工作在 OSI 参考模型的第一层，即物理层。它采用广播方式发送数据，也就是说，当它要向某节点发送数据时，不是直接把数据发送到目的节点，而是把数据包发送到与集线器相连的所有节点。

4）网桥

网桥工作在 OSI 参考模型的第二层，即数据链路层。网桥对接收到的帧根据其 MAC 帧的目的地址进行转发和过滤，当其接收到一个帧时，并不是向所有的端口转发此帧，而是根据此帧的 MAC 帧的目的地址，查找网桥中的地址表，然后确定将该帧转发到哪一个端口，或者是把它丢弃。网桥不但能扩展网络的距离或范围，而且可提高网络的性能、可靠性和安全性，通常用于连接数量不多、同一类型的网段。

5）交换机

交换机工作在 OSI 参考模型的第二层，即数据链路层。交换机对接收到的帧根据其 MAC 帧的目的地址进行转发和过滤，它具有多个端口，每个端口都具有桥接功能，从这一点来说，交换机就是多端口的网桥。交换机与网桥相比，具有更强的特性，如提供全双工通信、流量控制和网络管理等功能。交换机的每个端口都可以获得同样的带宽，而集线器是所有端口共享带宽。目前，中继器、网桥和集线器已经被交换机替代。国内生产交换机的厂商较多，主要有华三、华为、锐捷等。如图 7-22(a)所示为框式交换机，一般用在网络核心或汇聚；如图 7-22(b)所示为盒式交换机，一般用于网络接入。

（a）   （b）

图 7-22　交换机

(a)框式交换机；(b)盒式交换机

6) 路由器

路由器(Router)工作在 OSI 参考模型的第三层，即网络层。路由器是连接两个或多个网络，根据每个数据包中的地址决定数据包如何传送的专用智能网络设备。它能够理解不同的协议，并根据选定的路由算法把各数据包按最佳路由传送到指定位置。路由器已成为各种骨干网络内部之间、骨干网之间连接的枢纽，是互联网的主要节点设备。国内生产路由器的厂商较多，主要有华三、华为、锐捷等，路由器如图 7-23 所示。

图 7-23　路由器

日常提到的无线宽带路由器相当于将无线接入点(Access Point，AP)和宽带路由器合二为一，它不仅具备无线 AP 的无线覆盖功能，还具备实现宽带路由器的功能，可以实现基于数字用户线(x Digital Subscriber Line，xDSL)、PON 网络或小区宽带接入的无线接入互联网。无线宽带路由器如图 7-24 所示。

7) 网关

网关(Gateway)在网络层以上实现网络互联,是复杂的网络互连设备,仅用于两个高层协议不同的网络互联。网关既可以用于广域网互联,也可以用于局域网互联。它是一种充当转换重任的计算机系统或设备,使用在不同的通信协议、数据格式或语言,甚至体系结构完全不同的两种系统之间,实现不同网络协议之间的转换功能。

图7-24 无线宽带路由器

7.3.2 网络软件

网络软件通常包括以下3类。

1. 网络操作系统

网络操作系统是整个网络的核心,是最重要的网络软件,它对网络服务器实施安全、高效的管理,并对网络工作站实施协调、控制和管理功能,向网络用户提供各种网络服务和网络资源。

目前流行的网络操作系统主要有三大系列:Microsoft Windows、Linux、UNIX 系列。

网络操作系统包括客户机和服务器两类,客户机和服务器的操作系统可以相同,也可以不同,目前在客户机上常用的操作系统有 Windows 7/10/11,国产操作系统有银河麒麟桌面版、统信桌面版等;服务器端的操作系统有 Windows Server、Linux、UNIX,国产操作系统有银河麒麟服务器版、统信服务器版、欧拉等。

2. 网络管理软件

网络管理软件用于监视和控制网络和服务的运行,例如监控网络设备、网络流量、网络性能、网络服务等。网络管理软件还可以进行网络配置管理、故障管理、安全管理、计费管理等工作。对于大型的网络来说,网络管理软件是必不可少的,它是保证网络安全稳定运行的重要保障措施,也为网络升级改造、优化、安全保护、故障处理提供依据。

3. 网络应用软件

网络应用软件多种多样,使用网络应用软件的目的在于实现网络用户的各种业务。常用的应用软件的开发平台通常是基于客户机服务器,或者基于浏览器服务器工作模式的各种应用系统。通常开发网络应用软件都会用到数据库管理系统,如 Oracle、SQL Server、MySQL 等。

7.4 以太网

以太网是一种计算机局域网技术。电气与电子工程师协会(Institute of Electrical and Electronics Engineers,IEEE)组织的 IEEE 802.3 标准制定了以太网的技术标准,它规定了包括物理层的连线、电子信号和介质访问层协议的内容。以太网是应用最普遍的局域网技术,取代了令牌环、光纤分布式数据接口(Fiber Distributed Data Interface,FDDI)和 ARCNET 等其他局域网技术。

以太网从 20 世纪 70 年代末就有了正式的网络产品，其传输速度自 20 世纪 80 年代初的 10 Mbit/s 发展到目前的 400 Gbit/s，目前常用的有 1 Gbit/s、10 Gbit/s、25 Gbit/s、40 Gbit/s、100 Gbit/s 的以太网产品。

7.4.1　CSMA/CD 协议

载波监听多路访问/冲突检测（Carrier Sense Multiple Access/Collision Detection，CSMA/CD）是 IEEE 802.3 使用的一种媒体访问控制方法。其从逻辑上可以划分为两大部分：数据链路层的媒体访问控制（Media Access Control，MAC）子层和物理层，它严格对应于 OSI 参考模型的数据链路层和物理层。CSMA/CD 的基本原理是：所有节点都共享网络传输信道，节点在发送数据之前，首先检测信道是否空闲，如果信道空闲则发送，否则就等待；在发出信息后，再对冲突进行检测，如果发现冲突，则取消发送。随着同一网络上的计算机数目的增加，以太网的效率会降低。同时，随着电缆长度值的增大，在帧长度不变的条件下以太网的效率也会降低。

7.4.2　以太网类型

经过长期发展，以太网已成为应用最广泛的局域网标准，主要包括标准以太网（10 Mbit/s）、快速以太网（100 Mbit/s）、千兆以太网（1 000 Mbit/s）和 10 吉比特以太网（10 000 Mbit/s）和更快的以太网，它们都符合 IEEE 802.3 系列标准规范。

1. 标准以太网

最开始以太网只有 10 Mbit/s 的吞吐量，使用 CSMA/CD 访问控制方法。通常把这种最早期的 10 Mbit/s 以太网称为标准以太网。标准以太网的传输介质主要有双绞线和同轴电缆。

2. 快速以太网

1995 年 3 月，IEEE 发布了 IEEE 802.3u 100Base-T 快速以太网（Fast Ethernet）标准。快速以太网支持双绞线及光纤的连接，能有效地利用现有的设施，其仍基于 CSMA/CD 技术，半双工方式工作时要使用 CSMA/CD 协议，当网络负载较重时，会造成效率的降低，在使用以太网交换机，全双工方式工作时不受 CSMA/CD 协议限制。快速以太网有自动协商的功能，能够自动适应电缆两端可用的通信速率，能方便地与 10 Mbit/s 以太网连接。

3. 千兆以太网

1998 年 6 月和 1999 年 6 月 IEEE 分别发布了千兆以太网标准 IEEE 802.3z 和 802.3ab，IEEE 802.3z 制定了光纤和短程铜线连接方案的标准，IEEE 802.3ab 制定了五类双绞线上较长距离连接方案的标准。千兆以太网采用了与 10 Mbit/s 以太网相同的帧格式、帧结构、网络协议、全/半双工工作方式、流控模式以及布线系统，可与 10 Mbit/s 或 100 Mbit/s 以太网很好地配合工作，从 10 Mbit/s 或 100 Mbit/s 以太网升级到千兆以太网能够最大限度地保护原有投资。千兆以太网在半双工工作方式下使用 CSMA/CD 协议，而在全双工工作方式不使用 CSMA/CD 协议。

4. 10 吉比特以太网和更快的以太网

2002 年 6 月，IEEE 发布了 10 吉比特以太网标准 IEEE 802.3ae。10 吉比特以太网

（10GbE）的帧格式与 10 Mbit/s、100 Mbit/s 和 Gbit/s 以太网的帧格式完全相同，并保留 IEEE 802.3 标准规定的以太网最小帧长和最大帧长。用户在将其已有的以太网进行升级时，仍能和较低速率的以太网很方便地通信。10GbE 只工作在全双工方式，不使用 CSMA/CD 协议，因此不存在争用问题。

2010 年 6 月和 2015 年 2 月 IEEE 分别发布了 40GbE/100GbE 以太网标准 IEEE 802.3ba 和 802.3bm。40GbE/100GbE 以太网只工作在全双工的传输方式，不使用 CSMA/CD 协议，并且仍然保持以太网的帧格式以及 IEEE 802.3 标准规定的以太网最小帧长和最大帧长。2017 年 12 月，IEEE 发布了 IEEE 802.3bs 标准，共有两种速率，即 200GbE（速率为 200 Gbit/s）400GbE（速率为 400 Gbit/s）全部用光纤传输。

7.4.3 无线局域网

无线局域网（Wireless Local Area Network，WLAN）与有线局域网的主要不同之处是传输介质不同，有线局域网是通过有形的传输介质进行连接的，如双绞线、光纤等；无线局域网则摆脱了有形传输介质的束缚，在无线网络的覆盖范围内，可以在任何一个地方随时随地连接上无线网络和 Internet。

1. WLAN 基础

WLAN 使用射频传输信息，通过天线完成信息的发射和接收。射频表示可以辐射到空间的电磁频率，也可表示射频电流，通常人们把具有远距离传输能力的高频电磁波称为射频。WLAN 的工作频段是 2.4 GHz 频段和 5 GHz 频段，如果一个无线 AP 同时支持两个频段，则称该 AP 支持双频段。

2. WLAN 使用的频段

通常 WLAN 使用 ISM 频段。对于无线通信，由于传输介质是无线电波，它连接了不可见的空口，所以该空口被称为空中接口或空间接口。

WLAN 采用射频传输信息，射频是通过信道来传输信息的，可以把信道理解为高速路上的多条车道，每条车道上跑着多辆汽车。信道是传输信息的通道，无线信道就是空间中无线电波传输信息的通道，所以无线通信协议除了要定义允许使用的频段，还要精确划分出频率的范围，频率范围就是信道，信道之间不能重叠。如果在一个空间中存在多个重叠信道，则会产生信道干扰。

为了避免信道干扰，需要使用非重叠信道来部署无线网络，2.4 GHz 频段中只有 1、6 和 11 才是非重叠信道。采用 2.4 GHz 频段的无线技术是一种短距离无线传输技术，2.4 GHz 频段是全世界公开通用的无线频段，越来越多的技术选择了 2.4 GHz 频段，逐渐使该频段日益拥挤。Wi-Fi 的 5 GHz 不是移动通信标准的 5G，而是指工作在 5 GHz 频段的 Wi-Fi，5 GHz 频段在频率、速度、抗干扰方面都比 2.4 GHz 频段强很多。但 5 GHz 频段由于频率高，与 2.4 GHz 频段相比，波长要短很多，因此穿透性、距离性偏弱。各国对 Wi-Fi 可用的 5 GHz 频段的范围略有不同，5 GHz 频段的频宽比较宽，而且干扰小，适合高速传输。

5GHz 频段的频率资源更为丰富，AP 不仅支持 20 MHz 带宽的信道，还支持 40 MHz、80 MHz，以及更大带宽的信道。IEEE 802.11a/n 每个信道需要占用 20 MHz 带宽，IEEE 802.11ac 每个信道可以支持 20 MHz、40 MHz、80 MHz 几种带宽，IEEE 802.11ax 每个信道可以支持 20 MHz、40 MHz、80 MHz、160 MHz 几种带宽。在中国，在 5.8 GHz 频段内有 5 个非重叠信道，分别为 149、153、157、161、165；5.2 GHz 频段内有 8 个非重叠信道，分别为 36、40、44、48、52、56、60、64。

3. 空间流和信道干扰

每一个信号都是一个空间流，空间流使用发射端的天线进行发送，每个空间流通过不同的路径到达接收端。无线系统能够发送和接收空间流，并能够区分发往或来自不同空间方位的空间流(信号)。

通常情况下，一根发送天线和一根接收天线之间可以建立一个空间流，如 AP 有 4 根天线，与之连接的无线终端(Station，STA)也有 4 根天线，那么同时就有 4 个空间流。

一个射频模块可以使用多根天线，AP 与终端之间可以采用多空间流交互数据，提升传输速率。现在的 AP 通常都是双频或三频，这样做的优势就是在相同的物理空间中，提高了一倍的接入密度。因此，双频 AP 可以用于高密度客户端的覆盖场景，而三频 AP 多提供一路射频，该射频既可用于业务覆盖，以提升用户接入能力，也可以用于频谱监测、安全扫描和无线定位等。

WLAN 通过无线信号传输数据，随传输距离的增加无线信号强度会越来越弱，且相邻的无线信号之间会存在重叠干扰问题，这些都会降低无线网络信号质量甚至导致无线网络无法使用。干扰会对有用信号的接收造成损伤。干扰主要来自非 Wi-Fi 设备和 Wi-Fi 设备，Wi-Fi 设备干扰一般出现在一定空间内存在大量 AP 的场景，当未进行信道优化或非重叠信道不足时会产生同信道干扰。WLAN 干扰加剧了冲突与退避，当多台设备同时传输造成空口碰撞时，接收端将无法正常解析报文，发送端重传退避使空闲等待时长拉长，降低了信道利用率。各版本 Wi-Fi 参数对比如表 7-3 所示。

表 7-3　各版本 Wi-Fi 参数对比

标准代码	IEEE 802.11b	IEEE 802.11a	IEEE 802.11g	IEEE 802.11n	IEEE 802.11ac	IEEE 802.11ax	IEEE 802.11be
新命名	Wi-Fi1	Wi-Fi2	Wi-Fi3	Wi-Fi4	Wi-Fi5	Wi-Fi6	Wi-Fi7
发布时间	1999 年	1999 年	2003 年	2009 年	2013 年	2019 年	2022 年
工作频段	2.4 GHz	5 GHz	2.4 GHz	2.4/5 GHz	5 GHz	2.4/5 GHz	2.4/5/6 GHz
信道带宽	20 MHz	20 MHz	20 MHz	20/40 MHz	20/40/80/160 MHz	20/40/80/160 MHz	20/40/80/160/320 MHz
MCS 范围				0~7	0~9	0~11	
调制	DSSS, CCK	OFDM	OFDM	OFDM	OFDM	OFDM, OFDMA	OFDM
最高调制	CCK	64QAM	64QAM	64QAM	256QAM	1 024QAM	4 096QAM
最大空间流	1	1	1	4	8	8	16
最高速率	11 Mbit/s	54 Mbit/s	54 Mbit/s	600 Mbit/s	6.9 Gbit/s	9.6 Gbit/s	30 Gbit/s

4. 企业级 WLAN

企业级 WLAN 产品主要包括无线接入控制器(Access Controller，AC)和无线 AP。在企业级 WLAN 中，为了简化管理以及统一管理大量的 AP，通常会使用 AC 作为统一管控的设备，此时 AP 不能独立工作，需要依赖 AC 工作。AC 负责 WLAN 的接入控制、转发和统计，以及 AP 的配置监控、漫游管理、AP 的网管代理和安全控制。

瘦 AP(Fit AP)通常负责 IEEE 802.11 报文的加/解密、接受 AC 的管理、提供 IEEE 802.11 物理层功能和空口统计等简单功能。

AC 和 AP 之间使用的通信协议是无线接入点的控制和内置协议(Control And Provisioning of Wireless Access Points Protocol Specification，CAPWAP)。与胖 AP(Fat AP)架构相比，AC+Fit AP 架构的优点是：配置与部署容易，安全性更高，更新与拓展容易。

5. 家庭或小规模无线网络

家庭或小规模无线网络通常采用 Fat AP 架构，Fat AP 一般指无线路由器，除具备无线接入功能之外，一般还具备 WAN 和 LAN 接口，支持 DHCP 服务、DNS 转发、NAT，VPN、防火墙等功能。所有网络配置都存储在 Fat AP 设备上，因此设备的管理和配置均由接入点处理。经典的 Fat AP 组网采用无线路由器方式组网，几乎所有企业级 AP 都可以完成 Fat/Fit AP 的转换。

7.5　互联网基础

互联网本身不是一种具体的物理网络，它是对全世界各个地方已有的各种网络资源进行整合，例如将计算机网络、数据通信网络、有线电视网络等互联起来，组成一个横贯全球的庞大的互联网络，该网络称为网络的网络。

7.5.1　互联网概述

互联网起源于 APRA 的 ARPANET。互联网最初的宗旨是用来支持教育和科研活动，随着规模的扩大和应用服务的发展以及全球化市场需求的增长，开始了商业化服务。在引入商业机制后，准许以商业为目的的网络连入互联网，使其得到迅速发展，很快便达到了今天的规模。

一般认为，互联网是由多个网络互联而形成的网络的集合。从网络技术的观点来看，互联网是一个以 TCP/IP 连接各个国家、各个部门、各个机构计算机网络的数据通信网。从信息资源的观点来看，互联网是一个集各个领域、各个学科的各种信息资源为一体，并供上网用户共享的数据资源网。

7.5.2　接入互联网

接入互联网的方式有电话线拨号接入、ADSL(Asymmetric Digital Subscriber Line)接入、光纤接入、无线网络、电力网接入等宽带接入技术，目前主要应用的是光纤接入和无线接入。

1. ADSL 技术

ADSL 是非对称数字用户线路的简称，是一种通过电话线提供宽带及电话业务的技术，它采用频分技术，把普通的电话线分离成电话、上行和下行 3 个相对独立的信道，从而避免了信道相互之间的干扰。ADSL 上行带宽低，下行带宽高，在不影响正常电话通信的情况下可以提供最高 3.5 Mbit/s 的上行速度和最高 24 Mbit/s 的下行速度。

ADSL 上网需采用 ADSL 虚拟拨号接入，ADSL 接入互联网需要 ADSL Modem、ADSL 分离器和电话线。ADSL 连接结构示意图如图 7-25 所示。

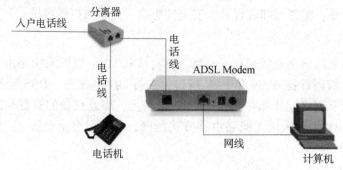

图 7-25　ADSL 连接结构示意图

2. FTTx 技术

随着互联网应用的发展，接入互联网的用户越来越多，因此对接入互联网的带宽要求越来越高，目前，采用 FTTx 技术的宽带光纤接入是最好的选择。

FTTx 技术主要用于光纤接入互联网，FTTx 中的字母 x 可代表不同的光纤接入地点，可分为光纤到路边(Fiber To The Curb，FTTC)、光纤到大楼(Fiber To The Building，FTTB)、光纤到办公室(Fiber To The Office，FTTO)、光纤到户(Fiber To The Home，FTTH)等服务形态。目前在家庭宽带中使用最多是 FTTH，就是把光纤一直铺设到用户家里，在用户端的设备上把光信号转换为电信号，为用户提供高速的上网带宽，同时搭配 WLAN 技术，实现宽带与移动网络接入结合。

为有效地利用光纤资源，在光纤干线和用户之间，还铺设一段中间的转换装置即光配线网(Optical Distribution Network，ODN)，使数十个家庭用户能够共享一根光纤干线。如图 7-26 所示是现在广泛使用的无源光配线网的组成。"无源"表明在光配线网中无须配备电源，因此基本上不用维护，其长期运营成本和管理成本很低。无源光配线网常称为无源光网络(Passive Optical Network，PON)。

光线路终端(Optical Line Terminal，OLT)是连接到光纤干线的终端设备。OLT 把接收到的下行数据发往无源的 1∶N 光分路器(Splitter)，然后用广播方式向所有用户端的光网络单元(Optical Network Unit，ONU)发送。典型的光分路器使用的分路比是 1∶32，也可以使用多级的光分路器。每个 ONU 根据特有的标识只接收发送给自己的数据，然后转换为电信号发往用户设备。

ODN 采用波分复用，上行和下行分别使用不同的波长，实现上、下行数据可以在同一根光纤上传输。PON 的种类有很多，目前最流行的有以下两种，各有其优缺点。

(1)以太网无源光网络(Ethernet PON，EPON)，在 2004 年 6 月形成 IEEE 802.3ah 标准，EPON 利用 PON 的网络拓扑结构实现了以太网的接入。EPON 的优点是：与以太网的兼容性好、成本低、扩展性强、管理方便。

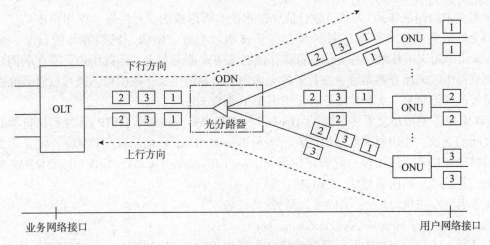

图7-26 无源光配线网的组成

（2）吉比特无源光网络(Gigabit PON，GPON)，其标准是ITU于2003年1月批准的ITU-T G.984。GPON可承载多种业务，对各种业务类型都能够提供服务质量保证。

截至2022年12月，我国光纤接入(FTTH/FTTO)端口达到10.25亿个，占互联网宽带接入用户总数的95.7%，其中具备千兆网络服务能力的10G PON端口数达1 523万个。

3. 第五代蜂窝移动通信技术

5G网络即第五代移动通信技术网络(5th Generation Mobile Communication Technology Networks)，是最新一代蜂窝移动通信技术，是具有高速率、低时延和大连接特点的新一代宽带移动通信技术，用户体验速率达1 Gbit/s，时延低至1 ms。5G国际技术标准重点满足灵活多样的物联网需求，以5G为代表的新一代信息通信技术与工业、能源、医疗、教育、金融、智慧城市、车联网、经济等深度融合，为产业数字化、网络化、智能化发展提供了新的实现途径。

5G运营商基于公网频段，依托5G技术可以实现为目标客户和企业创造一个专属的网络连接体系。因为5G专网是一种专属服务，因此在网络的稳定性、服务性和安全性方面，其往往能提供更好的保障。

中国于2013年成立IMT-2020(5G)推进组，开展5G策略、需求、技术、频谱、标准、知识产权等研究及国际合作。2019年6月6日，工信部向中国电信、中国移动、中国联通、中国广电等4家企业颁发5G商用牌照，中国正式进入"5G商用元年"。截至2022年12月，我国累计建成并开通5G基站231.2万个，占全球5G基站总数的60%以上，5G移动电话用户达5.61亿户，全国"5G+工业互联网"项目超过4 000个。

7.5.3 互联网的基本服务

互联网的基本服务包括WWW服务、电子邮件、文件传输服务、远程登录服务、域名系统、网络信息搜索服务、即时通信服务等。随着互联网的发展，以及互联网与各行各业深度融合和应用，不断出现新的互联网应用，很多新的应用也是基于互联网的基本服务。

1. WWW服务

WWW(World Wide Web，3W)，有时也称Web，中文译为全球信息网或万维网。WWW

是基于超文本（Hyper Text）方式、融合信息检索技术而形成的交互性好、应用范围广、功能强大的全球信息发布和获取工具，其上包括文本、声音、图像、视频等各类信息。由于WWW采用了超文本技术，各类信息资源存储在WWW服务器上，因此用户只需在联网计算机的浏览器中输入服务器地址，在打开的页面中单击超链接文字或图片，就可以看到通过超文本链接的详细资料。WWW服务通常使用TCP端口80。

WWW服务使用超文本传送协议（Hyper Text Transfer Protocol，HTTP），规定浏览器和服务器之间的交流；使用超文本标记语言（Hyper Text Mark up Language，HTML），定义超文本文档的结构和格式；使用统一资源定位器（Uniform Resource Locator，URL）作为WWW信息资源统一并且唯一的网络地址。URL格式如下：

协议名：//主机地址[：端口号]/路径/文件名

例如：http://www.sie.edu.cn/index.htm

近几年，常用的HTTP正在逐渐被超文本传输安全协议（HTTP Secure）HTTPS所取代。HTTPS是在HTTP上建立安全套接层（Secure Socket Layer，SSL）加密层，可对传输数据进行加密，同时可以对网站服务器进行真实身份认证，是HTTP的安全版。

2. 电子邮件

电子邮件（Electronic Mail，E-mail）服务是互联网上广泛使用的一种服务。用户只要能与互联网连接，具有能收发电子邮件的程序及个人的电子邮件地址，就可以与Internet上具有电子邮件地址的用户方便、快捷、经济地交换电子邮件。电子邮件可以在两个用户间交换，也可以向多个用户发送同一封电子邮件，或者将收到的电子邮件转发给其他用户。电子邮件中除文本外，还可包含声音、图像、应用程序等各类计算机文件。此外，用户还可以以邮件方式在网上订阅信息、获取所需文件、参与有关的公告和讨论组等。

3. 文件传输服务

文件传输服务指的是基于文件传输协议（File Transfer Protocol，FTP）来为用户提供传输文件功能的服务。文件传输服务允许互联网上的用户将计算机上的文件传输到FTP服务器上，当用户从授权的异地计算机向本地计算机传输文件时，称为下载（Download）；而将本地文件传输到其他计算机上时，称为上传（Upload）。几乎所有类型的文件都可以用FTP传送。

FTP实际上是一套文件服务软件，它以文件传输为界面，使用简单的get和put命令就可以进行文件的下载和上传。FTP最大的特点是用户可以使用Internet上众多的匿名FTP服务器。所谓匿名服务器，指的是不需要专门的用户名和口令就可以进入的系统。匿名服务器的标准目录为pub，用户通常可以访问该目录下所有子目录中的文件。考虑到安全问题，大多数匿名服务器不允许用户上传文件。

在实际的远程登录应用中，由于FTP在网络上是明文传输，存在一定的网络安全隐患，目前，正在逐渐被支持加密传输的安全文件传输协议（Secret File Transfer Protocol，SFTP）所取代。

4. 远程登录服务

Telnet是远程登录服务协议，该协议定义了远程登录用户与服务器交互的方式，允许用户利用一台联网的计算机登录到一个远程分时操作系统，然后像使用自己的计算机一样使用远程登录的计算机。

要使用远程登录服务，必须在本地计算机上启动一个客户应用程序，指定远程计算机的名称并有相应的账号和口令，通过 Internet 与之建立连接。一旦连接成功，本地计算机就像通常的终端一样，可以直接访问远程计算机系统的资源。远程登录软件允许用户直接与远程计算机交互，通过键盘或鼠标操作，客户应用程序将有关的信息发送给远程计算机，再由远程计算机将输出结果返回给用户。一般用户可通过 Windows 的 Telnet 客户程序进行远程登录。

使用 Telnet 的方法是在系统提示符下输入：telnet<主机地址>，例如 telnet www.sie. edu.cn。

在实际的远程登录应用中，由于 Telnet 在网络上是明文传输的，存在一定的网络安全隐患，目前正逐渐被支持加密传输的安全外壳协议(Secure Shell，SSH)所取代。

5. 域名系统

域名系统(Domain Name System，DNS)创建于 1984 年，目的是将复杂的 IP 地址与以 .com、.org、.edu、.gov、.mil 等扩展名结尾的易于记忆的名称相匹配。

DNS 是一个分布式数据库，使用 UDP 端口 53。它允许对整个数据库的各个部分进行本地控制；同时整个网络也能通过客户服务器方式访问每个部分的数据，借助备份和缓存机制，DNS 具有更强壮和足够的性能。

1)域名系统结构

域名系统主要由域名空间的划分、域名管理和地址转换 3 个部分组成。

域名的写法类似于点分十进制的 IP 地址的写法，用点号将各级子域名分隔开来，域的层次次序从右到左，分别称为顶级域名(一级域名)、二级域名、三级域名等。典型的域名结构如下：

主机名 . 单位名 . 机构名 . 国家名

例如，www.sie.edu.cn 域名表示中国(cn)教育机构(edu)单位(sie)网上的一台主机(www)。

互联网上几乎在每一子域都设有域名服务器，服务器中包含有该子域的所有域名和地址信息。每台需要使用域名的主机上都要有地址转换请求程序，负责域名与 IP 地址转换，域名和 IP 地址之间的转换工作称为域名解析。有了 DNS，凡域名空间中有定义的域名都可以有效地转换成 IP 地址；反之，IP 地址也可以转换成域名。

2)顶级域名

为了保证域名系统的通用性，域名系统分为区域名和类型名两类。区域名用两个字母表示世界各国或地区，部分国家或地区域名代码以及部分顶级域名如表 7-4 所示。

表 7-4　部分国家或地区域名代码以及部分顶级域名

国家及地区顶级域名				通用顶级域名		新增顶级域名	
域名	含义	域名	含义	域名	含义	域名	含义
cn	中国	jp	日本	com	商业组织	firm	公司、企业
hk	中国香港特别行政区	ch	瑞士	edu	教育机构	store	销售公司或企业
mo	中国澳门特别行政区	de	德国	gov	政府部门	web	从事与 WWW 相关业务的单位
tw	中国台湾	in	印度	mil	军事机构	art	从事文化娱乐的单位
Fr	法国	uk	英国	net	网络服务商	rec	从事休闲娱乐的单位

续表

国家及地区顶级域名		通用顶级域名		新增顶级域名	
域名	含义	域名	含义	域名	含义
au	澳大利亚	us	美国	org	非盈利组织	info	从事信息服务业务的单位
ca	加拿大					nom	个人

3）中国互联网络的域名体系

中国互联网络的域名体系顶级域名为 cn。二级域名分为类别域名和行政区域名两类。其中，类别域名 9 个，行政区域名 34 个，行政区域名对应我国各省、自治区和直辖市，采用两个字符的汉语拼音表示。例如，bj（北京市）、sh（上海市）、xz（西藏自治区）、hk（中国香港特别行政区）、gd（广东省）、ln（辽宁省）等。

6. 网络信息搜索服务

信息检索是指将杂乱无序的信息有序化成信息集合，并根据需要从信息集合中查找出特定信息的过程。搜索引擎（Search Engine）是某些站点提供的用于网上查询的程序，是一种专门用于定位和访问 Web 信息，获取自己希望得到的资源的导航工具。

中国互联网域名体系

当用户查询某个关键词的时候，所有在页面内容中包含了该关键词的网页都将作为搜索结果被搜索出来。在经过复杂的算法进行排序后，这些结果将按照一定的规则依次排列。常用的搜索引擎有百度（http：//www.baidu.com）、360 搜索（https：//www.so.com/）等。

7. 即时通信服务

即时通信（Instant Messaging，IM）是互联网上最为流行的通信方式，它允许两人或多人使用网络实时地传递文字消息、文件、语音与视频交流。各种各样的即时通信软件也层出不穷，服务提供商也提供了越来越丰富的通信服务功能。目前即时通信服务主要有微信、QQ、钉钉、飞书等。通过即时通信，人们可以快速、安全、准确地进行数据交换，特别是近几年大规模使用的视频会议，进一步提升了工作、学习的效率，也有助于促进团队沟通与合作。截至 2022 年 12 月，我国即时通信用户规模达 10.38 亿。

7.6　网络安全

工业互联网

随着计算机网络的发展和大规模应用，网络已经成为人们工作、学习、生活中必备的基础环境，网络安全也越来越重要。第 51 次《中国互联网络发展状况统计报告》显示，截至 2022 年 12 月，有 34.1% 的网民在过去半年在上网过程中遭遇过网络安全问题，其中遭遇个人信息泄露比例为 19.6%；遭遇网络诈骗比例为 16.4%；遭遇设备中病毒比例为 9.0%；遭遇账号或密码被盗比例为 5.6%。

7.6.1　网络安全的定义

计算机网络安全是指网络系统的硬件、软件及其系统中的数据受到保护，不受偶然的或恶意的原因而遭到破坏、更改、泄露，确保系统能连续、可靠、正常地运行，使网络服务不中断。网络安全从本质上讲就是网络上信息的安全。

从广义来说，凡是涉及计算机网络上信息的保密性、完整性、可用性、真实性、可控性的相关技术和理论都是计算机网络安全研究的领域。

7.6.2　网络安全的特征

计算机网络安全应具有以下 5 个特征。

1）保密性

保密性是指信息不泄漏给非授权的用户、实体或过程，或者供其利用的特性，即防止信息泄漏给非授权个人或实体，信息只为授权用户使用。

2）完整性

完整性是指数据未经授权不能进行改变，信息的存储或传输过程中保持不被修改、不被破坏和丢失的特性。完整性是一种面向信息的安全性，它要求保持信息的原样，即信息的正确生成和正确存储和传输。

3）可用性

可用性是指可被授权实体访问并按需求使用的特性，即网络信息服务在需要时，允许授权用户或实体使用的特性，或者是网络部分受损或需要降级使用时，仍能为授权用户提供有效服务的特性。

4）可控性

可控性是指对信息的传播及信息的内容具有控制能力。

5）不可否认性

不可否认性是通信双方在信息交互过程中，确信参与者本身，以及参与者所提供的信息的真实同一性，即所有参与者都不可能否认或抵赖本人的真实身份，以及提供信息的原样性和完成的操作与承诺。

7.6.3　网络安全意识

网络安全意识就是能够认知可能存在的网络安全问题，预估网络安全事件的危害，恪守正确的行为方式，并且执行在网络安全事件发生时所应采取的措施。网络安全意识能够确保个人财产安全、人身安全以及心理安全。较高的网络安全意识能够判断、应对网络环境中的不安全因素，如损害个人财产安全的网络诈骗、危及个人人身安全的网络暴力、扭曲个人人生信仰的心理误导等。网络安全意识的新内涵体现在"发现问题—应对难题—化解危机"的整个过程当中。

拥有网络安全意识是保证网络安全的重要前提。良好的网络安全意识至少应做到：认清网络世界、合理合法利用网络、保护自己的各项权益。许多网络安全事件的发生都和缺乏安全防范意识，存在侥幸心理有关。例如，软件开发人员在软件设计和开发时只考虑功能实现，而未考虑网络安全，导致存在系统漏洞；用户设置弱口令导致的账号被盗等。加强网络安全意识是提升网络安全保护能力的有效手段。

7.6.4　网络安全面临的威胁

影响计算机网络安全的因素有很多，有些因素可能是有意的，也可能是无意的，可能是天灾，也可能是人为。计算机网络安全威胁的来源主要有以下3个方面。

1）天灾

天灾指不可控制的自然灾害，如雷击、地震等。天灾轻则造成正常的业务工作混乱，重则造成系统中断和无法估量的损失。

2）系统本身原因

（1）计算机硬件系统及网络设备的故障。由于设计、生产工艺、制造、设备运行环境等原因，计算机硬件系统及网络设备会出现故障。例如，电路短路、断路、接地不良、器件老化、电压的波动干扰等引起的网络系统不稳定。

（2）软件的漏洞。软件开发者开发软件时的疏忽，或者是编程语言的局限性，包括操作系统、网络协议、数据库、应用系统、网络设备中的软件等，大多数软件会存在缺陷和漏洞，常见的软件漏洞包括缓冲区溢出、SQL注入、不正确的编码或转义输出、跨站点脚本、明文传送敏感信息等，这些漏洞和缺陷就成了攻击者的首选攻击目标。

（3）软件的"后门"。软件的"后门"是软件开发者为了方便而在开发时预留设置的。这些"后门"一般不为外人所知，但是一旦"后门洞开"，其造成的后果不堪设想。

3）人为的威胁

人为的威胁可分为有意和无意两种类型。

人为的无意失误和各种各样的误操作都可能造成严重的不良后果。例如，文件的误删除、输入错误的数据、操作员安全配置不当；用户的口令选择不慎，口令保护得不好；用户将自己的账号随意借给他人或与他人共享等都可能会对计算机网络带来威胁。

有意是指人为的恶意攻击，是计算机网络面临的最大威胁。人为的恶意攻击又可分为两种：一种是主动攻击，它以篡改、恶意程序、拒绝服务等方式有选择地破坏信息的保密性、有效性和完整性；另一种是被动攻击，它是在不影响网络正常工作的情况下，进行截获、窃取、破译以获得重要机密信息。这两种攻击均可对计算机网络造成极大的危害，将导致机密数据的泄露。

总之，计算机网络系统自身的脆弱和不足，是造成计算机网络安全问题的内部根源。信息技术的不断发展，也将促进计算机网络安全技术的不断发展和进步。

7.6.5　网络安全的保护措施

网络安全是动态的而不是静态的。安全不只是产品的简单堆积，也不是一次性的静态过程，它是人员、技术、管理三者紧密结合的系统工程，是不断演进、循环发展的动态过程。同时，网络安全是相对的而不是绝对的，没有绝对安全，要立足实际需要，避免不计成本追求绝对安全，那样不仅会背上沉重负担，甚至可能顾此失彼。

1. 网络安全保护技术手段

可以通过以下7个技术手段对网络安全进行保护。

1）物理措施

制订严格的网络安全规章制度，采取防辐射、防火、不间断电源（Uninterruptible Power Supply，UPS）、备份、异地容灾等措施。

2）访问控制

对用户访问网络资源的权限进行严格的认证和控制。例如，进行用户身份认证，对口令加密、更新和鉴别，设置用户访问目录和文件的权限，控制网络设备配置的权限等。

3）数据加密

加密是保护数据安全的重要手段。数据加密是对网络中传输的数据进行加密，到达目的地后再解密还原为原始数据，目的是防止非法用户截获后盗用信息。加密的作用是保障信息被人截获后不能读懂其含义。

4）数字签名

数字签名机制具有可证实性、不可否认性、不可伪造性和不可重用性。数字签名机制主要可以解决否认、伪造、冒充、篡改等问题。

5）交换鉴别

交换鉴别是通过互相交换信息的方式来确定彼此的身份。用于交换鉴别的技术有以下几个。

（1）口令。由发送方给出自己的口令，以证明自己的身份，接收方则根据口令来判断对方的身份。

（2）密钥技术。发送方和接收方各自掌握的密钥是成对的。接收方在收到已加密的信息时，通过自己掌握的密钥解密，能够确定信息的发送者是掌握了另一个密钥的人。在许多情况下，密钥技术还和时间标记、同步时钟、双方或多方握手协议、数字签名、第三方公证等相结合，以提供更加完善的身份鉴别。

（3）特征实物。例如，利用 IC 卡、指纹、人脸识别、声音频谱等来鉴别身份。

6）网络隔离

网络隔离有两种方式，一种是采用隔离卡来实现，另一种是采用网络安全隔离网闸来实现。隔离卡主要用于对单台机器的隔离，网络安全隔离网闸主要用于对于整个网络的隔离。

7）其他措施

其他措施包括信息过滤、容错、数据镜像、审计、安装网络防病毒系统、及时更新系统补丁等。

2. 网络安全设备

网络安全设备是指用于检测和防护网络系统免受恶意攻击的设备，可以有效提高网络的安全性。网络安全设备主要包括以下几种。

1）网络防火墙

网络防火墙（Firewall）可用于阻止和控制网络流量，能够有效限制经过防火墙的不同网络安全域间的访问，根据不同的应用、服务和主机的需要设置不同的访问规则，能够细粒度地控制计算机的访问控制权限，提高安全防护的细致度。

网络防火墙部署方式分网关模式和透明模式。网关模式可以替代路由器并提供更多的功能。透明模式可在不改变现有网络结构的情况下，将防火墙以透明网桥的模式串联到网络中间，通过过滤规则进行访问控制。网络防火墙拦截的部分攻击日志如图 7-27 所示。

	攻击者	攻击者所...	最近受害者	最近攻击类型	最近攻击时间	安全事件数
☐	60.19.7	■■中国 辽...	59.73	拒绝服务 -- TCP攻击 -- Tcpflood	2023-04-20 14:56:19	1
☐	118.202.10	■■中国 辽...	59.73	拒绝服务 -- TCP攻击 -- Tcpflood	2023-04-20 14:55:09	2
☐	42.84.23	■■中国 辽...	59.73	拒绝服务 -- TCP攻击 -- Tcpflood	2023-04-20 14:48:34	1
☐	39.144.5	■■中国 辽...	59.73	拒绝服务 -- TCP攻击 -- Tcpflood	2023-04-20 14:31:03	1
☐	51.142.14	■■英国	59.73	拒绝服务 -- TCP攻击 -- Tcpflood	2023-04-20 14:30:38	1
☐	223.102.	■■中国 辽...	59.73	拒绝服务 -- TCP攻击 -- Tcpflood	2023-04-20 13:35:44	1
☐	162.55.8	■■德国	59.73	拒绝服务 -- TCP攻击 -- Tcpflood	2023-04-20 13:26:08	1
☐	113.235.1	■■中国 辽...	59.73	拒绝服务 -- TCP攻击 -- Tcpflood	2023-04-20 13:25:38	2

图 7-27　网络防火墙拦截的部分攻击日志

2)入侵防御系统

入侵防御系统(Intrusion Prevention System，IPS)主要用于检测和阻断网络中可疑的恶意行为和攻击行为，包括病毒、蠕虫等，能够及时阻断网络攻击，防止攻击行为造成系统的数据泄露和损坏。它相当于在网络中设置一个智能屏障，能够自动识别网络中的恶意行为，并及时采取阻断措施，保护系统的安全性。相对于防火墙来说，入侵防御的对象更具有针对性，那就是攻击。防火墙是通过对五元组进行控制，达到包过滤的效果，而入侵防御则是将数据包进行检测(深度包检测)，对蠕虫、病毒、拒绝服务等进行防御。入侵防御系统拒绝的攻击日志如图 7-28 所示。

时间	级别	事件号	次数	协议	源地址	源接口	目的地址	目的接口	动作	事件描述
"2023-04-18 10:15:07"	高	25595	1	tcp	20.244. :64298	eth2	59.73. 80	eth3	拒绝	"DedeCMS 5.7 sys_verifies.php远程代码执行漏洞攻击" "(truncated URL=http:// ;eval ($_POST[)
"2023-04-18 10:03:48"	高	26245	1	tcp	193.35.1 35792	eth2	59.73. 80	eth3	拒绝	"D-Link多路由器HNAP协议安全绕过漏洞攻击" "(URL=http://
"2023-04-18 09:52:14"	高	26245	1	tcp	193.35. :33378	eth10	202.118 80	eth11	拒绝	"D-Link多路由器HNAP协议安全绕过漏洞攻击" "(URL=http://
"2023-04-18 09:18:07"	高	25595	1	tcp	20.244. :58326	eth2	59.73. 80	eth3	拒绝	"DedeCMS 5.7 sys_verifies.php远程代码执行漏洞攻击" "(truncated URL=http:// val ($_POST)"
"2023-04-18 08:41:11"	高	25595	1	tcp	20.244.37 60489	eth2	59.73. 80	eth3	拒绝	"DedeCMS 5.7 sys_verifies.php远程代码执行漏洞攻击" "(truncated URL=http:// /";eval($_POS"
"2023-04-18 08:35:39"	高	28478	1	tcp	39.98.20 56550	eth10	202.118. 0	eth11	拒绝	"Oracle Fusion Middleware WebLogic Server安全漏洞扫描攻击"
"2023-04-18 08:31:03"	高	25467	1	tcp	59.92.16 :59075	eth2	59.73. 80	eth3	拒绝	"GPON Home Gateway远程命令执行漏洞攻击" "(URL=http://127.0.0.1:80/GponForm/diag_Form?images/)"
"2023-04-18 08:30:56"	高	25467	1	tcp	59.92. :59075	eth2	59.73. 80	eth3	拒绝	"GPON Home Gateway远程命令执行漏洞攻击" "(URL=http://127.0.0.1:80/GponForm/diag_Form?images/)"

图 7-28　入侵防御系统拒绝的攻击日志

3)漏洞扫描设备

漏洞扫描是指基于漏洞数据库，通过扫描等手段对指定的远程或本地计算机系统的安全脆弱性进行检测，发现可利用的漏洞的一种安全检测(渗透攻击)行为。漏洞扫描设备可以对网站、系统、数据库、端口、应用软件等一些网络设备应用进行智能识别扫描检测，并对其检测出的漏洞进行报警提示管理人员进行修复；同时可以对漏洞修复情况进行监督并自动定时对漏洞进行审计，从而提高漏洞修复效率。

4) VPN

虚拟专用网络(Virtual Private Network，VPN)属于远程访问技术。VPN被定义为通过一个公用网络(通常是互联网)建立一个临时的、安全的连接，是一条穿过公用网络的安全、稳定的隧道。VPN是对企业内部网的扩展，其实质是利用加密技术在公网上封装出一个数据通信隧道，可以实现在公用网络上建立专用网络，进行加密通信。使用VPN技术，用户无论是在外地出差还是在家中，只要能接入互联网并具有VPN的访问权限，就能利用VPN访问企业内网资源，这也是近些年VPN得到广泛应用的原因。

3. 网络安全相关法律法规

网络安全法律法规是指国家在网络安全方面颁布的相关法律、行政法规和司法解释。这些法规规定了网络安全管理的基本原则，明确了相关机构的职责和权力，同时也规定了网络安全方面的违法行为，以此保护网络的安全和稳定。网络安全法律法规是网络安全建设的重要保障，离开了法律这一强制性规范体系，即使有再完善的技术和管理的手段，也是不可靠的。

1) 网络安全法

《中华人民共和国网络安全法》是为了保障网络安全，维护网络空间主权和国家安全、社会公共利益，保护公民、法人和其他组织的合法权益，促进经济社会信息化健康发展制定的法规。《中华人民共和国网络安全法》自2017年6月1日起施行，是我国第一部网络安全的专门性综合性立法。

2) 数据安全法

《中华人民共和国数据安全法》自2021年9月1日起施行，对于规范数据处理活动，保障数据安全，促进数据开发利用，保护个人、组织的合法权益，维护国家主权、安全和发展利益，具有重要的作用和意义。

3) 网络安全等级保护制度

《中华人民共和国网络安全法》明确规定"国家实行网络安全等级保护制度"。等级保护(简称等保)是一个全方位的系统安全性标准，不仅仅是程序安全，还包括物理安全、应用安全、通信安全、边界安全、环境安全、管理安全等方面。

(1)物理安全：包括机房物理访问控制、防火、防雷击、温湿度控制、电力供应、电磁防护。

(2)应用安全：应用具备身份鉴别、访问控制、安全审计、剩余信息保护、软件容错、资源控制和代码安全。

(3)通信安全：包括网络架构、通信传输、可信验证。

(4)边界安全：包括边界防护、访问控制、入侵防范、恶意代码防护等。

(5)环境安全：包括入侵防范，恶意代码防范，身份鉴别，访问控制，数据完整性、保密性，个人信息保护。

(6)管理安全：包括系统管理、审计管理、安全管理、集中管控。

等保分为以下5个级别，级别越高安全性越好。

等保一级为"用户自主保护级"，是等保中最低的级别，该级别无须测评，提交相关申请资料，经公安部门审核通过即可。

等保二级为"系统审计保护级"，是目前使用最多的等保方案。信息系统受到破坏后，会对公民、法人和其他组织的合法权益产生严重损害，或者对社会秩序和公共利益造成损害，但不损害国家安全，这类信息系统一般定义为等保二级。地级市各机关、事业单位及各类企业的信息系统通常定为等保二级，如网上各类服务的平台(尤其是涉及个人信息认证的平台)，市级地方机关、政府网站等。

等保三级为"安全标记保护级"，级别更高。信息系统受到破坏后，会对社会秩序和公共利益造成严重损害，或者对国家安全造成损害这类信息系统一般定义为等保三级。地级市以上的国家机关、企业、事业单位的内部重要信息系统通常定为三级，如省级政府官网、银行官网等。

等保四级适用于国家重要领域，涉及国家安全、国计民生的核心系统。

等保五级是目前我国网络安全等级保护的最高级别，一般应用于国家的机密部门。

信息系统进行等保的过程包括5个阶段，分别为定级、备案、建设整改、等级测评、监督检查。在定级对象建设整改后，需要选择符合国家要求的测评机构，按《网络安全等级保护基本要求》等技术标准进行等级测评，之后向监管单位提交测评报告。

7.6.6 网络病毒和网络攻击

目前对计算机网络安全威胁最大的是网络病毒和网络攻击。

1. 网络病毒

网络病毒是计算机病毒的一种，是能够在计算机网络中自我复制并传播，破坏或盗取敏感数据的计算机程序，给计算机系统和网络安全带来严重威胁。

1) 计算机病毒的定义

计算机病毒是指编制或在计算机程序中插入的破坏计算机功能或数据，影响计算机使用，并且能够自我复制的一组计算机指令或程序代码。从广义上定义，凡是能引起计算机故障，破坏计算机中数据的程序统称为计算机病毒。

2) 计算机病毒的特征

计算机病毒是一种特殊的程序，所以它除具有其他正常程序一样的特性外，还具有以下特征。

(1) 传染性。计算机病毒的传染性是指病毒具有把自身复制到其他程序中的特性。传染性是病毒的基本属性，是判断一个可疑程序是否是病毒的主要依据。病毒一旦入侵系统，它就会寻找符合传染条件的程序或存储介质，确定目标后将自身代码插入其中，达到自我繁殖的目的。如果是联网的计算机感染病毒，那么病毒的传播速度更快。

(2) 潜伏性。计算机病毒的潜伏性是指病毒具有依附其他媒体而寄生的能力，也称隐蔽性。病毒程序为了达到不断传播并破坏系统的目的，一般不会在传染某一程序后立即发作，只有病毒发作后或系统出现不正常的反应时，用户才能察觉。计算机病毒可以在潜伏阶段传播，潜伏时间越长，传播的范围越广。

(3) 破坏性。计算机病毒的破坏性是指病毒破坏文件或数据，干扰系统的正常运行。计算机病毒的破坏性只有在病毒发作时才能体现出来，轻者只是影响系统的工作效率，占用系统资源，造成系统运行不稳定；重者则可以破坏或删除系统的重要数据和文件，或者加密文件、格式化磁盘，甚至攻击计算机硬件，导致整个系统瘫痪。

(4) 可触发性。计算机病毒的可触发性是指病毒因某个事件或某个数值的出现，诱发病毒发作。每种计算机病毒都有自己预先设计好的触发条件，这些条件可能是时间、日期、文件类型或使用文件的次数这样特定的数据等。满足触发条件的时候，病毒发作，对系统或文件进行感染或破坏；不满足触发条件的时候，病毒继续潜伏。

（5）针对性。计算机病毒的针对性是指病毒的运行需要特定的软、硬件环境，只能在特定的操作系统和硬件平台上运行，并不能传染所有的计算机系统或所有的计算机程序。

（6）衍生性。计算机病毒可以演变，在演变过程中形成多种形态，即计算机病毒具有衍生性。由于病毒的变种有很多，所以对于病毒的检测来说，其变得更加不可预测，加大了反病毒的难度。

3）计算机病毒的特点

随着计算机技术及网络技术的发展，计算机病毒呈现出一些新的特点。

（1）入侵计算机网络的病毒形式多样。其中典型的是专门攻击计算机网络的网络病毒，如特洛伊木马病毒及蠕虫病毒。

（2）不需要寄主。在计算机网络中出现了不需要寄主的病毒。例如，Java 和 ActiveX 的执行方式是把程序代码写在网页上，于是别有用心的人利用这个特性来编写病毒，当用户连上这个网站时，浏览器就把这些程序代码下载，然后在用户系统里执行。这样，用户就会在毫无知觉的状态下，执行了一些来路不明的程序。

（3）电子邮件、即时通信等成为新的载体，使计算机病毒传播得尤为迅速。

（4）利用操作系统安全漏洞主动攻击。目前一些计算机网络病毒具有通过网络扫描操作系统漏洞，发现漏洞后自主传播的功能，它们通常用几个小时就能感染全球的计算机。

2. 网络攻击

网络攻击可能造成计算机网络中的数据在存储和传输过程中被破坏、窃听、暴露或篡改，甚至造成网络系统或网络应用的瘫痪。

网络攻击是一项具有很强步骤性和系统性的工作，攻击者首先要做好准备工作，然后通过攻击获得一定的权限，一般是系统管理员权限，以便达到攻击的目的。多数攻击者在攻击成功后会抹去自己的痕迹、留下"后门"，有的攻击者会利用这个"后门"再去攻击其他计算机。一次完整的网络攻击一般分为准备阶段、实施阶段和善后处理 3 个阶段。

1）攻击的准备阶段

（1）确定攻击的目的。攻击者在进行攻击之前首先要确定攻击要达到什么样的目的，造成什么样的后果。常见的攻击有破坏型和入侵型两种。破坏型攻击只是破坏攻击目标，使其不能正常工作，而不控制目标系统的运行，其主要手段是拒绝服务攻击（Denial Of Service）。而入侵型攻击一般要获得一定的权限以控制攻击目标。一旦获取攻击目标的管理员权限就可以对攻击目标做任意动作，包括破坏性的攻击。入侵型攻击一般是利用系统的漏洞、密码泄露等进行的网络攻击。

（2）信息收集。攻击前的最主要工作就是收集尽量多的关于攻击目标的信息，包括目标的操作系统类型及版本、提供的服务、各服务器程序的类型与版本以及相关的公司名称、规模、电话号码等社会信息。利用扫描工具可以提高信息收集的效率。

2）攻击的实施阶段

（1）获得权限。对于破坏型攻击，攻击者只需利用工具发动攻击即可。而作为入侵型攻击，攻击者要利用收集到的信息，找到其系统漏洞，然后利用该漏洞获取一定的权限。能够被攻击者利用的系统漏洞包括系统软件的安全漏洞，以及由于管理配置不当而造成的漏洞。

（2）扩大权限。系统漏洞分为远程漏洞和本地漏洞两种，远程漏洞是指可以在其他机器上直接利用该漏洞进行攻击并获取一定的权限。攻击一般都是从远程漏洞开始的，然后结合本地漏洞把获得的权限扩大，最终获得系统管理员权限，以达到网络攻击的目的，如网络监听、打扫痕迹等。要完成权限的扩大，还可以放一些木马等欺骗程序在本地来套取管理员密码。

3）攻击的善后处理阶段

（1）清除日志。为了自身的隐蔽性，攻击者一般都会抹掉自己在日志中留下的痕迹。如果攻击者完成攻击后不做任何善后工作，那么他的行踪将很快被发现。

（2）隐藏踪迹。攻击者在获得系统最高管理员权限之后一般可以修改系统上的文件，攻击者如果想隐藏自己的踪迹，则必须对日志进行修改。最简单的方法是删除日志文件，但同时也告诉了管理员系统已经被入侵，所以最常用的方法是只对日志文件中有关攻击的那一部分做修改。

（3）放置后门。攻击者会在攻入系统后多次进入该系统，方便下次再进入该系统，黑客会留下一个"后门"，并能在以后系统重启时自动运行这个程序。

3. 针对网络病毒和网络攻击的防御措施

网络病毒和网络攻击多数是由于系统存在漏洞以及管理员的疏忽导致出现网络安全事件。因此，要从以下8个方面做好网络安全保护。

（1）提高网络安全保护意识，安装软件、打开邮件、浏览网页等要确认操作是否安全。

（2）及时发现并修补系统漏洞，并对系统进行加固，移除计算机中不需要的服务和软件。

（3）部署网络防火墙、入侵防御、日志审计等必要的网络安全设备。

（4）及时调整网络安全策略，做好数据备份。

（5）安装防病毒软件，及时升级特征库，开启实时监测，定期对全盘扫描。

（6）加强账号和口令管理，制订口令管理策略，禁用或删除不用的账号。

（7）加强网络安全培训，完善网络安全制度。

（8）根据信息系统业务需要开展网络安全等级保护测评工作。

4. 针对网络攻击的处理策略

从计算机网络安全出发，应尽量避免网络攻击的出现，即使网络遭到攻击时也应尽可能将损失减少到最小，并有效地保护网络系统的安全。为达到这个目的，需要制订针对网络攻击的预案，来指导用户面对攻击应采取什么样的措施、注意哪些事项。

1）发现入侵者

遭到攻击的计算机网络有的会有明显的特征，有的很难发现。部署网络安全态势感知、入侵检测系统、流量分析系统等系统的网络，如果网络遭到攻击，则能及时发现，在不具备上述系统的情况下，根据以下检查也可以发现绝大多数入侵者。

（1）在入侵者正在行动时，如果管理员正在工作，发现有人使用超级用户的账号登录，而超级用户的账号密码只有本人知道，由此判断有入侵者进入。

（2）根据系统发生的一些改变推断系统已被入侵。例如管理员发现系统中突然多出一个账号。

（3）根据系统中一些异常的现象判断，如系统崩溃、突然的磁盘存取活动，或者系统突然变得非常缓慢等。

（4）当发现同一个用户从不同的终端登录，有可能有入侵者进入系统。

（5）一个用户大量地进行网络活动，或者进行其他很不正常的网络操作。

（6）一些原本不经常使用的账户，突然变得活跃起来。

在计算机中，可以通过日志和命令以及第三方软件让用户发现系统是否被入侵。

2）发现入侵后的对策

当出现网络攻击时，首先应考虑这种攻击对网络和用户会产生什么影响，然后考虑如何阻止入侵者的进一步攻击。一旦出现入侵事件，可按以下步骤处理。

（1）在用户能控制形势之前可以关闭系统或停止有影响的服务，甚至关闭网络连接。

（2）估计形势。当证实系统遭到入侵时，尽可能快地估计入侵造成的破坏程度。

（3）入侵者是否已经成功进入站点。如果入侵者已经进入了站点，则必须迅速行动，这样做的主要目的是保护用户、文件和系统资源。

（4）入侵者是否还滞留在系统中。如果入侵者还在系统中，则需要尽快阻止；如果不在，则在其下次攻击之前，做好防护。

（5）判断入侵者是否有来自内部威胁的可能。

（6）判断入侵者身份。若想知道入侵者的身份，则需要留出一些空间给入侵者，从中了解入侵者的信息。

（7）修复系统漏洞并恢复系统，清除入侵者留下的木马和"后门"，不给其留有可乘之机。

5. 加强密码管理

密码作为人们在网络空间证明自己身份的重要凭证，已经成为我们生活中至关重要的一部分。大到业务系统管理，小至个人信息安全都需要密码来保障数据安全。因此，提高个人的强密码意识迫在眉睫。

密码安全对于保证用户的网络活动安全是十分重要的，我们必须加强密码的安全管理策略，在使用和管理密码时要注意以下几点要求。

（1）所有活动账号都必须有密码保护，必要时限制用户登录的时间段。

（2）在生成账号时，系统管理员应该分配给合法用户一个唯一的密码，用户在第一次登录时应更改密码。

（3）关掉系统提供的缺省账户，收回调离本单位人员的账户，禁止长期不用的账户。

（4）用户在输入密码时不应将密码的明文显示出来，应该采取掩盖措施。

（5）密码必须至少要含有8个字符，必须同时含有字母和非字母字符，并且不能和用户名或登录名相同。

（6）密码在存储和传输时应进行加密处理。

（7）密码必须是保密的，不能共享或包含在程序中或写在纸上或以明文形式保存在任何电子介质中。

（8）定期用监控工具检查密码的强度和长度是否合格。

（9）密码必须至少60天更改一次。

（10）密码的使用期限和过期失效必须由系统强制执行。过期的密码在没有更改的情况下最多只能使用3次，之后应该禁用，只有系统管理员或维护人员才能恢复。

（11）禁止重用密码。为了防止重用密码用户必须保存至少12个历史密码。

（12）密码不能通过明文电子邮件传输，不能通过语音或移动电话告知，用户获取密码时必须用适当的方式证明自己的身份。

（13）用户应该在不同的系统中使用不同的密码。

（14）如果系统管理员账号的密码被攻破或泄漏，则所有的密码都必须修改。

（15）控制登录尝试的频率，密码输错次数超过限定次数后账号会被锁定，只有系统管理员或维护人员才可以解锁。

（16）对密码的使用、成功登录日志、失败登录日志(包括日期、时间、用户名或登录名)要经常进行审计。

（17）如果用户长时间处于空闲状态，则应该自动退出系统。

（18）用户成功登录系统时，应显示上次成功或失败登录的日期和时间。

7.6.7　数据备份与恢复

在计算机网络中，最珍贵的财产并不是计算机软件和硬件，而是计算机内的宝贵数据。建立网络最根本的用途是要让用户更加方便地传递与使用数据，但人为错误、硬盘损坏、计算机病毒、网络攻击、断电或天灾人祸等都有可能造成数据的丢失。通过数据备份与恢复措施，可以在灾难性的数据丢失事件中发挥重要的作用。

1. 数据备份与恢复的基本概念

数据备份与恢复是指将计算机硬盘上的原始数据复制到其他存储媒体上，如专用备份设备、网络存储等，在出现数据丢失或发生系统灾难时将复制在其他存储媒体上的数据恢复到系统中，从而保护计算机的系统数据和应用数据，快速恢复系统和业务。备份不仅仅是文件的复制，还应包括文件的权限、属性等信息。

2. 威胁数据安全的因素

系统灾难的发生是迟早的问题。造成系统数据丢失的原因有很多，有些往往被人们忽视。我们正确分析威胁数据安全的因素，使系统的安全防护更有针对性。威胁数据安全、导致系统失效的因素主要有以下8个方面。

1）系统物理故障

系统物理故障主要是系统设备的运行损耗、存储介质的失效、运行环境对计算机设备的影响、电源故障、人为破坏等。

2）系统软件设计的缺陷

操作系统环境和应用软件种类繁多，结构复杂，软件设计上的缺陷也会造成系统无法正常工作。另外，版本的升级、程序的补丁等也可能对数据安全造成影响。

3）操作失误

由于操作不慎，使用者可能会误删除系统的重要文件，或者修改了影响系统运行的参数，以及没有按照规定、操作不当导致系统故障。

4）计算机病毒

由于感染了计算机病毒而破坏计算机系统，造成重大经济损失的事件屡屡发生。特别是在网络环境下，计算机病毒传播扩散速度更快，令人防不胜防。近些年对数据安全威胁最大的病毒是勒索病毒。

5）网络攻击

网络攻击者可能篡改或删除计算机网络中的数据，网络攻击也成为威胁数据安全的一个重大隐患。

6）电源质量

电源波动可能会损害计算机硬件，也会造成计算机网络中数据的错误甚至丢失。

7）电磁干扰

生活、工作中常见的磁场可以破坏磁盘中的文件。

8）自然灾害

地震、严重的洪涝、火灾等自然灾害都会给数据安全带来毁灭性的打击。

3. 数据备份与恢复的原则

对数据进行备份是为了保证数据的安全性，消除系统使用者和操作者的后顾之忧。不同的应用环境要求不同的备份方案，一般来说，要满足以下 8 个原则。

1）稳定性

备份产品的主要作用是为系统提供一个数据保护的方法，备份产品本身的稳定性非常重要，但也要与操作系统百分之百的兼容。

2）全面性

在计算机网络环境中，可能包括了各种操作平台，如 Windows、Linux、UNIX、云平台等，并安装有各种应用系统和数据库。选用的备份软件，要支持各种操作系统、数据库和典型应用。

3）自动化

数据备份是一个经常进行的持续的工作，在数据备份时网络系统的性能会下降，所以备份常常是在深夜系统负荷轻时进行。因此，备份方案应能具有定时自动备份功能。

4）高性能

随着业务的不断发展，数据越来越多，数据备份的间隔越来越短，备份需要的时间越来越长，要尽量提高数据备份与恢复的速度。

5）安全性

计算机网络是计算机病毒传播的高速通道，它给数据安全带来极大威胁。如果在备份的时候，把计算机病毒也完整的备份下来，那么将会是一种恶性循环。因此，要求在备份的过程中采取安全保障措施，同时还要保证备份介质不丢失和备份数据的完整性。

6）操作简单

数据备份应用于不同领域，进行数据备份的操作人员也处于不同的层次。这就需要操作简洁高效。

7）实时性

有些关键性的任务是要保证 24 小时不停机运行，在备份的时候，有一些文件可能仍然处于打开或更新的状态这时就要采取措施，以保证正确地备份系统中的所有文件，在文件更新后应及时对其进行备份。

8）容错性

确认备份数据的可靠性，也是一个至关重要的方面，需要保证备份数据的安全可靠。

4. 常用数据备份的方法

随着网络技术的发展，网络技术也应用到数据的存储和备份中。采用网络备份可以实现备份的集中管理、异地操作等。通过网络进行的异地备份可以有效预防自然灾害对数据的破坏。网络备份通常有专用的服务器备份、共享存储设备的备份、双机"热"备份系统等。个人数据备份通常使用移动存储、网盘或网络附加存储(Network Attached Storage，NAS)等。

5. 数据备份策略

备份策略指确定需备份的内容、备份的时间及备份的方式。我们需要根据系统的实际情况来制订不同的备份策略。目前被采用最多的备份策略主要有以下 3 种。

1) 完全备份

完全备份指对某一个时间点上的全部选中数据或应用进行的一个完全拷贝，同时将这些数据或应用文件标记为已备份。例如，定期对整个系统进行备份，其优点是数据恢复简单，缺点是每次都对整个系统进行完全备份，造成备份的数据大量重复，占用了大量的备份设备的存储空间，所需的备份时间较长。

2) 增量备份

增量备份是指进行一次完全备份，接下来只对更新或被修改过的数据进行备份。这种备份策略的优点是节省了备份设备的存储空间，缩短了备份时间；缺点是当灾难发生时，数据的恢复比较麻烦，需要使用上次完全备份及完全备份以来的所有增量备份才能完成数据恢复。

3) 差分备份

差分备份是指先进行一次完全备份，再将所有与完全备份后发生改变的数据进行备份。无须每次都对系统做完全备份，因此备份时间短，并节省了备份设备的存储空间，只需完全备份与灾难发生前一次的差分备份，就可以将系统恢复。

 本章小结

本章首先介绍了计算机网络的基础知识，主要包括计算机网络的定义、形成与发展、分类、主要性能指标；然后介绍了计算机网络的体系结构、基本组成和以太网，最后介绍了互联网的接入、基本服务和网络安全有关知识。

 习题 ▶▶

一、填空题

1. 计算机网络由_____子网和_____子网组成。

2. 一个用户在域名为 stu. sie. edu. cn 的邮件服务器上的用户名为 sy2023，则在此服务器上此用户的电子邮件地址为_____。

3. 计算机网络是_____和_____结合的产物。

4. 计算机网络按地理范围分为_____、_____和_____。

5. 域名系统主要由_____、_____和_____三部分组成。

6. TCP/IP 中的 TCP 是_____协议、IP 是_____协议。

7. 浏览器与 WWW 服务器之间的应用层传输协议是_____。

8. 在 IP 网络中负责域名与 IP 地址之间转换的协议是_____。

9. 为进行网络中的数据交换而建立的规则、标准或约定称为_____。

10. 网络协议三要素是_____、_____、_____。

11. IPv6 过渡技术包括_____、_____、_____。

12. 网络安全的特征包括_____、_____、_____、_____、_____。

二、选择题

1. 用于电子邮件的协议是(　　)。

A. IP   B. TCP   C. SNMP   D. SMTP

2. 当前使用的 IP 地址是(　　)bit。

A. 16   B. 32   C. 48   D. 128

3. 在 Internet 中,按(　　)地址进行寻址。

A. 邮件地址   B. IP 地址   C. MAC 地址   D. 网线接口地址

4. 将计算机与局域网连接,至少需要具有的硬件是(　　)。

A. 集线器   B. 网关   C. 网卡   D. 路由器

5. 有一个域名为 sie.edu.cn,根据域名代码的规定,这个域名表示(　　)。

A. 政府机关   B. 教育机构   C. 商业组织   D. 军事机构

6. 下列 IP 地址中,错误的是(　　)。

A. 118.256.2.1   B. 172.16.22.5

C. 202.118.116.6   D. 20.8.9.1

7. 在 TCP/IP 体系结构中,攻击者可在(　　)实现 IP 欺骗,伪造 IP 地址。

A. 物理层   B. 数据链路层   C. 网络层   D. 传输层

8. 防御网络监听最常用的方法是(　　)。

A. 采用物理传输(非网络)   B. 信息加密

C. 无线网   D. 使用专线传输

9. 在以下网络威胁中,不属于信息泄露的是(　　)。

A. 数据窃听   B. 流量分析   C. 拒绝服务攻击   D. 偷窃用户账号

10. 网络安全中,在未经许可的情况下,对信息进行删除或修改,这是对(　　)的攻击。

A. 完整性   B. 保密性

C. 可用性   D. 真实性

11. 以下不属于常见的危险密码是(　　)。

A. 跟用户名相同的密码   B. 使用生日作为密码

C. 只有 4 位数的密码   D. 10 位的综合型密码

习题答案

第8章　多媒体技术基础

随着计算机软、硬件技术的不断发展，计算机的处理能力逐渐提高，其具备了处理图形、图像、声音、视频等多媒体信息的能力，使计算机更形象生动的反映自然事物和运算结果。近些年，多媒体技术更是取得了飞速发展，多媒体应用已经进入了人们生活的各个领域。

8.1　多媒体技术

多媒体技术是一种迅速发展的综合性电子信息技术，它给传统的计算机系统、音频和视频设备带来了方向性的变革，已对大众传媒产生深远的影响。

8.1.1　多媒体

多媒体一词的英文是 Multimedia，它是由词根 Multi 和 Media 构成的组合词，核心词是媒体(Media)。媒体又称媒介，是人们日常生活和工作中经常会用到的词汇，例如经常把报纸、广播、电视等称为新闻媒介，报纸通过文字、广播通过声波、电视通过视频的声音与图像来传送信息。信息需要借助于媒体来传播，所以说媒体就是信息的载体。但是这样理解的媒体的概念的范围比较窄，其实媒体的概念范围相当广泛，根据国际电信联盟(ITU)下属的国际电报电话咨询委员会(International Telegraph and Telephone Consultative Committee，CCITT)的定义，媒体可分为以下五大类。

1. 感觉媒体

感觉媒体(Perception Medium)是指能直接作用于人们的感觉器官，使人能直接产生感觉的一类媒体。感觉媒体包括人类的各种语言、文字、音乐，自然界的其他声音，静止的或活动的图像、图形和动画等信息。

2. 表示媒体

表示媒体(Representation Medium)是为了加工、处理和传输感觉媒体而人为研究、构造出来的一种媒体。借助于此种媒体，人们便能更有效地存储感觉媒体或将感觉媒体从一个地方传送到遥远的另一个地方。常见的表示媒体可概括为声(声音：Audio)、文(文字、文本：Text)、图(静止图像：Image；动态视频：Video)、形(波形：Wave；图形：Graphic；动画：Animation)、数(各种采集或生成的数据：Data)等 5 类信息的数字化编码表示。例如语言编码、静止和活动图像编码以及文本编码等都称为表示媒体。

3. 表现媒体

表现媒体(Presentation Medium)是指感觉媒体传输中电信号和感觉媒体之间转换所用的媒体。表现媒体又分为输入表现媒体和输出表现媒体。输入表现媒体如键盘、鼠标、光笔、数字化仪、扫描仪、麦克风、摄像机等，输出表现媒体如显示器、扬声器、打印机、投影仪等。

4. 存储媒体

存储媒体(Storage Medium)又称存储介质，指的是用于存储表示媒体(也就是把感觉媒体数字化以后的代码进行存入)，以便计算机随时加工处理和调用的物理实体。这类媒体有硬盘、软盘、CD-ROM 等。

5. 传输媒体

传输媒体(Transmission Medium)作为通信的信息载体，用来表示将媒体从一处传送到另一处的物理实体。这类媒体包括各种导线、电缆、光缆、空气等。

从字面意思上讲，多媒体就是多种媒体，即计算机能处理多种信息媒体。换言之，多媒体是指计算机处理信息媒体的多样化。人们普遍认为多媒体是指能够同时获取、处理、编辑、存储和展示两个以上不同类型信息媒体的技术，这些信息媒体包括文字、声音、音乐、图形、图像、动画、视频等。从这个意义中可以看到，人们常说的多媒体最终被归结为一种技术。事实上也正是由于计算机技术和事务信息处理技术的实质性进展，才使人们拥有了处理多媒体信息的能力，也才使多媒体成为一种现实。因此，人们现在所说的多媒体，常常不是指多媒体本身，而主要是指处理和应用它的一整套技术。多媒体实际上就常常被当作多媒体技术的同义语。另外还应注意到，现在人们谈论的多媒体技术往往与计算机联系起来，这是由于计算机的数字化及交互式处理能力极大地推动了多媒体技术的发展，通常可以把多媒体看作是先进的计算机技术与视频、音频和通信技术融为一体而形成的一种新技术或新产品。

简单地说，多媒体技术就是把声、文、图、像和计算机结合在一起的技术。实际上，多媒体技术是计算机技术、通信技术、音频技术、视频技术、图像压缩技术、文字处理技术等多种技术的一种结合。它能提供多种文字信息(文字、数字、数据库等)和多种图像信息(图形、图像、视频、动画等)的输入、输出、传输、存储和处理，使表现的信息图、文、声并茂，更加直观和自然。由此可将多媒体技术(Multimedia Technology)的概念定义为"多媒体技术就是把文本、音频、视频、图形、图像和动画等多种媒体信息通过计算机进行数字化采集、获取、存储等加工处理，再以单独或合成的方式表现出来的一体化技术"。

8.1.2 媒体元素

多媒体的媒体元素是指多媒体应用中可以显示给用户的媒体组成，即从用户的角度来看待多媒体。多媒体有 6 大媒体元素，分别是文本、图形、图像、音频、视频和动画。下面对各种媒体元素的有关知识做简单介绍，其中对于图形、图像、音频、视频和动画在后续章节中有进一步的阐述。

1. 文本

文本(Text)是使用最悠久、最广泛的媒体元素，是信息最基本的表现形式。其最大的优点是存储空间小；缺点是形式呆板，仅能利用视觉来获取，靠人的思维进行理解，难于描述对象的形态、运动等特征。

1)文字的属性

丰富多彩的文本信息是由文字不同属性的多样变化而展现出来的，文字的属性包括字体、字号、字体的格式、文字的对齐方式及文字的颜色。

(1)字体(Font)：由于每台计算机系统安装的字库不尽相同，所以字体的选择也会有所不同。.用户可以通过安装字库来扩充可选的字体，它们通常安装在 Windows 操作系统下的 Fonts 目录中。

在设置字体时，应根据需要选择合适的字体。宋体字形工整，结构匀称，清晰明快，一般多用于正文；仿宋体笔顺清秀、纤细，多用于诗歌、散文及作者姓名；黑体笔画较粗，笔法自然，庄重严谨，一般用于文章的各类标题；楷体写法自然，柔中带刚，经常用作插入语及注释的字体。除上述字体外，还有更多的修饰字体可供用户选择。

（2）字号（Size）：字的大小在中文里通常以字号来表示，从初号到八号，字由大到小。美国人习惯用"磅"（Point）作为文字的计量单位，1 磅的长度等于 1/72 英寸。字号的实际大小与对应磅值的关系如图 8-1 所示。

黑体一号字大小示例—磅值为26

黑体二号字大小示例—磅值为22

黑体三号字大小示例—磅值为16

黑体四号字大小示例—磅值为14

黑体五号字大小示例—磅值为10.5

图 8-1　字号的实际大小与对应磅值的关系

（3）字体的格式（Style）：主要有普通、加粗、斜体、下划线、字符边框、字符底纹和阴影等，可以使文字的表现更加丰富多样。

（4）文字的对齐（Align）方式：主要有左对齐、右对齐、居中对齐、两端对齐以及分散对齐。一般标题采用居中对齐方式，其他对齐方式应根据具体情况设置。

（5）文字的颜色（Colour）：可以对文字指定任何一种颜色，使版面更加漂亮。

2）文本对应的文件格式

对于文本信息的处理，可以在文字处理软件中完成，例如使用记事本、Word、WPS 等软件对文本信息进行处理，也可以在多媒体编辑软件中直接制作。建立文本素材的软件非常多，每种软件大都保存为特定的格式，随之便有了许多的文档文件格式，常用的文档文件格式有以下几种。

（1）TXT：纯文本格式，在不同操作系统之间可以通用，兼容于不同的文字处理软件。因其无文件头，所以不易被计算机病毒感染。

（2）WRI：一个非常流行的文档文件格式，它是由 Windows 自带的写字板程序生成的文档文件。

（3）DOC：由微软文字处理软件 Word 生成的文档格式，表现力强，操作简便。

（4）WPS：由国产文字处理软件 WPS 生成的文档格式。由低版本的 WPS 所生成的 .wps 文件实际上只是一个添加了 1 024 B 控制符的文本文件，它只能处理文字信息。而由 WPS 97/2000 所生成的 .wps 文件则在文档中添加了图文混排的功能，大大扩展了文档的应用范围。值得一提的是，WPS 向下的兼容性较好，即使是采用 WPS 2000 编辑的文档，只要没有在其中插入图片，仍然可以在 DOS 下的低版本 WPS 中打开。

（5）RTF（Rich Text Format，多文本格式）是一种通用的文字处理格式，几乎所有的文字处理软件都能正确地对其进行操作。

2. 图形

矢量图形（Graphics）是计算机根据数学模型计算生成的几何图形格式。矢量图形存储的是图形元素的抽象指令信息，图形元素主要包括线、矩形、圆、椭圆等，而不需要对图上的每一个点进行量化保存，因此其占用的存储空间小。矢量图形存储的抽象指令信息只需要让计算机知道所要描绘图形的几何特征即可。例如要描绘一个圆，只需要知道其半径和圆心的坐标及边线的粗细程度和颜色等抽象信息，计算机就可以调用相应的函数来画出该圆。因此，矢量图形在显示时需要相关软件解析，并在屏幕上完成图形的绘制过程。当矢量图形放大和缩小的时候，由绘图程序按照相应的比例调整参数，计算机再次调用函数重新绘制图形，由于每次都是重绘的执行过程，所以矢量图形具有缩放不失真的优点。

矢量图形同图像相比具有缩放不失真，存储空间小，显示时需要软件解析，操作灵活的特点。

3. 图像

图像(Image)是指由输入设备捕获的实际场景画面或以数字化形式存储的画面，是真实物体重现的影像。对图片逐行、逐列进行采样(取样点)，并用许多点(称为像素点)表示并存储的图像即为数字图像，通常称为位图。

一幅图像就是一个点阵图，图像存储的是每个像素的点的具体信息。一幅分辨率为640×480的图像表明该图像在水平方向被分为640个像素点，竖直方向被分为480像素点来描述，每一个像素点在计算机中要被量化成一定位数的二进制数值来描述该点的亮度和颜色信息，这样要存储307 200个点的数据，因此图像文件的数据量很大。要存储一幅640×480像素大小、24位真彩色的BMP格式图像，大约需要900 KB存储空间。因此，需要对图像数据进行压缩，即利用人眼的视觉特性，去除人眼不敏感的冗余数据。目前最为流行且压缩效果好的位图压缩格式为JPEG格式，其压缩比高达30∶1以上，而且图像压缩后失真比较小。

图像主要用于表现自然景色、人物等，能表现对象的颜色细节和质感，具有形象、直观、信息量大的优点。

图形与图像在用户看来是一样的，而对多媒体制作者来说是完全不同的。同一幅图，例如一个圆，若采用图形媒体元素，则其数据文件记录的信息是圆心坐标点(x, y)、半径r及颜色编码c；若采用图像媒体元素，其数据文件则记录在哪些坐标位置上有什么颜色的像素点。因此，图像的数据信息要比图形数据更有效、更精确。

随着计算机技术的飞速发展，图形和图像之间的界限已越来越模糊，它们互相融会贯通。例如，用文字或线条表示的图形在被扫描到计算机中时，从图像的角度来看，均是一种由最简单的二维数组表示的点阵图。在经过计算机自动识别出文字或自动跟踪出线条时，点阵图就可形成矢量图形。目前汉字手写体的自动识别、图文混排的印刷体的自动识别等，也都是图像处理技术借用了图形生成技术的内容。而在地理信息和自然现象的真实感图形表示、计算机动画和三维数据可视化等领域，进行三维图形构造时又都采用了图像信息的描述方法。因此，现在人们已不过多地强调点阵图和矢量图形之间的区别，而更注意它们之间的联系。

4. 音频

声音(Audio)包括人说话的声音、动物鸣叫声和自然界的各种声音，而音乐是有节奏、旋律或和声的声或乐等配合所构成的一种艺术作品。声音和音乐在本质上是相同的，都是具有振幅和频率的声波。声波的幅度表示声音的强弱，频率表示声音音调的高低。

计算机要处理声音，可通过麦克风把声波振动转变成相应的电信号(模拟信号)，再通过音频卡(简称声卡)把模拟信号转换成数字信号。这一过程就是音频的数字化。

可以用计算机对数字声音信号进行各种处理，处理后的数据经声卡中的数/模(D/A)转换器还原成模拟信号，再经放大输出到音箱或耳机，变成人耳能够听到的声音。

在多媒体作品中加入声音元素，可以给人多感官刺激，人们不仅能欣赏到优美的音乐，也可听到详细和生动的解说，增强对文字、图像等类型媒体表达信息的理解。

声音和音乐(音频)的缺点是数据量庞大，例如存储 1 s 的 CD 双声道立体声音乐，需要 1.4 MB 磁盘空间，因此需要对其进行压缩处理。

音频技术在多媒体中的应用极为广泛，多媒体涉及多方面的音频处理技术，有以下 5 种。

(1)音频采集：把模拟信号转换成数字信号。

(2)语音编/解码：把语音数据进行压缩编码、解压缩。

(3)音乐合成：利用音乐合成芯片，把乐谱转换成乐曲输出。

(4)文/语转换：将计算机的文本转换成声音输出。

(5)语音识别：让计算机能够听懂人的语音。

5. 视频

在多媒体技术中，视频(Video)是一类重要的媒体。图像与视频是两个既有联系又有区别的概念。一般而言，静止的图片称为图像(Image)，动态的影视图像称为视频。静态图像的输入要靠扫描仪、数码照相机等，而视频信号的输入只能是摄像机、录像机、影碟机以及电视接收机等可以输出连续图像信号的设备。

视频文件的存储格式有 AVI、MPG、MOV 等。在视频中有以下几个技术参数。

(1)帧速：指每秒顺序播放多少幅图像。根据电视制式的不同有 30 帧/秒、25 帧/秒等。有时为了减少数据量而减慢了帧速，例如只有 16 帧/秒，其也可达到一定的满意程度，但效果略差。

(2)数据量：如果不经过压缩，则数据量的大小等于帧速乘以每幅图像的数据量。假设一幅图像的数据量为 1 MB，帧速为 30 帧/秒，则每秒所需数据量将达到 30 MB。但经过压缩后的数据量将减少，尽管如此，该幅图像的数据量仍太大，使计算机显示跟不上速度，可采取降低帧速、缩小画面尺寸等方法来降低数据量。

(3)图像质量：图像质量除原始数据质量外，还与对视频数据压缩的倍数有关。一般来说，压缩倍数比较小时对图像质量不会有太大影响，而超过一定倍数后，将会明显看出图像质量在下降。因此，数据量与图像质量是矛盾的，需要折中考虑。

6. 动画

动画(Animation)是采用计算机动画软件创作并生成的一系列可供实时演播的连续画面。动画和视频之所以具有动感的视觉效果，是因为人的眼睛具有一种"视觉暂留"的生理特点，在观察过物体之后，物体的映像将会在人眼的视网膜上保留一个短暂的时间，大约为 0.1 s，这样一系列略微有差异的图像在快速播放时，就给人以一种物体在做连续运动的感觉。计算机动画目前成功地用于广告业与影视业，尤其是将动画用于电影特技，使计算机动画技术与实拍画面相结合，真假难辨，取得了空前的成功。

用计算机实现的动画有两种，一种称为造型动画，另一种称为帧动画。帧动画是由一幅幅连续的画面组成的图像序列，这是产生各种动画的基本方法。

利用计算机制作动画时，只要做好主动作画面(关键帧)，其余中间画面均是由计算机内插来完成的。当这些画面仅是二维的透视效果时就是二维动画，如 Flash 动画，用 3ds Max 等三维造型工具创造出的立体空间形象的动画就是三维动画。

动画具有以下 4 个特点。

（1）具有时间连续性，非常适合表示"过程"；具有更强、更生动、更自然的表现力。

（2）由于动画的时间延续性使其数据量巨大，所以必须进行压缩后才能在计算机中应用。

（3）利用帧与帧之间很强的关联性，可以对动画进行压缩。也因为这一特点，动态图像对错误的敏感性较低。

（4）动画的实时性要求高，必须在规定时间内完成更换画面的播放过程，这就要求计算机处理速度、显示速度、数据读取速度都要达到实时性要求。

8.1.3　多媒体技术

多媒体技术和网络技术是计算机发展的两个方向。多媒体这一概念常用来兼指多媒体信息和多媒体技术。

1. 多媒体信息

多媒体信息是指集数据、文字、图形与图像为一体的综合媒体信息。多媒体集计算机技术、声像技术和通信技术为一体，采用先进的数字记录和传输方式，给人们的工作带来便利。

现在的计算机系统都是具有良好的多媒体信息处理功能的系统，它由多媒体计算机、相关设备和配套软件组成，具有集成性、交互性和数字化、智能化的特点。多媒体技术的兴起和它特有的图、文、声、像相结合的方式，使计算机迅速进入千家万户，成为人们学习、娱乐的基本方式之一，同时也使办公自动化功能进一步扩展，极大提高了人们的工作效率。

2. 主要技术分类

多媒体技术包括 MMX 技术、音频信息技术、视频信息技术、图像处理与动画制作技术、数据压缩和解压缩技术和超媒体链接技术。

1）MMX 技术

多媒体扩展指令集（MultiMedia eXtension，MMX）是 Intel 公司推出的一项对 CPU 系统的重大变革，它增加了 4 个数据类型、8 个 64 位寄存器和 57 条多媒体指令，采用单指令流多数据流（Single Instruction Multiple Data，SIMD）技术，同时保持与操作系统和其他软件的兼容，大大提高了计算机的图像和动画处理能力，多媒体通信能力以及语音识别、听写、音频解压缩等方面的并行处理能力。

Intel 推出 MMX 的目的是想提高 CPU 对多媒体及通信软件的处理速度，使计算机与多媒体、通信结合的这一发展趋势与 CPU 的自身发展更加紧密结合起来。为使 CPU 处理三维数据的能力有质的飞跃，Intel 推出了 MMX2 处理器，作为 MMX 技术的升级版本，它在原MMX 指令集的基础上又新增了 70 条多媒体指令，从而使 MMX 的多媒体指令总数达到了127 条，目前该技术已在手机上得到应用。

2）音频信息技术

声音是连续波，经过传播后能引起耳膜振动，这样人们就能听到声音。声波强弱是由其振幅决定的。波形中两个相邻波峰之间的距离称为振动周期，它表示完成一次完整的振动过程所需的时间，振动周期的大小体现了振动速度的慢快。振动频率是指 1 s 内的振动次数，单位为赫兹（Hz）。

计算机只能处理数字化信息，为了能使计算机能够处理声音信号，必须先将这类模拟信号转换成数字信号，即在录音时用固定的时间间隔对声波进行离散化（数字化）处理，这个过程称为模/数（A/D）转换；反之将数字信号转换成模拟信号的过程称为数/模（D/A）转换。

离散化处理过程中有一个采样频率问题，它类似于将声波平均分割成若干份。目前，通用的标准采样频率有 3 个：44.1 kHz（标准的 CD、Wav 格式）、22.05 kHz 和 11.025 kHz。

3）视频信息技术

动态图像也称为视频信息。视频信息实际上是由许多单幅画面构成的，每一幅画面称为一帧，帧是构成视频信息的最小、最基本的单位。

视频信息的采样和数字化视频信号的原理与音频信息数字化相似，也用两个指标来衡量，一个是采样频率，另一个是采样深度。

采样频率是指在一定时间内以一定的速度对单帧视频信号的捕获量，即以每秒所捕获的画面帧数来衡量。例如，要捕获一段连续画面时，可以用每秒 25~30 帧的采样速度对该视频信号加以采样。采样深度是指经采样后每帧所包含的颜色位（色彩值）。例如，采样深度为 8 位，则每帧可达到 256 级单色灰度。

4）图像处理与动画制作技术

图像处理与动画制作技术包括各类图像处理软件、动画制作软件和多媒体创作工具软件，以及视频卡技术、虚拟现实技术等。我们需要了解以下几个概念。

（1）图像分辨率：指图像中所含信息的多少，一般以每英寸包含的像素（构成图像的最小信息单元）数来表示。图像分辨率越高，图像便越清晰，所需的存储空间也越大。

（2）彩色描述：彩色图像的颜色可以用两种方法来描述，一种是相加混色，另一种是相减混色。电视机和显示器显示的彩色图像是用红色（Red）、绿色（Green）、蓝色（Blue）3 种基本颜色按不同比例相加产生的，这种颜色模式称为 RGB 模式。另一种常用的颜色模式是 CMYK 模式，它是由青色（Cyan）、品红（Magenta）、黄色（Yellow）和黑色（Black）4 种颜色，按照一定比例相减生成印刷色彩的模式，用于彩色图像的印刷与打印。

（3）JPEG 标准：这是由国际标准化组织（ISO）等机构联合组成的专家组制定的静态图像数据压缩的工业标准。这一标准既可用于灰度图像又可用于彩色图像，由于综合采用多种压缩编码技术，因此经其处理的图像质量高、压缩比大。

（4）MPEG 标准：这是为解决视频图像压缩、音频压缩及多种压缩数据流的复合与同步问题而制定的标准。

5）数据压缩和解压缩技术

数据压缩和解压缩技术的发展是多媒体发展的基础。数据压缩是通过数学运算将原来较大的文件变为较小文件的数字处理技术；数据解压缩是把压缩数据还原成原始数据或与原始数据相近的数据的技术。数据压缩通常分为无损压缩和有损压缩两种类型，无损压缩是指压缩后的数据经过重构还原后与原始数据完全相同，有损压缩是指压缩后的数据经过重构还原后与原始数据有所不同。

6）超媒体链接技术

超媒体与超文本是计算机技术中功能强大的信息存储和检索系统，它把图形、图像、声音、影视、文字等媒体集合成为一个有机体。通过链接技术，可使用户在检索过程中从一个问题跳转到与其相关的各类问题中去，而不必按顺序进行，可以大大提高检索效率。超媒体与超文本的区别在于，如果信息主要以文字的形式表示，则称为超文本链接；如果信息中还包含影视、动画、音乐或其他媒体，则称为超媒体链接。

8.1.4 多媒体技术的主要特性

多媒体技术具有以下 4 个主要特性。

1. 交互性

交互性是多媒体技术的关键特性，它使用户可以更有效地控制和使用信息，增加对信息的注意和理解。众所周知，一般的电视机是声像一体化的、把多种媒体集成在一起的设备。但它不具备交互性，因为用户只能使用信息，而不能自由地控制和处理信息。例如，在一般的电视机中，不能将用户介入电视机使其屏幕上的图像根据用户需要配上不同的语言解说或增加文字说明；也不能对图像进行缩放、冻结等加工处理从而看到想看的电视节目等。当引入多媒体技术后，借助交互性，用户可以获得更多的信息。又如，在多媒体通信系统中，收、发两端可以相互控制对方，一方面，发送方可按照广播方式发送多媒体信息，另一方面又可以按照接收方的要求向接收端发送所需要的多媒体信息，接收方可随时要求发送方传送所需的某种形式的多媒体信息。在多媒体远程计算机辅助教学系统中，学习者可以人为地改变教学过程，研究感兴趣的问题从而得到新的体会，激发学习者的主动性、自觉性和积极性。利用多媒体的交互性激发学生的想象力，可以获得独特的效果。再如，在多媒体远程信息检索系统中，利用交互性可提供给用户找出想读的书籍，快速跳过不感兴趣的部分，从数据库中检录声音、图像或文字材料等。

2. 多样性

多样性主要指媒体的多样化或多维化，即把计算机所能处理的信息媒体的种类或范围扩大，不局限于原来的数据、文本或单一的语音、图像。众所周知，人类具有 5 大感觉，即视、听、嗅、味与触觉，前 3 种感觉占了总信息量的 95%以上，而计算机远远没有达到人类处理复合信息媒体的水平。计算机一般只能按照单一方式来加工处理信息，对人类接收的信息经过变换之后才能使用，而多媒体技术就是要把计算机处理的信息多样化或多维化。信息的复合化或多样化不仅是指输入信息（这称为信息的获取，即 Capture），而且还指信息的输出（这称为表现，即 Presentation）。输入和输出并不一定相同，若输入与输出相同，那么就称为记录或重放。如果对输入的信息进行加工、组合与变换，则称为创作（Authoring），创作可以更好地表现信息，丰富其表现力，使用户更准确、更生动地接收信息。这种形式过去在影视制作过程中大量采用，在多媒体技术中也采用这种方法。

3. 集成性

多媒体的集成性包括两个方面，一方面是指多媒体系统能将多种媒体元素集成在一起，经过多媒体技术处理使它们综合发挥作用；另一方面是指处理这些媒体元素的设备和系统的集成。在多媒体系统中，各种信息媒体不像过去那样采用单一方式进行采集与处理，而由多通道同时统一采集、存储与加工处理，更加强调各种媒体之间的协同关系及利用它所包含的大量信息。

4. 实时性

由于多媒体系统需要处理各种复合的信息媒体，所以决定了多媒体技术必然要支持实时处理。接收到的各种信息媒体在时间上必须是同步的，其中语声和活动的视频图像必须严格同步，因此要求信息媒体的实时性甚至是强实时（Hard Real Time）。例如，电视会议系统的声音和图像不允许存在停顿，必须严格同步，包括"唇音同步"，否则传输的声音和图像就失去意义。

8.1.5　多媒体的关键技术

多媒体是多种信息媒体在计算机上的统一管理，它是多种技术的结合。多媒体通信可以实现图、文、声、像一体化传递。多媒体技术是在一定技术条件下的高科技产物，它是多种技术综合的结晶。下面简要概述多媒体的关键技术及相关技术。

1. 多媒体操作系统技术

多媒体操作系统目前的常用版本有 Windows 10、Windows 11 等。国产操作系统有深度、麒麟等。

国产操作系统多为以 Linux 为基础进行二次开发的操作系统。2014 年 4 月 8 日起，美国微软公司停止了对 Windows XP Service Pack 操作系统提供服务支持，这引起了社会和广大用户的广泛关注和对信息安全的担忧。而 2020 年微软公司对 Windows 7 服务支持的终止再一次推动了国产系统的发展。

工信部对此表示，将继续加大力度，支持 Linux 的国产操作系统的研发和应用，并希望用户可以使用国产操作系统。随着信息技术和互联网的快速发展普及，电子商务已经成为不可抗拒的现代商业潮流，云计算、大数据应用日趋成熟，但随之带来了许多问题和挑战。为全面响应国家"互联网+"战略的提出和深入贯彻落实国家"十二五"规划纲要，帮助传统企业开展"商务智慧转型"，加强电子商务深入应用，特别是移动电子商务发展中的环境保障建设，促进电子商务行业健康有序发展，如何建立一个安全、可靠、可信的电子商务环境，保障电子商务活动中系统、交易的安全性，信息的保密性，已经成为当前亟待需要探讨和解决的重要课题。

2. 多媒体功能芯片技术

多媒体技术的发展和超大规模集成电路（Very Large Scale Integration Circuit，VLSI）技术的发展有着密不可分的关系。由于多媒体数据量极大，所以要实现视频、音频信号的实时压缩、解压缩和多媒体信息的播放处理，需要对大量的数据进行快速计算，必须具有多媒体功能的快速运算硬件支持。实现动态视频的实时采集、变形、叠加、合成、淡入、淡出等特殊效果处理（非线性编辑），也必须采用专用的视频处理芯片才能取得满意的效果。支持多媒体功能的 CPU 芯片（MMX）和专用的视频、音频处理芯片的研制都是在 VLSI 技术的支持下实现的。

3. 多媒体输入输出技术

输入输出技术是处理多媒体信息传输接口的界面，主要包括媒体转换技术、媒体识别与理解技术（如语音识别）等，其中既包括硬件技术又包括软件技术。

4. 多媒体数据压缩技术

多媒体数据压缩是多媒体技术的主要特征。未经压缩的视频和音频数据占用空间十分大，例如未经压缩的影像和立体声音乐数据量分别是 1 680 MB/min 和 10 MB/min，如此庞大的数据量不仅难于用普通计算机处理，而且存储和传输都成问题。因此，视频、音频和图像数据的编码和压缩算法在多媒体技术中占有非常重要的地位。

5. 人工智能技术

人工智能技术包括语音识别、语音合成、语音翻译、图像识别与理解、语音和文字之间的转换、图/文/表分离技术、手写笔输入识别技术等。其典型应用是 ChatGPT。

ChatGPT 是美国人工智能研究实验室 OpenAI 新推出的一种人工智能技术驱动的自然语言处理工具，使用了 Transformer 神经网络架构，也是 GPT-3.5 架构，这是一种用于处理序列数据的模型，拥有语言理解和文本生成能力，尤其是它会通过连接大量的语料库来训练模型，这些语料库包含了真实世界中的对话，使 ChatGPT 具备上知天文下知地理，还能根据聊天的上下文进行互动的能力。ChatGPT 不单是聊天机器人，还能进行撰写邮件、视频脚本、文案、代码等任务。

ChatGPT 受到关注的重要原因是其引入了新技术基于人类反馈的强化学习（Reinforcement Learning with Human Feedback，RLHF）。RLHF 解决了生成模型的一个核心问题，即如何让人工智能模型的产出和人类的常识、认知、需求、价值观保持一致。ChatGPT 是人工智能生成内容（AI-Generated Content，AIGG）技术进展的成果。该技术能够利用人工智能进行内容创作、提升内容生产效率与丰富度。

ChatGPT 的使用上还有局限性，模型仍有优化空间。ChatGPT 模型的能力上限是由奖励模型决定的，该模型需要巨量的语料来拟合真实世界，对标注员的工作量以及综合素质要求较高。ChatGPT 可能会出现创造不存在的知识，或者主观猜测提问者的意图等问题，模型的优化将是一个持续的过程。若 AI 技术迭代不及预期，自然语言处理（Natural Language Processing，NLP）模型优化受限，则相关产业发展进度会受到影响。此外，ChatGPT 盈利模式尚处于探索阶段，后续商业化落地进展有待观察。

8.1.6 多媒体技术的应用

多媒体计算机技术是当前计算机工业的热点课题之一，正在蓬勃发展中。多媒体技术的引进赋予了计算机新的含义，对计算机硬件和软件产生了深远影响，扩大了计算机的应用领域，随之而来的是与多媒体有关的计算机新产品和新服务的不断涌现。可以说，目前多媒体技术的发展日新月异，带来了计算机技术的一次新的飞跃。

多媒体技术应用十分广泛，不仅覆盖了计算机的绝大部分应用领域，还开拓了新的范围。毫无疑问，多媒体技术会对人们传统的工作、学习和生活方式产生不可低估的影响。

1. 多媒体技术在教育中的应用

多媒体计算机最有前途的应用领域是教育领域。多媒体丰富的表现形式以及信息传播能力，赋予现代教育以崭新的面目。

多媒体计算机辅助教学的兴起，对素质教育给予了大力支持。利用多媒体技术编制开发的教学软件，能创造出图文并茂、绘声绘色、生动逼真的教学环境和交互操作方式。

多媒体技术还可以应用于交互式远程教育，从而极大扩大了教学的时间与空间。与传统的教学形式相比，网络远程教学具备诸多优点。目前，国内大学的网络教育，就是通过网络的视频会议系统，将主教学中心演播教室内的教学的视频信号、数字信号传送到国内的多个分教学点的网络教室内，网络把多方构成一个完整的回路，分教学点可以组织学生进行实时的与非实时的学习。教学中引入非实时教学的形式是一场教育革命，自主学习成为可能。

目前，高校在教学中普遍应用"网络化教学平台"。教师可以利用网络平台，对课程的介绍、建设教学资料、实施教学辅导、实行网上答疑、布置电子作业、开展试题库建设、进行在线测试等多方面课程内容进行建设。这些素材在计算机的组织下，通过交互式的教学互动形式，给传统的教学带来了形式与内容上的深刻变革。这必将激发学生学习的积极性和主动性，带来教学质量的提高。

总之，如今的教育，无论是从资源配置角度讲，还是从优质教学资源分享讲，多媒体技术、网络技术已经广泛应用于其中。

2. 多媒体技术在商业中的应用

多媒体的商业应用包括商品简报、查询服务、产品广告演示及商品贸易交易等方面。例如售楼，开发商可以利用多媒体技术如 3D 技术，通过计算机演示，为远程的客户展示其楼盘。客户会有一种身临其境的感觉，如同被带到建筑物现场的各个角落。

在商贸方面，电子商务已形成热潮，互联网的高速发展带来电子商务网站数量的井喷式增长。

3. 多媒体技术在网络及通信中的应用

多媒体技术的一个重要应用领域就是多媒体通信系统，多媒体网络是网络技术未来的发展方向。随着这些技术的发展，可视电话、视频会议、家庭间的网上聚会交谈等日渐普及和完善，多媒体通信系统将大有可为。

多媒体技术应用到通信上，将把电话、电视、图文传真、音响、卡拉 OK 机、摄像机等电子产品与计算机融为一体，由计算机完成音频、视频信号采集，压缩和解压缩，音频、视频的特技处理，多媒体信息的网络传输，音频播放和视频显示，形成新一代的家电类，也就是建立提供全新信息服务的多媒体个人通信中心（Multimedia Personal Information Communication Center，MPICC）。

以多媒体技术为基础的视像会议系统可能成为未来商务界及其他业务通信联络的标准手段。虽然与会者身处各处，但他们却能得到一种"面对面"开会的体验。他们可以从屏幕上看到其他与会者，并相互交谈，还可以看到其他人提供的文件，也可以向会议提供自己的材料。

4. 多媒体技术在家庭中的应用

近年来面向家庭的多媒体软件琳琅满目，音乐、影像、VR 游戏带给人们以更高品质的娱乐享受。随着多媒体技术和网络技术的不断发展，继网络购物、电子信函之后，家庭办公将成为人们的工作方式之一。

截至 2023 年 2 月末，3 家基础电信企业的固定互联网宽带接入用户总数达 5.99 亿户。综合 3 家电信企业的数据来看，我国 5G 套餐用户总数已经达到 11.112 59 亿户。

5. 多媒体技术在电子出版方面的应用

多媒体技术给出版业带来了巨大的影响，电子图书和电子报刊已成为出版界新的经济增长点。用光盘代替纸介质出版各类图书是印刷业的一次革命，是对以纸张为主要载体进行信息存储的传统出版物的一个挑战。电子出版物具有容量大、体积小、检索快、成本低、易于保存和复制，能存储多种媒体信息等优点，更主要的是它可以通过网络进行传递。多媒体技术给出版业打开了新天地。

8.2 常用多媒体素材简介

多媒体素材一般包括文本、图像、图形、声音、动画、视频等。

8.2.1 图像、图形基本知识

图形和图像都是多媒体系统中的可视元素，虽然它们有时容易混淆，但两者完全不同。

1. 位图图像

位图图像(Bitmap)，亦称为点阵图像或栅格图像，是由称作像素(图片元素)的单个点组成的。这些点可以进行不同的排列和染色以构成图样。当放大位图时，可以看见构成整个图像的无数单个方块。扩大位图尺寸的效果是增大单个像素，从而使线条和形状显得参差不齐。然而，如果从稍远的位置观看它，则位图图像的颜色和形状又显得是连续的。用数码相机拍摄的照片、扫描仪扫描的图片以及计算机截屏的图等都属于位图。位图的特点是可以表现色彩的变化和颜色的细微过渡，产生逼真的效果；缺点是在保存时需要记录每一个像素的位置和颜色值，占用较大的存储空间。常用的位图处理软件有 Adobe Photoshop(同时也包含矢量功能)、Painter 和 Windows 系统自带的画图工具等，Adobe Illustrator 则是矢量图软件。

1)像素

像素是指由一个数字序列表示的图像的最小单位。

可以将像素视为整个图像中不可分割的单位或元素。不可分割的意思是它不能够再切割成更小单位或元素，它以一个单一颜色的小格存在。每一个点阵图像包含了一定量的像素，这些像素决定图像在屏幕上所呈现的大小。

2)分辨率

分辨率，又称解析度、解像度，可以细分为显示分辨率、图像分辨率、打印分辨率和扫描分辨率等。分辨率可以理解成像素点的个数。

分辨率决定了位图图像细节的精细程度。通常情况下，图像的分辨率越高，所包含的像素就越多，图像就越清晰，印刷的质量也就越好。同时，它也会增加文件占用的存储空间。

图像分辨率(Image Resolution)指图像中存储的信息量。这种分辨率有多种衡量方法，典型的是以每英寸的像素数(Pixel Per Inch，PPI)来衡量。当然也有以每厘米的像素数(Pixel Per Centimeter，PPC)来衡量的。图像分辨率决定了图像输出的质量，它和图像尺寸(高宽)的值一起决定了文件的大小，且该值越大图形文件所占用的磁盘空间也就越多。图像分辨率以比例关系影响着文件的大小，即文件大小与其图像分辨率的平方成正比。如果保持图像尺寸不变，将图像分辨率提高一倍，则其文件大小增大为原来的 4 倍。

设备分辨率(Device Resolution)又称输出分辨率，指的是各类输出设备每英寸上可产生的点数，如显示器、喷墨打印机、激光打印机、绘图仪的分辨率。这种分辨率通过每英寸的点数(Dots Per Inch，DPI)来衡量，PC 显示器的设备分辨率为 60~120 DPI，打印设备的分辨率为 360~2 400 DPI。

3）色彩深度

色彩深度在计算机图形学领域中表示在位图或视频帧缓冲区中储存 1 像素的颜色所用的位数色彩深度越高，可用的颜色就越多。

色彩深度是用"n 位颜色"来说明的。若色彩深度是 n 位，即有 2^n 种颜色选择，而储存每像素所用的位数就是 n。常见的位数如下。

1 位：2 种颜色，单色光，黑白二色。

2 位：4 种颜色。

3 位：8 种颜色，用于大部分早期的计算机显示器。

4 位：16 种颜色。

5 位：32 种颜色。

6 位：64 种颜色。

8 位：256 种颜色。

12 位：4 096 种颜色。

16 位：65 536 种颜色，用于部分 colour Macintoshes。

24 位：16 777 216 种颜色，真彩色，能提供比肉眼能识别的更多颜色，用于拍摄照片。

另外有高动态范围影像（High Dynamic Range Image），这种影像使用超过一般的 256 色阶来储存影像，通常来说每个像素会被分配 32＋32＋32＝96 bit 来储存颜色资讯。也就是说，对于每一个原色都使用一个 32 bit 的浮点数来储存。

4）位图的优点和缺点

优点是只要有足够多的不同色彩的像素，就可以制作出色彩丰富的图像，逼真地表现自然界的景象。

位图的缺点是缩放和旋转容易失真，同时文件体积较大。

2. 矢量图形

所谓矢量图，就是使用直线和曲线来描述的图形，构成这些图形的元素是一些点、线、矩形、多边形、圆和弧线等，它们都是通过数学公式计算获得的，具有编辑后不失真的特点。例如，一幅画的矢量图形实际上是由线段形成外框轮廓，由外框的颜色以及外框所封闭的颜色决定该幅画显示出的颜色。

矢量图是根据几何特性来绘制图形，矢量可以是一个点或一条线，矢量图只能靠软件生成，文件占用内存空间较小，因为这种类型的图像文件包含独立的分离图像，可以自由无限制的重新组合。它的特点是放大后图像不会失真，和分辨率无关，适用于图形设计、文字设计和一些标志设计、版式设计等。

1）矢量图形的优点

（1）文件小，图像中保存的是线条和图块的信息，所以矢量图形文件与分辨率和图像大小无关，只与图像的复杂程度有关，图像文件所占的存储空间较小。

（2）图像可以无限级缩放，对图形进行缩放、旋转或变形操作时，图形不会产生锯齿效果。

（3）可采取高分辨率印刷。矢量图形文件可以在任何输出设备上以打印或印刷的最高分辨率进行打印输出。

（4）矢量图与位图的效果是天壤之别，矢量图无限放大不模糊，大部分位图都是由矢量图导出来的，也可以说矢量图形就是位图的源码，源码是可以编辑的。

2）矢量图形的缺点

（1）重画图像困难。

（2）真实照片逼真度低，要画出自然度高的图像需要很多的技巧。

（3）无法产生色彩艳丽、复杂多变的图像。

3. RGB 色彩模式

RGB 色彩就是常说的光学三原色，R 代表 Red（红色），G 代表 Green（绿色），B 代表 Blue（蓝色）。自然界中人肉眼所能看到的任何色彩都可以由这 3 种色彩混合叠加而成，因此 RGB 色彩模式也称为加色模式。

RGB 色彩模式又称 RGB 色空间。它是一种色光表色模式，广泛用于我们的生活中，如电视机、计算机显示屏、幻灯片等都是利用光来呈色。印刷出版中常需扫描图像，扫描仪在扫描图像时首先提取的就是原稿图像上的 RGB 色光信息。RGB 模式是一种加色法模式，通过 R、G、B 的辐射量，可描述出任一颜色。计算机定义颜色时，R、G、B3 种成分的取值范围是 0~255，0 表示没有刺激量，255 表示刺激量达最大值。R、G、B 均为 255 时就合成了白光，均为 0 时就合成了黑色。在显示屏上显示颜色定义时，往往采用这种模式。

4. 数据压缩

数据压缩（Data Compression），是用更少的空间对原有数据进行编码的过程，指在不丢失有用信息的前提下，缩减数据量以减少存储空间，提高数据传输、存储和处理效率，或者按照一定的算法对数据进行重新组织，减少数据的冗余和存储空间的一种技术方法。数据压缩包括有损压缩和无损压缩。

在计算机科学和信息论中，数据压缩或源编码是按照特定的编码机制，用比未经编码少的数据位（或者其他信息相关的单位）表示信息的过程。例如，如果我们将"compression"编码为"comp"，那么这篇文章可以用较少的数据位表示。一种流行的压缩实例是许多计算机都在使用的 ZIP 文件格式，它不仅提供了压缩的功能，而且作为归档工具（Archiver）使用，能够将许多文件存储到同一个文件中。

5. 常见图像、图形文件格式

常见的图像、图形文件格式包括 JPG、BMP、GIF、TIFF 和 PSD。

1）JPG

JPEG（Joint Photographic Experts Group）即联合图像专家组，是用于连续色调静态图像压缩的一种标准，文件扩展名为 .jpg 或 .jpeg，是最常用的图像文件格式。其主要是采用预测编码、离散余弦变换（Discrete Cosine Transform，DCT）以及熵编码的联合编码方式，以去除冗余的图像和彩色数据，属于有损压缩格式。它能够将图像压缩在很小的储存空间，一定程度上会造成图像数据的损伤。尤其是使用过高的压缩比例，将使最终解压缩后恢复的图像质量降低，如果追求高品质图像，则不宜采用过高的压缩比例。

JPEG 可以用有损压缩方式去除冗余的图像数据，用较少的磁盘空间得到较好的图像品质。而且 JPEG 是一种很灵活的格式，具有调节图像质量的功能，它允许用不同的压缩比例对文件进行压缩，支持多种压缩级别，压缩比例通常在 10∶1 到 40∶1，压缩比例越大，图像品质就越低；相反，压缩比例越小，图像品质就越高。同一幅图像，用 JPEG 格式存储的文件是其他类型文件的 1/20~1/10，通常只有几十千字节，质量损失较小，基本无法看出。JPEG 格式压缩的主要是高频信息，对色彩的信息保留较好，适合应用于互联网；它可减少图像的传输时间，支持 24 位真彩色；也普遍应用于需要连续色调的图像中。

JPEG 格式可分为标准 JPEG、渐进式 JPEG 及 JPEG2000 3 种格式。

（1）标准 JPEG 格式：采用此格式进行网页下载时只能由上而下依序显示图像，直到图像资料全部下载完毕，才能看到图像全貌。

（2）渐进式 JPEG 格式：采用此格式进行网页下载时，先呈现出图像的粗略外观后，再慢慢呈现出完整的内容，而且存成渐进式 JPG 格式的文档大小比存成标准 JPG 格式的文档大小，所以如果要在网页上使用图像，则可以多用这种格式。

（3）JPEG2000 格式：它是新一代的影像压缩法，压缩品质更高，可改善在无线传输时，常因信号不稳造成马赛克现象及位置错乱的情况，改善传输的品质。

2）BMP

BMP（Bitmap）是 Windows 采用的图像文件格式，在 Windows 环境下运行的所有图像处理软件都支持 BMP 图像文件格式。Windows 系统内部各图像绘制操作都是以 BMP 为基础的。Windows 3.0 以前的 BMP 图像文件格式与显示设备有关，因此把这种 BMP 图像文件格式称为设备相关位图（Device Dependent Bitmap，DDB）文件格式。Windows 3.0 以后的 BMP 图像文件格式与显示设备无关，因此把这种 BMP 图像文件格式称为设备无关位图（Device Independent Bitmap，DIB）格式。

BMP 格式可以理解成未经压缩的图片格式，图像质量相对 JPG 格式好。

3）GIF

GIF 格式的名称是 Graphics Interchange Format 的缩写，是在 1987 年由 CompuServe 公司为了填补跨平台图像格式的空白而发展起来的。GIF 可以被 PC 和 Mactiontosh 等多种平台支持。

GIF 是一种位图。位图的大致原理：图片由许多像素组成，每一个像素都被指定了一种颜色，将这些像素综合起来就构成了图片。GIF 采用的是 Lempel-Zev-Welch（LZW）算法，最高支持 256 种颜色。由于这种特性，GIF 比较适用于色彩较少的图片，如卡通造型、公司标志图片等。如果碰到需要用真彩色的场合，那么 GIF 的表现力就有限了。GIF 通常会自带一个调色板，里面存放需要用到的各种颜色。在 Web 运用中，图像的文件大小将会明显影响其下载速度，因此我们可以根据 GIF 自带调色板的特性来优化调色板，减少图像使用的颜色数（有些图像用不到的颜色可以舍去），而不影响图片的质量。

GIF 具有 GIF87a 和 GIF89a 两个版本。

GIF87a 版本在 1987 年被推出，允许一个文件存储一个图像，严格不支持透明像素。它采用 LZW 算法，能够在保持图像质量的前提下将图像尺寸压缩 20%~25%。

GIF89a 版本是 1989 年推出的很有特色的版本，该版本允许一个文件存储多个图像，可实现动画功能，允许某些像素透明。该版本中为 GIF 文档扩充了图形控制、备注、说明、应用程序编程接口 4 个区块，并提供了对透明色和多帧动画的支持。

其中，GIF89a 在透明、隔行交错和动画 GIF 方面做出了重大改进。首先是支持透明，GIF89a 允许图片中的某些部分不可见。这项特性非常重要，它使我们在某些场合能够利用该项特性来使图像的边缘不再呈现出矩形边框，而将图像边缘变成我们想要的任意形状。这些透明区域，可以很方便地在 Adobe Photoshop、Adobe Fireworks 中生成并且导出为 GIF89a 格式的 GIF 图片来实现。当然，透明并不意味着边框不存在，事实上它是存在的，只不过不显示罢了，这样可以使插入的图片和整体网页更加协调。

4）TIFF

标签图像文件格式（Tag Image File Format，TIFF）是一种灵活的位图格式，主要用来存储包括照片和艺术图在内的图像，最初由 Aldus 公司与微软公司一起为 PostScript 打印开发。TIFF 与 JPEG 和 PNG 一起成为流行的高位彩色图像格式。TIFF 格式在业界得到了广泛的支持，如 Adobe 公司的 Photoshop，The GIMP Team 的 GIMP，Ulead PhotoImpact 和 Paint Shop Pro 等图像处理应用，QuarkXPress 和 Adobe InDesign 这样的桌面印刷和页面排版应用，扫描、传真、文字处理、光学字符识别和其他一些应用等都支持这种格式。从 Aldus 获得了 PageMaker 印刷应用程序的 Adobe 公司控制着 TIFF 规范。

TIFF 图像文件是图形图像处理中常用的格式之一，其图像格式很复杂，但由于它对图像信息的存放灵活多变，可以支持很多色彩系统，而且独立于操作系统，因此得到了广泛应用。在各种地理信息系统、摄影测量与遥感等应用中，要求图像具有地理编码信息，例如图像所在的坐标系、比例尺、图像上点的坐标、经纬度、长度单位及角度单位等。

5）PSD

PSD 是 Adobe 公司的图像处理软件 Photoshop 的专用格式。

PSD 文件可以存储成 RGB 或 CMYK 模式，能够自定义颜色数并加以存储，还可以保存 Photoshop 的图层、通道、路径等信息，是唯一能够支持全部图像色彩模式的格式。

PSD 格式的图像文件很少为其他软件和工具所支持，在图像制作完成后，通常需要转化为一些比较通用的图像格式（如：JPG、PNG、TIFF、GIF 格式等），以便于输出到其他软件中继续编辑。

8.2.2　音频数据基本知识

数字化的声音数据就是音频数据。

1. 模拟信号和数字信号

模拟信号是指随时间的变化是连续的信号，即任意时间点总有一个瞬态的信号量与之对应，所以我们也将模拟信号称为连续信号。那么模拟信号为什么被称为模拟信号呢？模拟信号在传输过程中利用传感器把自然界中各种连续的信号转换为几乎一模一样的电信号。例如，人的声音原本是通过声带的震动，经过麦克风的采集，将声波信号转换为电信号，此时的电信号波形和原来的声波波形一样，只是换了一种物理量来表示和传递。因此，模拟信号就是用电信号来直接模拟自然界中的各种物理量。

与之对应的数字信号则是不连续的、离散的，是通过对模拟信号进行采样得到的。数字信号是模拟信号的近似，其与模拟信号不可能完全一模一样。因此，相对于自然界中的信号，数字信号只能做到无限的接近。既然自然界中所有的物理量都是模拟信号，为什么我们还需要数字信号呢？因为数字信号相比于模拟信号更便于计算机做各种数字处理、计算和存储，所以任何信号转换成了数字信号后就可以充分利用计算机来做各种计算和处理。

2. 音频数字化

我们把声音模拟信号转换成数字信号的过程称为音频数字化（A/D 转换，模/数转换）。

目前音频数字化最常见的方案是脉冲编码调制（Pulse Code Modulation，PCM），其主要过程是：采样、量化、编码。

1）采样

把时间连续的信号转换为一连串时间不连续的脉冲信号的过程称为采样。也就是每隔一段时间采集一次模拟信号的样本。采样后的脉冲信号称为采样信号，采样信号在时间轴上是离散的。每秒采集的样本数量称为采样率，例如采样率 44.1 kHz 表示 1 s 采集 44 100 个样本。采样率越高，还原的声音也就越真实。由于人耳的听觉范围是 20 Hz~20 kHz，根据香农采样定理（若信号的最高频率为 f_{max}，只要采样频率 $f \geq 2f_{max}$，则采样信号就能唯一复现原信号），理论上来说要把采集的声音信号唯一地还原成原来的声音，声音采样率需要高于声音信号最高频率的 2 倍，至少需要每秒进行 40 000 次采样（40 kHz 采样率）。这就是为什么常见的 CD 采样率为 44.1 kHz，电话、无线对讲机和无线麦克风等的采样率为 8 kHz。采样过程如图 8-2 所示。

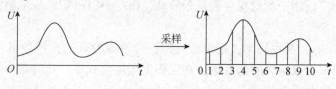

图 8-2　采样

2）位深度

位深度（也称采样精度，采样大小，Bit Depth）表示使用多少个二进制位来存储一个采样点的样本值。位深度越高，表示的振幅越精确。若要尽可能精确地还原声音，只有高采样率是不够的。描述一个采样点，横轴（时间）代表采样率，纵轴（幅度）代表位深度。16 bit 表示用 16 位（2 个字节）来表示对该采样点的振幅进行编码时所能达到的精确程度，就是把纵轴分成 16 份来描述振幅大小。常见的 CD 使用 16 bit 的位深度，能表示 65 535（2^{16}）个不同值。DVD 使用 24 bit 的位深度，大部分电话设备使用 8 bit 位深度。

3）量化

将采样信号量化为数字信号的过程称为量化。也就是将每一个采样点的样本值数字化。量化过程如图 8-3 所示。

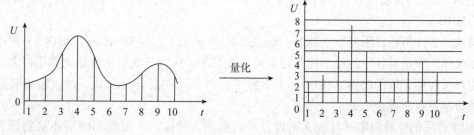

图 8-3　量化

4）编码

将采样和量化后的数字数据转成二进制码流的过程称为编码。

如果想要播放声音，则需进行 D/A 转换（数/模转换），把数字信号再转换成模拟信号。编码过程如图 8-4 所示。

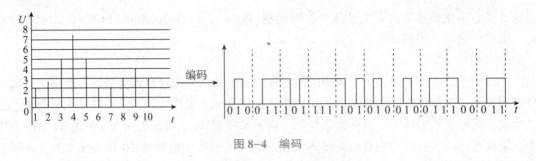

图 8-4 编码

3. 其他概念

1)有损和无损

根据采样率和位深度可知，任何数字音频编码方案都是有损的。目前能够达到最高保真水平的就是 PCM，因此 PCM 俗称无损音频编码，PCM 数据可以理解为是未经过压缩的原始音频数据，目前广泛用于素材保存和音乐欣赏、CD、DVD 以及 .wav 格式文件中。

2)比特率

比特率（Bit Rate），又称码率，指单位时间内传输或处理的比特数量，单位是比特每秒（bit/s），描述了 1 s 为该音频的信息量。在无损无压缩格式中，比特率 = 采样率×位深度×声道数（在有损压缩中这个公式是不成立的，因为原始信息已经被破坏）。例如，采样率 44.1 kHz、位深度 16 bit 的立体声 PCM 数据的比特率为：44 100×16×2＝1 411.2 Kbit/s。

4. 常见声音文件格式

常见的声音文件格式包括 Wav、MIDI、MP3 和 WMA。

1)Wav

Wav 是常见的声音文件格式之一，是微软公司专门为 Windows 开发的一种标准数字音频文件，该文件能记录各种单声道或立体声的声音信息，并能保证声音不失真。但 Wav 文件有一个致命的缺点，就是它所占用的磁盘空间太大（每分钟的音乐大约需要 12 MB 磁盘空间）。它符合资源互换文件格式（Resource Interchange File Format，RIFF）规范，用于保存 Windows 平台的音频信息资源，被 Windows 平台及其应用程序所广泛支持。Wave 格式支持 MSADPCM、CCITT A 律、CCITT μ 律和其他压缩算法，支持多种音频位数、采样频率和声道，是 PC 上最为流行的声音文件格式；但其文件尺寸较大，多用于存储简短的声音片段。

2)MIDI

与波形文件不同，乐器数字接口（Musical Instrument Digital Interface，MIDI）文件不对音乐进行抽样，而是对音乐的每个音符记录为一个数字，所以与波形文件相比要小得多，可以满足用户长时间音乐的需要。MIDI 标准规定了各种音调的混合及发音，通过输出装置可以将这些数字重新合成音乐。

MIDI 音乐的主要限制是其缺乏重现真实自然声音的能力，因此不能用在需要语音的场合。此外，MIDI 只能记录标准所规定的有限种乐器的组合，而且音乐回放质量受到声音卡的合成芯片的限制。近年来，国外流行的声音卡普遍采用波表法进行音乐合成，使 MIDI 的音乐质量大大提高。

MIDI 文件有几个变通格式，如 RMI 和 CIF 等。其中 CMF（Creative Music Format）文件是随声霸卡一起使用的音乐文件。RMI 文件是 Windows 使用的 RIFF 文件的一种子格式，称为

RMID, 即包含 MIDI 文件的格式。

3) MP3

MP3 是一种音频压缩技术, 其全称是动态影像专家压缩标准音频层面 3 (Moving Picture Experts Group Audio Layer Ⅲ), 简称 MP3。它被设计用来大幅度地降低音频数据量。利用 MP3 的技术, 将音乐以 1∶10 甚至 1∶12 的压缩率, 压缩成容量较小的文件, 而对于大多数用户来说, 重放的音质与最初的不压缩音频相比没有明显的下降。

MP3 是利用人耳对高频声音信号不敏感的特性, 将时域波形信号转换成频域信号, 并划分成多个频段, 对不同的频段使用不同的压缩率, 对高频信号加大压缩比 (甚至忽略信号), 对低频信号使用小压缩比, 保证信号不失真。这样一来就相当于抛弃人耳基本听不到的高频声音, 只保留能听到的低频部分, 从而将声音用 1∶10 甚至 1∶12 的压缩率压缩。

4) WMA

WMA (Windows Media Audio), 是微软公司推出的与 MP3 格式齐名的一种音频格式。WMA 在压缩率和音质方面都超过了 MP3, 更是远胜于 RA (Real Audio), 即使在较低的采样频率下也能产生较好的音质。

WMA 格式是以减少数据流量但保持音质的方法来达到压缩率更高的目的, 其压缩率一般可以达到 1∶18, 生成的文件大小只有相应 MP3 文件的一半。

当 WMA 格式的版本更新到 9.0 时, 微软推出了一种无损压缩方式, 称为 WMA‐Lossless, 这种格式已经从 WMA 9.0 Lossless 支持的最高 16 bit 量化位数、44 100 Hz 采样频率的音质升级到了 WMA 9.2 Lossless 的 24 bit 量化位数、96 000 Hz 的采样频率, 相比无损音频压缩编码 (Free Lossless Audio Codec, FLAC) 和 APE 这样的无损压缩格式, 压缩率更高, 占空间更小。

8.2.3 视频数据基本知识

视频文件格式是指视频保存的一种格式, 视频是计算机多媒体系统中的重要一环。为了适应储存视频的需要, 人们设定了不同的视频文件格式来把视频和音频放在一个文件中, 以方便同时回放。

1. 常见视频文件格式

常见视频文件格式包括 AVI、WMV、MPG、DivX、MKV 和 MOV。

1) AVI

比较早的 AVI 是由微软公司开发的, 其含义是 Audio Video Interleaved, 就是把视频和音频编码混合在一起储存。AVI 也是最长寿的格式, 已存在几十年了, 虽然发布过改版, 但已显老态。AVI 格式上限制比较多, 只能有一个视频轨道和一个音频轨道 (有非标准插件可加入最多两个音频轨道), 还可以有一些附加轨道, 如文字等。AVI 格式不提供任何控制功能。

不断地有基于 AVI 格式的压缩算法被推出, 所以不是所有扩展名是 .avi 的文件都是相同的, 视频播放软件也需要定期升级解码器才能播放最新的 AVI 格式。

2) WMV

WMV (Windows Media Video) 是微软公司开发的一系列视频编解码和其相关的视频编码

格式的统称，是微软 Windows 媒体框架的一部分。WMV 包含 3 种不同的编解码：作为 RealVideo 的竞争对手，最初为 Internet 上的流应用而设计开发的 WMV 原始的视频压缩技术；为满足特定内容需要的 WMV 屏幕和 WMV 图像的压缩技术；在经过电影和电视工程师协会（Society of Motion Picture and Television Engineers，SMPTE）学会标准化以后，WMV 版本 9 被采纳作为物理介质的发布格式，如高清 DVD 和蓝光光碟，即 VC-1。

微软也开发了一种称为高级串流格式（Advanced Systems Format，ASF）的数字容器格式，用来保存 WMV 的视频编码。在同等视频质量下，WMV 格式的文件可以边下载边播放，因此很适合在网上播放和传输。

3）MPG

MPG 即为动态图像专家组（Moving Picture Experts Group，MPEG）格式，是一个由国际标准组织（ISO）认可的媒体封装形式，受到大部分机器的支持。其储存方式多样，可以适应不同的应用环境。MPEG-4 的格式在 Layer 1（mux）、14（mpg）、15（avc）等中规定。MPEG 的控制功能丰富，可以有多个视频（即角度）、音轨、字幕（位图字幕）等。DVD 格式就是 MPEG-2 的格式。

4）DivX

DivX 是一项由 DivXNetworks 公司发明的，类似于 MP3 的数字多媒体压缩技术。DivX 基于 MPEG-4，可以把 MPEG-2 格式的多媒体文件压缩至原来的 10%，更可以把 VHS 格式录像带格式的文件压缩至原来的 1%。通过数字用户线路（Digital Subscriber Line，DSL）或电缆调制解调器（Cable Modem）等宽带设备，它可以让用户欣赏全屏的高质量数字电影。同时它还允许在其他设备（如数字电视、蓝光播放器、PocketPC、数码相框、手机）上观看，对机器的要求不高。这种编码的视频 CPU 只要是 300 MHz 以上、64 MB 内存和一个 8MB 内存的显卡就可以流畅地播放了。采用 DivX 的文件小，图像质量更好，一张 CD-ROM 可容纳 120 min 的质量接近 DVD 的电影。

5）MKV

MKV 格式的视频也是一种封装媒体格式。简单来说，就是把音频、视频和字幕等封装在一起成为一个文件播放。这样的好处就是后续还是可以对其进行编辑。

Matroska 多媒体容器（Multimedia Container）是一种开放标准的、自由的容器和文件格式，是一种多媒体封装格式，能够在一个文件中容纳无限数量的视频、音频、图片或字幕轨道。因此，其不是一种压缩格式，而是 Matroska 定义的一种多媒体容器文件。其目标是作为一种统一格式保存常见的电影、电视节目等多媒体内容。在概念上 Matroska 和其他容器，如 AVI、MP4 或 ASF 比较类似，但其在技术规程上完全开放，在实现上包含很多开源软件，可将多种不同编码的视频及 16 条以上不同格式的音频和不同语言的字幕流封装到一个 Matroska 媒体文件当中。最大的特点就是能容纳多种不同类型编码的视频、音频及字幕流。

6）MOV

MOV 即 QuickTime 封装格式（也称影片格式），它是 Apple（苹果）公司开发的一种音频、视频文件封装格式，用于存储常用数字媒体类型。当选择 QuickTime（*.mov）作为"保存类型"时，动画将保存为 .mov 文件。QuickTime 用于保存音频和视频信息，包括 Apple Mac OS 和 Windows 的所有主流计算机平台均支持。

QuickTime 视频文件播放软件，除播放 MP3 外，还支持 MIDI 播放，并且可以收听网络播放，支持 HTTP、RTP 和 RTSP 标准。该软件还支持主要的图像格式，如 JPEG、BMP、PICT、PNG 和 GIF。该软件的其他特性还有：支持数字视频文件，包括 MiniDV、DVCPRO、DVCAM、AVI、AVR、MPEG-1、OpenDML 以及 Adobe Flash 等。

QuickTime 文件格式支持 25 位彩色，支持领先的集成压缩技术，提供 150 多种视频效果，并配有提供了 200 多种 MIDI 兼容音响和设备的声音装置。它无论是在本地播放还是作为视频流格式在网上传播，都是一种优良的视频编码格式。

2. 视频格式转换

由于不同的播放器支持不同的视频文件格式，或者计算机中缺少相应格式的解码器，或者一些外部播放装置（如手机、MP4 等）只能播放固定的格式，因此就会出现视频无法播放的现象。在这种情况下就要使用格式转换器软件来弥补这一缺陷。

例如，刚出厂的计算机通常只能播放微软固定的 WMV 格式的视频，而无法播放 AVI 格式的视频，因此要使用 WMV 格式转换器将 AVI 格式转换成 WMV 格式；在计算机中安装 AVI 格式的解码器同样可以解决这一问题。

有时候在互联网上传视频时也有格式限制，如果遇到无法上传的视频，则用格式转换器转其转换成规定的格式就能解决视频无法上传的问题。

8.3　常用多媒体类软件简介

多媒体的应用领域正在拓宽。在文化教育、技术培训、电子图书、观光旅游、商用及家庭娱乐方面，已经出现了不少深受人们欢迎和喜爱的、以多媒体技术为核心的节目，它们以图片、动画、视频、音乐及解说等易于人们接受的媒体素材，将所反映的内容生动地展示给广大用户。这一切都离不开多媒体软件。

多媒体应用软件主要是一些创作工具或多媒体编辑工具，包括字处理软件、绘图软件、图像处理软件、动画制作软件、声音编辑软件以及视频软件。下面主要介绍几种常用多媒体应用软件。

8.3.1　平面图像处理软件 Adobe Photoshop 简介

Adobe Photoshop，简称 PS，是由 Adobe Systems 开发和发行的图像处理软件。Adobe Photoshop 主要处理以像素所构成的数字图像。使用其众多的编修与绘图工具，可以有效地进行图片编辑和创造工作。它有很多功能，在图像、图形、文字、视频、出版等各方面都有涉及。

Adobe 支持 Windows、Android 与 Mac OS，Linux 操作系统用户通过使用 Wine 来运行 Adobe Photoshop。

1. Adobe Photoshop 的发展历史

1987 年，Adobe Photoshop 的主要设计师托马斯·诺尔（Thomas Knoll）买了一台苹果计算机(MacPlus)用来帮助完成他的博士论文。与此同时，Thomas 发现当时的苹果计算机无法显示带灰度的黑白图像，因此他自己写了一个程序 Display；而他兄弟约翰·诺尔(John Knoll)这时在导演乔治·卢卡斯(George Lucas)的电影特殊效果制作公司 Industry Light Magic 工作，对 Thomas 的程序很感兴趣。两兄弟在此后的一年多时间里把 Display 不断修改为功能更为强大的图像编辑程序，经过多次改名后，在一个展会上他们接受了一个参展观众的建议，把程序改名为 Photoshop。此时的 Display/Photoshop 已经有色彩平衡、饱和度等调整。此外 John 写了一些程序，后来成为插件(Plug-in)的基础。

他们第一个商业成功是把 Photoshop 交给一个扫描仪公司搭配售卖，名字称为 Barneyscan XP，版本是 0.87。与此同时 John 继续寻找其他买家，包括 Super Mac 和 Aldus，但都没有成功。最终他们找到了 Adobe 的艺术总监拉塞尔·布朗(Russell Brown)。Russell Brown 此时已经在研究是否考虑另外一家公司 Letraset 的 ColorStudio 图像编辑程序。看过 Photoshop 以后他认为 Knoll 兄弟的程序更有前途。于是在 1988 年 7 月他们口头达成合作，而真正的法律合同的签署到次年 4 月才完成。

20 世纪 90 年代初，美国的印刷工业发生了比较大的变化，印前计算机化开始普及。Adobe Photoshop 2.0 版本增加的 CMYK 功能使印刷厂开始把分色任务交给用户，一个新的行业桌上印刷由此产生。

2003 年，Adobe Photoshop 8 被更名为 Adobe Photoshop CS。

2013 年 7 月，Adobe 公司推出了新版本的 Photoshop CC，自此，Photoshop CS6 作为 Adobe CS 系列的最后一个版本被新的 CC 系列取代。

2018 年 7 月 17 日，Adobe 计划在 2019 年推出 iPad 全功能版本 Photoshop。

2022 年 6 月，Adobe Photoshop 成为最受欢迎的图像编辑和特殊效果平台之一，现在其 Web 网页版免费提供给任何拥有 Adobe 账户的用户。

2022 年 9 月 29 日，Adobe 发布了 2023 年新版 Photoshop Elements 软件。

2. Adobe Photoshop 的特点

1)强大的图像处理与编辑功能

Adobe Photoshop 可以对各种图像进行编辑、修饰和优化，如调色、剪裁、变形、涂鸦、滤镜等。

2)多层次的图像编辑

Adobe Photoshop 采用多层次的编辑方式，方便用户对各种图像元素进行分别处理，降低了错误和遗漏的概率。

3)多种文件格式支持

Adobe Photoshop 支持多种常见的图像格式，如 JPEG、PNG、GIF 等，并且可以进行文件的导入和导出。

4)插件扩展和脚本支持

Adobe Photoshop 可以通过插件扩展和脚本支持，提高软件的灵活性和可定制性。

Adobe Photoshop 界面如图 8-5 所示。

图 8-5　Adobe Photoshop 界面

3. Adobe Photoshop 的应用场景

Adobe Photoshop 适用于各种需要图像处理和编辑的领域，包括美术设计、广告制作、网页设计、摄影等。其主要应用场景如下。

1）美术设计

Adobe Photoshop 可以帮助美术设计师进行图片的修饰、合成和优化，提高设计质量。

2）广告制作

Adobe Photoshop 可以帮助广告制作人员进行宣传图片的设计、处理和编辑，提高广告效果。

3）网页设计

Adobe Photoshop 可以帮助网页设计师进行网站图片的制作、处理和排版，提高网站的可读性和吸引力。

4）摄影后期制作

Adobe Photoshop 可以帮助摄影师进行照片的后期处理和修饰，提高图片质量和美观度。

Adobe Photoshop 苹果版界面如图 8-6 所示。

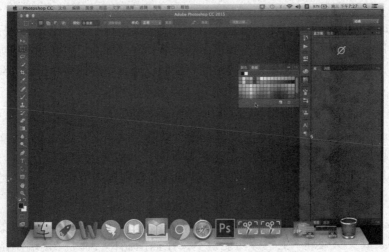

图 8-6　Adobe Photoshop 苹果版界面

4. Adobe Photoshop 的主要功能

Adobe Photoshop 作为一种专业的图像处理和编辑软件，具有以下功能。

1) 图像处理和优化

Adobe Photoshop 可以对各种图像进行处理和优化，如颜色调整、降噪、去瑕疵等，提高图像质量。

2) 图像修饰和合成

Adobe Photoshop 可以对各种图像元素进行精细的修饰和合成，如贴图、文字、滤镜等，降低错误和遗漏的概率。

3) 图像导入和导出

Adobe Photoshop 可以支持多种图像格式的导入和导出，并且可以进行文件的批量导出和自动化处理。

从功能上看，该软件可分为图像编辑、图像合成、校色调色及特效制作部分等。图像编辑是图像处理的基础，可以对图像做各种变换，如放大、缩小、旋转、倾斜、镜像、透视等，也可进行复制、去除斑点、修补、修饰图像的残损等。

图像合成则是将几幅图像通过图层操作、工具应用合成完整的、传达明确意义的图像，这是美术设计的必经之路；该软件提供的绘图工具让外来图像与创意很好地融合。

校色调色可方便快捷地对图像的颜色进行明暗、色偏的调整和校正，也可在不同颜色进行切换以满足图像在不同领域如网页设计、印刷、多媒体等方面应用。

特效制作在该软件中主要由滤镜、通道及工具综合应用完成，包括图像的特效创意和特效字的制作，如油画、浮雕、石膏画、素描等常用的传统美术技巧都可由该软件特效完成。

总之，Adobe Photoshop 作为一款专业的图像处理与编辑软件，可以帮助用户对各种图像进行处理、修饰和优化。其强大的图像处理与编辑功能、多层次的图像编辑、多种文件格式支持和插件扩展和脚本支持等特点，可以满足各种领域中图像处理和编辑的需求，提高工作效率和质量。

8.3.2　矢量图形处理软件 Adobe illustrator 简介

Adobe Illustrator，简称 AI，是一种应用于出版、多媒体和在线图像的工业标准矢量插画的软件。该软件主要应用于印刷出版、海报书籍排版、专业插画、多媒体图像处理和互联网页面的制作等，也可以为线稿提供较高的精度和控制，适合生产任何小型设计到大型的复杂项目。

1. Adobe Illustrator 的主要功能

Adobe Illustrator 集图形、图像编辑处理、网页动画、向量动画制作等功能于一体，可以满足平面设计中的各种需要，最大的特点就是矢量图。一般来说平面设计师、广告设计师、品牌设计师、用户界面(User Interface，UI)设计师会经常用到这个软件。

2. Adobe Illustrator 的特点

Adobe Illustrator 最大的特点在于钢笔工具的使用，使操作简单、功能强大的矢量绘图成为可能。它还集成文字处理、上色等功能，不仅在插图制作，而且在印刷制品(如广告传单、小册子)设计制作方面也被广泛使用，事实上已经成为桌面出版(Desktop Publishing，DTP)业界的默认标准。它的主要竞争对手是 Macromedia Freehand MX；但是在 2005 年 4 月

18 日，Macromedia 被 Adobe 公司收购。

钢笔工具方法是指在 Adobe Illustrator 中通过"钢笔工具"设定"锚点"和"方向线"。一般用户在一开始使用的时候都感到不太习惯，并需要一定练习；但是一旦掌握这个方法以后能够随心所欲地绘制出各种线条，并直观可靠。

它同时作为创意软件套装 Adobe Creative Suite 的重要组成部分，与兄弟软件——Adobe Photoshop 有类似的界面，并能共享一些插件和功能。

3. Adobe Illustrator 提供的工具

Adobe Illustrator 是一款专业图形设计工具，提供丰富的像素描绘功能以及顺畅灵活的矢量图编辑功能，能够快速创建设计工作流程。借助 Expression Design，可以为屏幕/网页或打印产品创建复杂的设计和图形元素。它支持许多矢量图形处理功能，拥有很多拥护者，也经历了时间的考验，因此人们不会随便就放弃它而选用微软的 Expression Design。Adobe Illustrator 提供了一些相当典型的矢量图形工具，如三维原型(Primitives)、多边形(Polygons)和样条曲线(Splines)，一些常见的操作从这里都能被发现。

Adobe Illustrator 苹果版界面如图 8-7 所示。

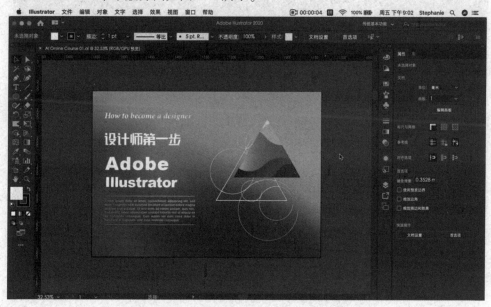

图 8-7　Adobe Illustrator 苹果版界面

8.3.3　声音处理软件 Cool Edit Pro

Cool Edit Pro 2.0 是一个音频编辑兼多轨音频混音软件，由美国 Syntrillium 软件公司开发。虽然 Cool Edit Pro 2.0 称不上是最好的多轨音频软件，但它绝对是性价比最高的多轨音频软件。Cool Edit Pro 是一个非常出色的数字音乐编辑器和 MP3 制作软件。

1. Cool Edit Pro 的主要功能

可以把 Cool Edit 形容为音频"绘画"程序。用声音来"绘"制音调、歌曲的一部分，声音，弦乐，颤音，噪音或是调整静音。而且它还提供多种特效为作品增色：具有放大、降低噪音、压缩、扩展、回声、失真、延迟等功能；同时处理多个文件，轻松地在几个文件中进行剪切、粘贴、合并、重叠声音操作。

使用 Cool Edit Pro 可以生成的声音有：噪音、低音、静音、电话信号等。该软件还包含 CD 播放器。Cool Edit Pro 的其他功能包括：支持可选的插件，崩溃恢复，支持多文件，自动静音检测和删除，自动节拍查找，录制等。另外，它还可以在 AIF、AU、MP3、Raw、PCM、SAM、VOC、VOX、Wav 等文件格式之间进行转换，并且能够保存为 RealAudio 格式。

2. Cool Edit Pro 的新版特性

新版的 Cool Edit Pro 具有 128 轨增强的音频编辑能力，超过 40 种音频效果器，以及音频降噪、修复工具，音乐 CD 烧录，实时效果器，支持 24 bit/192 kHz 以及更高的精度，Loop 编辑、混音，支持 MIDI，支持视频。Cool Edit Pro 界面如图 8-8 所示。

图 8-8　Cool Edit Pro 界面

Adobe Audition v1.5 可以理解为 Cool Edit Pro 的最新升级，出品 Cool Edit Pro 的公司被 Adobe 公司收购，Cool Edit Pro 2.1 也随之改名为 Adobe Audition v1.0。这个最新的版本是 Adobe 接手后第一次对这个软件进行的较大升级，增加了一些功能。

Adobe Audition 是一个专业音频编辑和混合环境，专为在照相室、广播设备和后期制作设备方面工作的音频和视频专业人员设计，可提供先进的音频混合、编辑、控制和效果处理功能；最多混合 128 个声道，可编辑单个音频文件，创建回路并可使用 45 种以上的数字信号处理效果。Adobe Audition 是一个完善的多声道录音室，可提供灵活的工作流程并且使用简便。无论用户是要录制音乐、无线电广播，还是为录像配音，Adobe Audition 中的恰到好处的工具均可为其提供充足动力，以创造可能的最高质量的丰富、细微音响。它是 Cool Edit Pro 2.1 的更新版和增强版。此汉化程序已达到 98% 的信息汉化程度。

Adobe Audition v1.5 提供专业化音频编辑环境，其专门为音频和视频专业人员设计，可提供先进的音频混音、编辑和效果处理功能；具有灵活的工作流程，使用非常简单并配有绝佳的工具，可以使用户制作出音质饱满、细致入微的最高品质音效。

8.3.4　视频编辑软件 Adobe After Effects 简介

Adobe After Effects 简称 AE，是 Adobe 公司推出的一款图形视频处理软件，适用于从事设计和视频特技的机构，包括电视台、动画制作公司、个人后期制作工作室以及多媒体工作室，属于层类型后期软件。

1. Adobe After Effects 的主要功能

(1)图形视频处理。Adobe After Effects 软件可以帮助用户高效且精确地创建无数种引人注目的动态图形和震撼人心的视觉效果。利用与其他 Adobe 软件无与伦比的紧密集成和高度灵活的 2D 和 3D 合成，以及数百种预设的效果和动画，为用户的电影、视频、DVD 和 Adobe Flash 作品增添令人耳目一新的效果。

(2)强大的路径功能。就像在纸上画草图一样，使用 Motion Sketch 可以轻松绘制动画路径，或者加入动画模糊。

(3)强大的特技控制。Adobe After Effects 使用多达 85 种的软插件修饰增强图像效果和动画控制。

(4)同其他 Adobe 软件的结合。Adobe After Effects 在导入 Adobe Photoshop 和 Adobe Illustrator 文件时，保留层信息。

(5)Adobe After Effects 提供多种转场效果选择，并可自主调整效果，让剪辑者通过较简单的操作就可以打造出自然衔接的影像效果。

(6)高质量的视频。Adobe After Effects 支持从 4×4 到 30 000×30 000 像素分辨率，包括高清晰度电视(High Definition Television，HDTV)。

(7)无限层电影和静态画术。Adobe After Effects 可以实现电影和静态画面无缝的合成。

(8)高效的关键帧编辑。Adobe After Effects 中，关键帧支持具有所有层属性的动画，可以自动处理关键帧之间的变化。

2. Adobe After Effects 的文件导入与输出格式

Adobe After Effects 支持许多文件格式的导入，包括 BMP、AI、PSD、JPG、GIF、MOV、IFF、AVI、MPEG、RLA、RPF、TIF 等，其中 RPF 和 RLA 为三维软件生成的带有三维信息通道的图像格式，这是高级影视合成必需的功能。

Adobe After Effects 可以导出如下格式。

(1)AIFF(Audio Interchange File Format)为音频交换文件格式，是一种数字音频(波形)的数据文件格式，常用于个人计算机及其他电子音响设备存储音乐数据。

(2)AVI 是音频视频交错格式，该文件格式可以将音频(语音)和视频(影像)数据同时存放在一个文件中，允许音/视频同步回放，并支持多个音/视频流。

(3)DPX(Digital Picture Exchange)是一种用于电影制作的格式，将胶片扫描成数码位图的时候，设备可以直接生成这种对数空间的位图格式。该格式在 Adobe After Effects 导出时，需要使用插件用于保留阴影部分的动态范围，加入输入、输出设备的属性提供给软件进行转换与处理。

(4)IFF 是一种通用的数据存储格式，能够关联和存储多种类型的数据，可以用于存储静态图片、声音、音乐、视频和文本数据等多种扩展名的文件。IFF 格式包括 Maya IFF 和 Amiga IFF，IFF 文件格式常用于存储图像和声音文件。

（5）JPEG 是应用最广泛的图片格式之一，它采用有损压缩算法，将不易被人眼察觉的图像颜色删除，可达到较大的压缩率（2∶1~40∶1）。

（6）MP3 是一种音频压缩技术，能大幅度地降低音频数据量。利用 MP3 技术，将音乐以 1∶10 甚至 1∶12 的压缩率，压缩成较小的文件，而音质与原始音频相比没有明显的下降。

（7）OpenEXR 是一种高动态范围的图像文件格式，由工业光魔（Industrial Light and Magic，ILM）公司目前生产的所有电影使用，OpenEXR 已成为 ILM 公司的主要图像文件格式。

（8）PNG（Portable Network Graphics）格式与 JPG 格式类似，网页中很多图片都是这种格式，压缩率高于 GIF 格式，支持图像透明模式，可以利用 Alpha 通道调节图像的透明度，是网页三剑客之一 Adobe Fireworks 的源文件。

（9）PSD（Photoshop Document）是 Photoshop 的默认格式，Adobe After Effects 可以导出为 PSD 图像格式序列。

（10）QuickTime 是 Apple 公司创立的一种视频格式，在 Windows 平台导出此格式需要安装 QuickTime 播放器。

（11）Radiance 是一种图像格式。

（12）SGI 图像格式常应用在 SGI（Silicon Graphics）工作站。

（13）TIFF 是一种图像格式，支持多种色彩及多种色彩模式，文件体积大。

（14）Targa 是一种图像格式。

（15）Wav 是一种声音文件格式，是 Windows 平台的常用声音格式。

3. Adobe After Effects 与 Adobe Premiere Pro 的异同

Adobe After Effects 与 Adobe Premiere Pro 属于同一类型软件。Adobe After Effects 更擅长特效处理，Adobe Premiere Pro 则偏重剪辑。Adobe After Effects 界面如图 8-9 所示。

图 8-9　Adobe After Effects 界面

多媒体应用软件的使用，使计算机可以处理人类生活中最直接、最普遍的信息，从而使计算机的应用领域及功能得到了极大的扩展。它使计算机系统的人机交互界面和手段更加友好和方便，非专业人员可以方便地使用和操作计算机。

多媒体技术使音像技术、计算机技术和通信技术三大信息处理技术紧密地结合起来，为信息处理技术的发展奠定了新的基石。

多媒体应用技术的发展已经有多年的历史了，其中，声音、视频、图像压缩方面的基础技术已逐步成熟，并形成了产品进入市场，而热门的技术如模式识别、MPEG 压缩技术、虚拟现实技术正在逐步走向成熟。

 本章小结

本章介绍了媒体的分类，主要包括感觉媒体、表示媒体、表现媒体、存储媒体、传输媒体 5 大基本类别，并介绍了多媒体的 6 大媒体元素，分别是文本、图形、图像、音频、视频和动画。多媒体概念常用来指多媒体信息和多媒体技术，并对多媒体信息和多媒体技术分别进行了介绍。首先介绍了多媒体技术的交互性、多样性、集成性、实时性 4 个主要特性以及多媒体的应用，然后介绍了常见媒体格式，最后介绍了各个领域里常用的多媒体应用软件。

习题

一、填空题

1. 媒体可分为：感觉媒体、_____、_____、_____、_____ 5 类。
2. 多媒体的媒体元素包括：文本、_____、_____、_____、_____、动画。
3. 将声音信息数字化的过程包括：采样、_____ 和_____。

二、选择题

1. 以下是图片格式的文件扩展名为（   ）。

A. .doc
B. .mpg
C. .jpg
D. .wav

2. Adobe Photoshop 是（   ）类文件处理软件。

A. 图形
B. 图像
C. 声音
D. 视频

3. 同样一段声音，保存（   ）格式的文件体积最小。

A. MP3
B. Wav
C. MID
D. WMA

习题答案

参 考 文 献

[1]陈卓然，杨久婷，陆思辰，等. 大学计算机基础教程[M]. 北京：清华大学出版社，2021.

[2]赵子江. 多媒体技术应用教程[M]. 北京：机械工业出版社，2018.

[3]安继芳，侯爽. 多媒体技术与应用[M]. 2 版. 北京：清华大学出版社，2020.

[4]全国计算机等级考试教材编写组. 全国计算机等级考试教程二级公共基础知识[M]. 北京：人民邮电出版社，2019.

[5]教育部考试中心. 全国计算机等级考试二级教程——公共基础知识[M]. 北京：高等教育出版社，2021.

[6]吴功宜，吴英. 物联网技术与应用[M]. 北京：机械工业出版社，2018.

[7]王移芝，桂小林，王万良，等. 大学计算机[M]. 北京：高等教育出版社，2022.

[8]闫瑞峰. 大学计算机基础[M]. 北京：清华大学出版社，2022.

[9]夏耘，胡声丹. 计算机应用基础[M]. 北京：电子工业出版社，2013.

[10]战德臣. 大学计算机——理解和运用计算思维[M]. 北京：人民邮电出版社，2018.

[11]谢希仁. 计算机网络[M]. 8 版. 北京：电子工业出版社，2021.

[12]中国互联网络信息中心. 中国互联网络发展状况统计报告[R/OL]. [2023-4-20]. http://www.199it.com/archives1573087.html.